各向异性随机场的样本轨道性质

倪文清　陈振龙　著

浙江工商大学出版社
ZHEJIANG GONGSHANG UNIVERSITY PRESS
·杭州·

图书在版编目(CIP)数据

各向异性随机场的样本轨道性质 / 倪文清，陈振龙著.
—杭州：浙江工商大学出版社，2020.12
ISBN 978-7-5178-4115-9

Ⅰ. ①各… Ⅱ. ①倪… ②陈… Ⅲ. ①各向异性—随机场—研究 Ⅳ. ①O211.5

中国版本图书馆 CIP 数据核字(2020)第 176788 号

各向异性随机场的样本轨道性质

GEXIANG YIXING SUIJICHANG DE YANGBEN GUIDAO XINGZHI

倪文清　陈振龙 著

责任编辑　吴岳婷
责任校对　沈敏丽
封面设计　浙信文化
责任印制　包建辉
出版发行　浙江工商大学出版社
（杭州市教工路 198 号　邮政编码 310012）
（E-mail:zjgsupress@163.com）
（网址:http://www.zjgsupress.com）
电话:0571-88904980,88831806(传真)
排　　版　杭州朝曦图文设计有限公司
印　　刷　广东虎彩云印刷有限公司绍兴分公司
开　　本　710mm×1000mm　1/16
印　　张　9.5
字　　数　163 千
版 印 次　2020 年 12 月第 1 版　2020 年 12 月第 1 次印刷
书　　号　ISBN 978-7-5178-4115-9
定　　价　42.00 元

本书出版得到

国家自然科学基金项目(11971432)
浙江省自然科学基金项目(LY21G010003)
教育部人文社会科学研究项目(18YJA910001)
国家一流专业建设点(浙江工商大学应用统计学)
国家一流课程(浙江工商大学概率论)
浙江省重点高校优势特色学科(浙江工商大学统计学)
浙江省 2011 协同创新中心(统计数据工程技术与应用协同创新中心)

联合资助

前 言

在现代科学和社会中，随着随机模型理论的不断深入及其应用的日益广泛，对于与随机模型密切相关的随机过程、随机场和随机偏微分方程的理论研究就显得尤为迫切和重要，因为这直接关系到我们能否用更真实的模型来描述所需研究的随机现象。

伴随着来自许多领域的数据沿着各个不同的方向有着不同的几何、概率、分析和统计特征，随机过程和各向同性的随机场并不能十分精确地描述这样的现象，因此许多学者开始应用各向异性随机场作为更真实随机模型，诸如在空间地理、统计物理、医学图形处理和空间统计学等许多学科和领域有着广泛的应用。由于各向异性随机场具有更加丰富的几何、概率、分析与统计特征，深入研究这类各向异性随机场的独特性质，并结合所需研究的实际问题构造一些既具有良好性质、又能较为真实地描述客观实际的各向异性随机场，具有非常重要的理论意义和应用价值。

随机场通常是指参数空间维数大于 1，并取值于欧氏空间的随机过程。Kolmogorov(1941)在研究湍流现象时引入了随机场，并证明在一定条件下，其结构函数满足 2/3 幂律。这包含两方面的信息：一是随机场的构造，从这以后，各类随机场如雨后春笋般的出现；二是研究随机场的轨道性质，即随机场的结构函数满足 2/3 幂律。紧接着，Mandelbrot(1975)在研究 Kolmogorov 的假设条件以及其湍流的几何性质时发现 Kolmogorov 的 2/3 幂律在很多情况下是成立的，并对这概念进行推广，提出了在随机场中相当重要的几个概念，如“自相似性”，“分形”和“重分形”。这为随机场的研究内容注入新的活力，也掀起人们研究随机场的热情，国内外学者在这方面已经做了大量的研究工作，并取得了很多漂亮的结果。

各向异性随机场的构造和对各向异性随机场性质的探讨一直是随机过程研究的热点问题。大多数各向异性随机场的建立来源于科学研究和实际问题，其主要是通过协方差函数、谱表示定理、平稳增量随机场、随机测度积分和随机微分方程方法来构建。而对各向异性随机场轨道性质的研究内容更为丰富，主要包括连续性、可微性、重对数率、一致连续模、碰撞概率、轨道的相交性及随机集的分形性质等。随着各向异性随机场应用的越来越广泛，我们需要构造一些具有某些特征的时空模型，它们的许多概率、分析和几何性质有待我们继续深入探讨。

本书主要研究各向异性随机场样本轨道的性质，主要包括碰撞概率、相关随机集的维数和测度函数、局部不确定性的谱条件以及局部时性质。内容的编排主要是先介绍相关学者在各向异性随机场的工作，然后引出我们的研究内容和研究方法。本书的具体结构和内容如下：

第一章介绍各向异性随机场的相关模型，并对各向异性随机场样本轨道性质的研究现状进行综述，最后给出了本书的预备知识。

第二章研究了一类时间各向异性高斯随机场的碰撞概率。首先根据实际问题的需要提出一类时间各向异性（空间各向同性）的高斯随机场，该类随机场在协方差结构的选择方面可以更为灵活；然后利用位势理论和分形理论，得到该类时间各向异性高斯随机场碰撞概率的上界和下界，其中上界由新度量下 Hausdorff 测度确定，下界由新势核函数下容度确定。为了更好地说明所研究的随机场，本书利用 Bernstein 理论和 Estrade 等人(2011)的方法构造了几个有意义例子。

第三章是第二章的延续，在更一般的条件下（相对第二章的随机场），研究两个独立高斯随机场的相交性，得到了它们相交的充分条件，即在什么条件下随机场可以相交或不相交。该随机场的最大特点是协方差结构更为一般，即该协方差是各向异性度量的一个函数，而不仅仅只是各向异性度量平方的常数倍。由于该函数的一般性，所得的充分条件不但要用各向异性度量中的参数进行表示，而且也要利用该函数进行表示。

第四章研究一类空间各向异性而时间各向同性高斯场像集的维数。为了得到该类随机场像集的 Hausdorff 维数、填充维数和像集的一致 Hausdorff 维数，我们采用类似于在时间集中引入各向异性度量的方法，在空间集中首次引入一个新的各向异性度量来克服空间的各向异性。然后借助位势理论和填充剖面理论得到在新度量下像集的 Hausdorff 维数和填充维数，以及像集的一致 Hausdorff 维数结果。

第五章研究一类时间和空间都是各向异性高斯随机场的碰撞概率和维数结果。与第四章一样，我们也在空间集引入一个各向异性度量，这样时间集和空间集上就有各自不同的各向异性度量。结合第四章的方法和处理时间各向异性随机场的方法，可以得到时间和空间都是各向异性的高斯随机场的碰撞概率和维数结果。

第六章先考察时间各向异性实值平稳高斯随机场关于某个函数 ϕ 的强局部不确定性的谱条件。本章利用关于某个正定矩阵的极坐标变换，得到该实值随机场强局部 ϕ-不确定的谱条件，使得 ϕ 满足更一般的条件（与现有结果相比较），同时 ϕ 可以不只局限于恒等映射。当令 ϕ 取特殊的幂函数时，我们还给出了时空各向异性平稳高斯随机场像集的 Hausdorff 测度结果。

第七章研究一类特殊的非高斯随机场，即可调和算子尺度 stable 随机场。首先证明该类随机场满足 stable 型的局部不确定，然后利用该类型的局部不确定研究可调和算子尺度 stable 随机场局部时的存在性和联合连续性。

本书所介绍的内容仅是作者对部分各向异性随机场的轨道性质的理解，涉及部分也是作者感兴趣的部分，这些内容仅仅只是沧海一粟，目前仍然有许多各向异性随机场轨道性质有待研究。

在本书完成之际，作者要衷心感谢参与本书的重新录入、排版和修改的人们，感谢大家为本书的出版付出努力。本书的编写和出版得到了国家自然科学基金项目(11971432)、浙江省自然科学基金项目(LY21G010003)、教育部人文社会科学研究项目(18YJA910001)、国家一流专业建设点(浙江工商大学应用统计学)、国家一流课程(浙江工商大学概率论)、浙江省2011协同创新中心(统计数据工程技术与应用协同创新中心)及浙江省重点高校优势特色学科(浙江工商大学统计学)等项目的资助。本书能顺利出版还得到了浙江工商大学出版社和浙江工商大学统计学学科的大力支持，浙江工商大学出版社的领导和广大编辑给予了许多帮助，尤其要感谢责任编辑吴岳婷的周到安排和细致校正。

由于作者水平有限，疏漏不当之处在所难免，恳请同行及广大读者批评指正。

作者
2020 年 10 月 26 日

目 录

第1章　绪论与预备知识

在诸如气象学、气候学、地球物理学、环境科学、流行病学、统计地质学、空间统计学和水文学等学科中，所获得的数据往往跟具体的地点和具体的时间有关系，即它既有空间的相互结构，又有时间序列的相关性，甚至还有可能是时间和空间的相互结构。要对实际情况进行模拟时，必然要考虑到时间和空间的同时作用，因此时空模型应运而生。时空模型，它既考虑了空间的结构，又考虑了时间的因素，即考虑到了空间和时间两种属性的共同影响。因而时空模型可以很好地模拟现实情况。

由于时空模型包含了时间和空间的相互结构，且时空协方差函数给出了时间域和空间域中不同点的相互关系，因此在时空模型研究中，时空协方差函数是研究的重点。故模型的假设基本上也是基于时空协方差函数的假设。常见的假设有时空协方差函数是否具有各向同性和平稳性。

时空模型，也称为随机场(从现在开始，本书恒以随机场称之)，根据其有限维分布是否服从高斯分布，可分为高斯随机场和非高斯随机场。目前，高斯随机场是随机场中最重要和最常见的，这是因为如下两个原因：

(1)根据泛函中心极限定理，很多自然现象可以用高斯随机场来刻画，如同很多现象可以用正态分布来刻画一样，所以用高斯随机场刻画自然现象是合理的；

(2)高斯随机场的有限维分布是具体的，且仅由它的均值函数和协方差函数来确定。

布朗单和分数布朗运动是两个最重要的高斯随机场。布朗单在不交的区间上具有独立增量，并且增量是平稳的，这一特殊的性质，使得布朗单在各个方面起着重要的作用，如在随机偏微分方程中(见 Walsh(1986))，更详细的讨论可见 Adler(1981)和 Khoshnevsian(2002)。而分数布朗运动具有平稳增量和各向同性的(即增量仅依赖于参数空间两点间的欧氏距离)，这使得分数布朗运动能很好的模拟具有自相似和长相依的现象，关于分数布朗运动的统计分析和应用见 Doukhan 等人(2003)。

正如前面提到的，从各个学科获取的数据是具有时空相互结构的，那么它沿着不同的方向变化时，往往表现出不同的几何和概率特征，这就是所谓的各向异性。因此很多学者建议用各向异性的随机场来更准确的模拟现实，见 Davies 和 Hall(1999)，Bonami 和 Estrade(2003)和 Benson 等人(2006)。

许多学者从理论和实际应用方面构造出许多类型的各向异性随机场。如 Kamont(1996)引入了分数布朗单，它是布朗单和分数布朗运动的推广且是各向异性的；Benassi 等人(1997)和 Bonami 和 Estrade(2003)考虑了具有平稳增量的各向异性高斯随机场。同时随机偏微分方程的解也经常是各向异性的高斯随机场(见 Dalang(1999)，Øksendal 和 Zhang(2001)，Hu 和 Nualart(2009))。最近 Xiao(2009)和 Xue 和 Xiao(2011)引入了一般的具有平稳增量的各向异性高斯场，并研究了其样本轨道性质和渐近最优估计及预测。Xiao(2006)定义了两类 stable 随机场，一类是移动平均 stable 单，另一类是可调和 stable 单，这两类 stable 随机场可看成分数布朗单的自然推广；Biermé 等人(2007)利用一类齐次函数构造出具有平稳增量的算子自相似高斯和平稳随机场；也有的学者从联合密度进行构造随机场的，见 Dalang 等人(2007，2009，2013)，Chen(2014)。最近，Kremer 和 Scheffler(2017)通过一般向量值无限可分独立分散随机测度的构造给出了向量值随机场的构造方法。

虽然很多学者构造出许多的各向异性的随机场，并研究了他们的性质，但是仍然有许多问题值得人们去考虑和研究。(1)已构造的模型还有很多方面不完善，我们还可以对其改进优化，如增量的方差仅与时间域中各向异性度量成正比，显然实际中不会仅仅如此；(2)已构造的能很好模拟现实的模型，也还有很多的性质值得我们去探讨；(3)已构造的模型，往往只是从概率方面进行研究，在实际中我们更需要的是模型的估计。

各向异性随机场是一种特殊的随机场，在各个等领域有着重要作用。以往人们通常建立平稳的各向同性随机场来模拟现实的模型，但是由于现实的复杂性，表现出来的却不是各向同性的，这时就必须构造各向异性的随机场来模拟现实模型。而对于各向异性随机场样本轨道性质的研究有助于人们更深入地洞察模型。因而不管是在理论方面，还是在应用方面，对各向异性随机场模型的构造和样本轨道性质的研究有助于我们对现实模型的理解。本书主要是对各类各向异性随机场的样本轨道进行讨论。下面先介绍目前比较认可的三类各向异性随机场。

1.1　三类各向异性随机场

目前研究的各向异性随机场主要分为三大类，其一是时间各向异性随机场，其二是空间各向异性随机场，其三是时间和空间都是各向异性随机场(见 Xiao(2013))。下面给出这三类各向异性随机场的具体定义，以及介绍与这三类各向异性随机场随机相关轨道性质的研究情况。

设 $X=\{X(t),t\in\mathbb{R}^N\}$ 是一 (N,d) 随机场，定义如下：

$$X(t)=(X_1(t),\cdots,X_d(t)),\tag{1.1.1}$$

其中假定各坐标分量 $X_i(t)$ 是随机连续的。令

$$\sigma_i^2(t,h)=\mathbb{E}((X_i(t+h)-X_i(t))^2),t,h\in\mathbb{R}^N,\tag{1.1.2}$$

则对每个 $t\in\mathbb{R}^N$，有 $\sigma_i^2(t,h)\to 0,|h|\to 0$。

(1)设 $X_1(t),\cdots,X_d(t)$ 是独立同分布的，且各分量 $X_i(t)$ 在 $\mathbb{R}^N$ 中沿着不同方向变化时，有不同的分布属性，则称 X 是一时间各向异性随机场。时域算子自相似随机场是时间各向异性随机场一个重要特例。一个 (N,d) 随机场 X 称为时域算子自相似随机场是指存在一个 $N\times N$ 矩阵 E 使得对于所有的常数 $c>0$，都有

$$\{X(c^Et),t\in\mathbb{R}^N\}\stackrel{d}{=}\{cX(t),t\in\mathbb{R}^N\},\tag{1.1.3}$$

其中符号 $\stackrel{d}{=}$ 表示(1.1.3)式左右两边随机场有相同的有限维分布，而 c^E 是 $\mathbb{R}^d$ 上的算子定义为：

$$c^E=\sum_{n=0}^{\infty}\frac{(\ln c)^nE^n}{n!}。\tag{1.1.4}$$

(1.1.3)式表明当 X 沿着时间的各个方向有不同的变化率时，在空间上却表现出同比例的变化，即时间的各向异性。

分数布朗单是时间各向异性高斯随机场的一个重要例子，该例子是由 Kamont(1996)引进的，可以验证分数布朗单是时域算子自相似的。对于分数布朗单的研究已经取得了很多的成果。例如，Ayache 等人(2002)给出了分数布朗单的移动平均表示，并研究了轨道的连续性，而 Herbin(2006)给出了分数布朗单的调和表示；Dunker(2000)，Mason 和 Shi(2001)，Belinski 和 Linde(2002)，Kuhn 和 Linde(2002)研究了分数布朗单的小球概率；Mason 和 Shi(2001)计算了与分数布朗单的轨道波动相关例外集的 Hausdorff 维数；Øksendal 和 Zhang(2001)和 Hu 等人(2004)研究了由分数布朗单驱动

的随机偏微分方程；Kamont(1996)和 Ayache(2004)研究了分数布朗单像集的盒维数和 Hausdorff 维数；Ayache 和 Xiao(2005)用小波方法研究了分数布朗单的一致和局部近似属性，并给出了[0,1]区间上像集、图集和水平集的 Hausdorff 维数；Wu 和 Xiao(2007)给出了分数布朗单像集的几何性质和 Fourier 解析性质，其结论体现出时间各向异性与时间各向同性有很大的差异；Xiao 和 Zhang(2002)研究了分数布朗单局部时的存在性，并给出了局部时联合连续的一个充分条件；Ayache 等人(2008)在最优的条件下，建立了局部时的联合连续性，并研究了最大局部时的一致 Holder 条件。

时间各向异性高斯随机场的例子除了分数布朗单外，还有由时空白噪声驱动的随机热方程的解(见 Muller 和 Tribe(2002)，Hu 和 Nualart(2009))和 Xiao(2009)所给出的一般条件下时间各向异性高斯随机场等。Xiao(2009)对其所提出的时间各向异性随机场进行了较完整性的研究，如研究了过程的连续性、一致连续模、小球概率，像集和图集的 Hausdorff 和 packing 维数、水平集的 Hausdorff 维数、碰撞概率和局部时及其联合连续性等。值得一提是，Xue 和 Xiao(2011)构造了一类时间各向异性高斯随机场，并研究了其轨道性质和最优渐近估计和预测。Ayache 和 Xiao(2016)考察了一类可调和分数 stable 场的局部不确定性和局部时的联合连续性。

对时间各向异性随机场的研究，已经得到相当多的结果。目前，时间各向异性性由某个正定矩阵确定的随机场正得到越来越多概率学者的关注(见 Benon 等人(2006)，Biermé 和 Lacaux(2009)，Biermé 等人(2007)，Didier 和 Pipiras(2011)，Li 和 Xiao(2011)，Biermé 等人(2017))，关于该随机场的研究也正处于初步阶段。

(2)考虑 X 的各个分量 $X_i(t)$ 对应的 $\sigma_i(t,h)$，当 $|h|\to 0$ 时，$\sigma_i(t,h)$ 有不同的变化率，则称 X 是空间各向异性随机场。与时间各向异性高斯场类似，空间各向异性随机场也有空域算子自相似高斯随机场，定义为：存在一个 $d\times d$ 矩阵 D 使得对于所有的常数 $c>0$，都有

$$\{X(ct),t\in\mathbb{R}^N\}\stackrel{d}{=}\{c^D X(t),t\in\mathbb{R}^N\}。\tag{1.1.5}$$

(1.1.5)式表明当 X 沿着时间的各个方向有相同的变化率时，在空间上却表现出不同的变化率，即空间的各向异性。对于空间异性随机场的研究结果相对少一些。例如，阶为 $\alpha=(\alpha_1,\cdots,\alpha_d)$ 的高斯随机场，Xiao(1995)给出这类高斯随机场像集和图集的 Hausdorff 和 packing 维数；Adler(1981)给出了水平集的 Hausdorff 维数；Mason 和 Xiao(2002)构造了一类具有平稳

增量算子自相似高斯随机场(简称为算子分数布朗运动),并得到了碰撞概率结果,以及像集的 Hausdorff 维数是由 D 的特征值正实数部分来确定的;Didier 和 Pipiras(2011)通过算子分数布朗运动的谱域和时域积分表示考虑了更为一般的框架,并给出了所有算子分数布朗运动的一个特征刻画。

对于空间各向异性随机场的研究,由于所能用的工具相对较少,因此对于该类随机场的研究结果相对应时间各向异性随机场会少一些,要对这类随机场进行研究,就必需借助于新的工具和方法。

(3)对于时间和空间都是各向异性的随机场,研究结果就更少了。Li 和 Xiao(2011)将(1.1.3)和(1.1.5)式结起来,构造了一类时空各向异性高斯时空模型,即存在一个 $N \times N$ 矩阵 E 和一个 $d \times d$ 矩阵 D 使得对于所有的常数 $c > 0$,都有

$$\{X(c^E t), t \in \mathbb{R}^N\} \overset{d}{=} \{c^D X(t), t \in \mathbb{R}^N\}。\tag{1.1.6}$$

(1.1.6)式表明当 X 沿着时间的各个方向有不同的变化率时,在空间上也表现出不同的变化率,即时空的各向异性。Li 和 Xiao(2011)在文中给出了该随机场的定义,并给出了两种构造平稳随机场的具体方法,即移动平均型和可调和平稳随机场。Sönmez(2016,2018)研究了可调和平稳随机场像集和图集在欧氏度量下的 Hausdorff 维数。该随机场的协方差结构是这三类随机场中最复杂的,因此该类随机场的很多性质还没确定。

需要注意的是,(1.1.3),(1.1.5)和(1.1.6)式给出的各向异性随机场是具有某种自相似的,但是现实中还有许许多多现象不具有自相似性,因此对于此类问题的研究将更具有现实意义。

1.2 符号说明和预备知识

在本节中,我们将对全书通用符号进行说明,而具体章节中用到的符号留在各章中说明。同时也给出了必要的预备知识。

1.2.1 符号说明

我们用 $\mathbb{R}^n$ 表示 n 维欧氏空间,其中的元 $t \in \mathbb{R}^n$ 表示为 $t = (t_1, \cdots, t_n)$ 或者$\langle \cdot \rangle$,如果 $t_1 = \cdots = t_n$。对任给的 $s, t \in \mathbb{R}^n$,如果满足 $s_j < t_j (j = 1,$

$\cdots,N)$，则称 $[s,t]=\prod_{j=1}^{N}[s_j,t_j]$ 为一个闭区间或闭矩形。不管 n 取何值，分别用 $\langle\cdot,\cdot\rangle$，$|\cdot|$ 和 $\mathcal{L}_n(\cdot)$ 表示 $\mathbb{R}^n$ 中的内积、欧氏范数和 Lebesgue 测度。为了方便起见，恒以 $\mathbb{R}^N$ 或 $\mathbb{R}_+^N=[0,\infty)^N$ 表示随机场的时间集，也称为参数空间，而以 $\mathbb{R}^d$ 表示随机场的空间集，即随机场的取值空间，其中 $N,d\geqslant 1$。这两个空间本质上没有任何区别，不同的维数仅仅只是为了区分随机场的时间集和空间集。

对给定的两个定义在 T 上的函数 f 和 g，$f(t)\asymp g(t)$ 表示函数 $f(t)/g(t)$ 可由两个不依赖于 $t\in T$ 的常数从上和从下界住，即存在不依赖于 $t\in T$ 的常数 m 和 M，使得 $m\leqslant f(t)/g(t)\leqslant M$。

在文中，恒用 c 表示一个正的有限常数，它的值在不同的地方可以不同。更为具体的常数将用 $c_{i,j,1},c_{i,j,2},\cdots$ 来表示，其中 i,j 分别表示第 i 章第 j 节。

1.2.2 随机场

定义 1.2.1 设$(\Omega,\mathcal{F},\mathbb{P})$是一个概率空间，$T\subset\mathbb{R}^N$。若 $X(t,\omega):\Omega\times T\mapsto\mathbb{R}^d$ 关于$\mathcal{T}\times\mathcal{F}$可测(这里$\mathcal{T}$是 T 上的 Borel 集全体)，则称 $X(t,\omega)$ 为定义在 $\Omega\times T$ 上的 $\mathbb{R}^d$ 值随机场，简称 (N,d)-随机场。

为了方便，通常用 $X(t)$ 表示定义在 $\Omega\times T$ 上的随机场 $X(t,\omega)$，即 ω 常常省略不写。当 $N=1$ 时，$X(t)$ 就是随机过程，而随机场通常是用来强调参数空间的维数 $N\geqslant 2$ 的过程。当固定 $\omega\in\Omega$ 时，则称确定性函数 $X(t,\omega):T\mapsto\mathbb{R}^d$ 为随机场 X 的样本轨道函数或一次实现，通常简称为样本轨道。本书主要讨论随机场的样本轨道性质。

本书涉及的随机场主要有两大类：高斯随机场和 stable 随机场。高斯随机场定义如下：

定义 1.2.2 高斯随机场是指其任一有限维分布都是多元正态分布，即对任意的 $n\geqslant 1,t_1,\cdots,t_n\in\mathbb{R}^N$，都有 $(X(t_1),\cdots,X(t_n))$ 为 n 元正态随机向量。其特征函数为

$$\psi(u)=\exp\left\{\mathrm{i}\langle\mu,u\rangle-\frac{1}{2}\langle u,\Sigma u\rangle\right\},\tag{1.2.1}$$

其中 $\mu=E(X(t_1),\cdots,X(t_n))'$，$\Sigma$ 是 $(X(t_1),\cdots,X(t_n))$ 的协方差阵。

由于本书只考虑可调和 stable 随机场，因此先考虑关于对称的 α-stable(简记为 $S\alpha S$)随机测度的随机积分，从而得到可调和 stable 随机场的定义。设 W_α 是 $\mathbb{R}^N$ 上一个由 Lebesgue 测度 $\mathcal{L}_N$ 控制的各向同性、独立分散的

$S\alpha S$ 随机测度(具体的定义见 Samorodnitsky 和 Taqqu(1994)第 3 章和第 6 章,此处 $0<\alpha<2$),而 $f(t,\cdot):\mathbb{R}^N\to\mathbb{C}(t\in\mathbb{R}^N)$ 是定义在 $\mathbb{R}^N$ 上的复值可测函数且 $L^\alpha(\mathbb{R}^N)$ 可积。即,

$$\int_{\mathbb{R}^N}|f(t,\xi)|^\alpha\mathcal{L}_N(\mathrm{d}\xi)<\infty,\quad\forall t\in\mathbb{R}^N。\tag{1.2.2}$$

采用与 Samorodnitsky 和 Taqqu(1994)相同的方法,我们定义关于 $S\alpha S$ 随机测度的随机积分。

定义 1.2.3　在条件(1.2.2)下,随机场

$$Y(t)=\mathrm{Re}\int_{\mathbb{R}^N}f(t,\xi)W_\alpha(\mathrm{d}\xi)\tag{1.2.3}$$

有定义,且 $\{Y(t),t\in\mathbb{R}^N\}$ 是一实值各向同性的 $S\alpha S$ 随机场。

另外,经过适当的规范化处理后(见 Samorodnitsky 和 Taqqu(1994)的定理 6.3.1 和 6.3.4),对任意给定的整数 $n\geqslant 0$ 及 $s^0,\cdots,s^n\in\mathbb{R}^N$,随机变量 $Y(s^0),\cdots,Y(s^n)$ 联合分布的特征函数由下式给出:

$$\mathbb{E}\exp\left\{i\sum_{j=0}^n b_jY(s^j)\right\}=\exp\left\{-\left\|\sum_{j=0}^n b_jf(s^j,\cdot)\right\|_{L^\alpha(\mathbb{R}^N)}^\alpha\right\},\tag{1.2.4}$$

其中所有 b_j 是任意的实数,$\|\cdot\|_{L^\alpha(\mathbb{R}^N)}$ 是 $L^\alpha(\mathbb{R}^N)$ 上的拟范数,定义为:

$$\|g\|_{L^\alpha(\mathbb{R}^N)}^\alpha=\int_{\mathbb{R}^N}|g(\xi)|^\alpha\mathcal{L}_N(\mathrm{d}\xi),\forall g\in L^\alpha(\mathbb{R}^N)。\tag{1.2.5}$$

因此由(1.2.4)和(1.2.5)有,$\sum_{j=0}^n b_jY(s^j)$ 的尺度参数为

$$\left\|\sum_{j=0}^n b_jY(s^j)\right\|_\alpha^\alpha=\left\|\sum_{j=0}^n b_jf(s^j,\cdot)\right\|_{L^\alpha(\mathbb{R}^N)}^\alpha。\tag{1.2.6}$$

1.2.3　测度、维数和容度

(1)Hausdorff 测度和维数

设 ρ 是 $\mathbb{R}^n$ 上的一度量,$\mathcal{X}$ 是 $\mathbb{R}^n$ 的某些子集所构成的一集族,ψ 是 $\mathbb{R}^n$ 上的非负函数。假设下面两个条件成立:

①对任意的 $\varepsilon>0$,存在 $E_1,E_2,\cdots\in\mathcal{X}$ 使得 $\mathbb{R}^n=\bigcup_{i=1}^\infty E_i$ 和 $\rho(E_i)\leqslant\varepsilon$,这里 $\rho(E_i)$ 表示在度量 ρ 下 E_i 的直径。

②对任意的 $\varepsilon>0$,存在 $E\in\mathcal{X}$ 使得 $\psi(E)\leqslant\varepsilon$ 和 $\rho(E)\leqslant\varepsilon$。

对 $F\in\mathcal{X}$,定义

$$\mathcal{H}(F)=\liminf_{\varepsilon\to0}\left\{\sum_{i=1}^\infty\psi(E_i):F\subseteq\bigcup_{i=1}^\infty E_i,\sup_{i\geqslant1}\rho(E_i)\leqslant\varepsilon,E_i\in\mathcal{X}\right\},\tag{1.2.7}$$

则$\mathcal{H}(\cdot)$是$\mathcal{X}$上的一 Borel 测度，且当$\mathcal{X}=\mathcal{B}(\mathbb{R}^n)$（即$\mathcal{X}$是 $\mathbb{R}^n$ 的 Borel 集全体）时，$\mathcal{H}(\cdot)$还是 Borel 规则的（见 Mattila(1995)）。

设 $\beta\in[0,\infty)$，$F\in\mathcal{X}$，令 $\psi(\cdot)=\rho(\cdot)^{\beta}$，则所得的测度 $\mathcal{H}(F)$ 称为在度量 ρ 下 F 的 β 维 Hausdorff 测度，记为 $\mathcal{H}_{\beta}^{\rho}(F)$，即

$$\mathcal{H}_{\beta}^{\rho}(F)=\liminf_{\varepsilon\to 0}\left\{\sum_{i=1}^{\infty}\rho(E_i)^{\beta}:F\subseteq\bigcup_{i=1}^{\infty}E_i,\sup_{i\geqslant 1}\rho(E_i)\leqslant\varepsilon,E_i\in\mathcal{X}\right\}。\tag{1.2.8}$$

设 $\varphi(\cdot)$ 在原点附近右连续和单调非增，且满足 $\lim_{s\to 0^+}\varphi(s)=0$ 令 $\psi(\cdot)=\varphi(\rho(\cdot))$，则所得的测度 $\mathcal{H}(F)$ 称为在度量 ρ 下 F 的 φ -Hausdorff 测度，记为 $\mathcal{H}_{\varphi}^{\rho}(F)$ 或 $\varphi-m(F)$，即

$$\mathcal{H}_{\varphi}^{\rho}(F)=\liminf_{\varepsilon\to 0}\left\{\sum_{i=1}^{\infty}\varphi(\rho(E_i)):F\subseteq\bigcup_{i=1}^{\infty}E_i,\sup_{i\geqslant 1}\rho(E_i)\leqslant\varepsilon,E_i\in\mathcal{X}\right\}。\tag{1.2.9}$$

如果存在 $\varphi(\cdot)$ 在原点附近右连续和单调非增，且满足 $\lim_{s\to 0^+}\varphi(s)=0$，使得 $0<\varphi-m(F)<\infty$，则称 φ 是集合 F 在度量 ρ 下的确切 Hausdorff 测度函数。

由 Mattila(1995) 定理 4.4 可知，(1.2.8) 和 (1.2.9) 中的两个测度 $\mathcal{H}_{\beta}^{\rho}(F)$ 和 $\mathcal{H}_{\varphi}^{\rho}(F)$ 分别可表示为：

$$\mathcal{H}_{\beta}^{\rho}(F)=\liminf_{\varepsilon\to 0}\left\{\sum_{i=1}^{\infty}(2r_i)^{\beta}:F\subseteq\bigcup_{i=1}^{\infty}B_{\rho}(x_i,r_i),\sup_{i\geqslant 1}r_i\leqslant\varepsilon\right\},\tag{1.2.10}$$

$$\mathcal{H}_{\varphi}^{\rho}(F)=\liminf_{\varepsilon\to 0}\left\{\sum_{i=1}^{\infty}\varphi(2r_i):F\subseteq\bigcup_{i=1}^{\infty}B_{\rho}(x_i,r_i),\sup_{i\geqslant 1}r_i\leqslant\varepsilon\right\},\tag{1.2.11}$$

其中 $B_{\rho}(x_i,r_i)=\{x\in\mathbb{R}^d:\rho(x,x_i)<r_i\}$ 表在度量 ρ 下，中心在 x_i，半径为 r_i 的开球。在本书中，主要用到 (1.2.10) 和 (1.2.11) 所定义的 Hausdorff 测度。

由在度量 ρ 下 β 维 Hausdorff 测度，可以定义集合在度量 ρ 下的 Hausdorff 维数。设 $F\in\mathcal{X}$，定义 F 在度量 ρ 下的 Hausdorff 维数为

$$\begin{aligned}\dim_H^{\rho}F&=\inf\{\beta>0:\mathcal{H}_{\beta}^{\rho}(F)=0\}\\&=\sup\{\beta>0:\mathcal{H}_{\beta}^{\rho}(F)=\infty\}。\end{aligned}\tag{1.2.12}$$

在度量 ρ 下的 Hausdorff 维数具有如下的基本性质。

②单调性：如果 $F\subseteq G$，则 $\dim_H^{\rho}F\leqslant\dim_H^{\rho}G$。

②σ-稳定性：$\dim_H^{\rho}(\bigcup_{i=1}^{\infty}F_i)=\sup_{i\geqslant 1}\dim_H^{\rho}F_i$。

进一步地，当 ρ 取欧氏距离时，则可以得通常意义下的 Hausdorff 测度和 Hausdorff 维数，记为 $\mathcal{H}_{\beta}$ 和 $\dim_H$，即

$$\mathcal{H}_\beta(F) = \liminf_{\varepsilon\to 0}\left\{\sum_{i=1}^{\infty}(2r_i)^\beta : F \subseteq \bigcup_{i=1}^{\infty} B(x_i, r_i), \sup_{i\geq 1} r_i \leqslant \varepsilon\right\}, \quad (1.2.13)$$

$$\dim_H F = \inf\{\beta > 0 : \mathcal{H}_\beta(F) = 0\} = \sup\{\beta > 0 : \mathcal{H}_\beta(F) = \infty\}, \quad (1.2.14)$$

其中 $B(x_i, r_i) = \{x \in \mathbb{R}^d : |x - x_i| < r_i\}$ 表在欧氏度量 $|\cdot|$ 下，中心在 x_i，半径为 r_i 的开球。

(2)填充测度和填充维数及填充维数剖面

下面直接在度量空间 $(\mathbb{R}^n, \rho)$ 上定义填充测度、填充维数和填充维数剖面。对任意的 $\beta > 0$ 和 $F \subseteq \mathbb{R}^n$，令

$$\overline{\mathcal{P}}_\beta^\rho(F) = \limsup_{\delta\to 0}\left\{\sum_{n=1}^{\infty}(2r_n)^\beta : \{B_\rho(x_n, r_n)\} \text{是互不相交的}, x_n \in F, r_n \leqslant \delta\right\} \quad (1.2.15)$$

则 $\overline{\mathcal{P}}_\beta^\rho(\cdot)$ 仅仅是一个预测度。为了使其成为测度，必须进行修正。令

$$\mathcal{P}_\beta^\rho(F) = \inf\left\{\sum_n \overline{\mathcal{P}}_\rho^\beta(F_n) : F \subseteq \bigcup_n F_n\right\}, \quad (1.2.16)$$

其中下确界是对 F 的所有可数覆盖 F_n 取定的。可以验证 $\mathcal{P}_\beta^\rho(\cdot)$ 是一个测度，称其为度量空间 $(\mathbb{R}^n, \rho)$ 上的 β-维填充测度。

与 Hausdorff 维数的定义类似，定义度量空间 $(\mathbb{R}^n, \rho)$ 上 F 的填充维数如下：

$$\begin{aligned}\dim_{\mathrm{P}}^\rho F &= \inf\{\beta > 0 : \mathcal{P}_\beta^\rho(F) = 0\} \\ &= \sup\{\beta > 0 : \mathcal{P}_\beta^\rho(F) = \infty\}。\end{aligned} \quad (1.2.17)$$

可验证填充维数 $\dim_{\mathrm{P}}^\rho$ 与 Hausdorff 维数一样具有单调性和 σ-稳定性。此外它们具有如下关系：

$$0 \leqslant \dim_{\mathrm{H}}^\rho F \leqslant \dim_{\mathrm{P}}^\rho F \quad (1.2.18)$$

注意到，当 F 有非空的内点时，$\dim_{\mathrm{H}}^\rho F = \dim_{\mathrm{P}}^\rho F$。

当 ρ 为欧氏距离时，所得的填充测度和填充维数分别记为 $\mathcal{P}^\beta$ 和 $\dim_{\mathrm{P}}$（见 Falconer(2003)或 Mattila(1995)）。

为了研究随机集的分形维数，常常会用到欧氏度量下 Hausdorff 维数、填充维数和计盒维数的一些基本事实。

先给出计盒维数的定义。对任意的 $\varepsilon > 0$，有界集 $F \subset \mathbb{R}^d$，用 $N(F, \varepsilon)$ 表示覆盖 F 且边长为 ε 的最少立方体个数，则 F 的上计盒维数定义为

$$\overline{\dim}_{\mathrm{B}} F = \limsup_{\varepsilon\to 0}\frac{\log N(F, \varepsilon)}{-\log\varepsilon}.$$

文献 Tricot(1982)证明了，对任意的有界集 $F \subset \mathbb{R}^d$，有

$$0 \leqslant \dim_{\mathrm{H}} F \leqslant \dim_{\mathrm{P}} F \leqslant \overline{\dim}_{\mathrm{B}} F \leqslant d。 \tag{1.2.19}$$

在研究集合的填充维数时，通常可转化为研究测度的填充维数。下面介绍测度的填充维数，以及它们两者之间的联系。设 μ 是 $\mathbb{R}^d$ 上的一个有限 Borel 测度，定义其在度量 ρ 下的填充维数为

$$\dim_{\mathrm{P}}^{\rho}\mu = \inf\{\dim_{\mathrm{P}}^{\rho} F : \mu(F) > 0 \text{ 且 } F \subseteq \mathbb{R}^d \text{ 是一 Borel 集}\}。 \tag{1.2.20}$$

下面的命题说明测度的填充维数 $\dim_{\mathrm{P}}^{\rho}$ 可以用测度 μ 的局部维数来刻画，它的证明见 Estrade 等人(2011)。

引理 1.2.4 设 μ 是 $\mathbb{R}^d$ 上的一个有限 Borel 测度。则

$$\dim_{\mathrm{P}}^{\rho}\mu = \sup\left\{\beta > 0 : \liminf_{r\to 0} \frac{\mu(B_{\rho}(x,r))}{r^{\beta}} = 0 \text{ 对 } \mu-\text{a.a. } x \in \mathbb{R}^d\right\}。 \tag{1.2.21}$$

与测度的填充维数 $\dim_{\mathrm{P}}^{\rho}$ 类似，可以定义测度 μ 在度量 ρ 下 s-维填充维数剖面如下：

$$\dim_{s}^{\rho}\mu = \sup\left\{\beta > 0 : \liminf_{r\to 0} \frac{F_{s,\rho}^{\mu}(x,r)}{r^{\beta}} = 0 \text{ 对 } \mu-\text{a.a. } x \in \mathbb{R}^d\right\}, \tag{1.2.22}$$

其中 $F_{s,\rho}^{\mu}(x,r)(s > 0)$ 是在度量 ρ 下测度 μ 的 s 一维势，定义为

$$F_{s,\rho}^{\mu}(x,r) = \int_{\mathbb{R}^d} \min\left\{1, \frac{r^s}{\rho(x,y)^s}\right\}\mu(\mathrm{d}y)。 \tag{1.2.23}$$

当度量 ρ 为欧氏距离时(1.2.22)式所定义的填充维数剖面就称为测度 μ 的 s-维填充维数剖面，该概念首先由 Falconer 和 Howroyd(1997)引入。测度 μ 的 s-维填充维数剖面定义为

$$\dim_{s}\mu = \sup\left\{\beta > 0 : \liminf_{r\to 0} \frac{F_{s}^{\mu}(x,r)}{r^{\beta}} = 0, \text{对 } \mu-a.a.\ x \in \mathbb{R}^d\right\}, \tag{1.2.24}$$

其中 $F_{s}^{\mu}(x,r)(s > 0)$ 是测度 μ 的 s 一维势，定义为

$$F_{s}^{\mu}(x,r) = \int_{\mathbb{R}^d} \min\left\{1, \frac{r^s}{|x-y|^s}\right\}\mu(\mathrm{d}y)。 \tag{1.2.25}$$

下面的命题给出了测度的填充维数和填充维数剖面之间的关系，证明见 Estrade 等人(2011)。

引理 1.2.5 对任意的 $\mathbb{R}^n$ 上有限 Borel 测度 μ，有

$$0 \leqslant \dim_{s}^{\rho}\mu \leqslant s。 \tag{1.2.26}$$

而且 $\dim_{s}^{\rho}\mu$ 是关于 s 的连续函数。

对任意的 Borel 集 $F \subseteq \mathbb{R}^d$，F 在度量 ρ 下 s-维填充维数剖面定义为

$$\dim_s^\rho F = \sup\{\dim_s^\rho \mu : \mu \in \mathcal{M}_c^+(F)\}, \tag{1.2.27}$$

其中 $\mathcal{M}_c^+(F)$ 表示支撑在集合 F 上的正有限 Borel 测度全体。

(3)容度和势能

设 F 是 $\mathbb{R}^n$ 上一 Borel 集，用 $\mathcal{P}(F)$ 表示支撑集在 F 上的 Borel 概率测度全体。如果定义 $\mathbb{R}^n$ 上的正函数 $K(\cdot)$ 满足：(i) K 是偶函数；(ii) K 是严格正定的；(iii) K 是局部可积函数；(iv) K 在 $\mathbb{R}^n \backslash \{0\}$ 上是连续的，则称 K 是 $\mathbb{R}^n$ 上的一个势核(见 Landkof(1972))。

对任意的 $\mu \in \mathcal{P}(F)$，令

$$\mathcal{E}_K(\mu) = \int_{\mathbb{R}^d}\int_{\mathbb{R}^d} K(x-y)\mu(\mathrm{d}x)\mu(\mathrm{d}y), \tag{1.2.28}$$

$$C_K(F) = (\inf_{\mu \in \mathcal{P}} \mathcal{E}_K(\mu))^{-1}。 \tag{1.2.29}$$

则称 $\mathcal{E}_K(\mu)$ 是测度 μ 的 K 一能，而称 $C_K(F)$ 是 Borel 集 F 的 K-容度，这里约定 $\inf \varnothing = \infty$。

设 $\beta \in \mathbb{R}$，定义函数 $f_\beta(x):(0,\infty) \to (0,\infty)$ 为

$$f_\beta(r) = \begin{cases} r^{-\beta} & 当\ \beta > 0, \\ \log\left(\dfrac{\mathrm{e}}{r \wedge 1}\right) & 当\ \beta = 0, \\ 1 & 当\ \beta < 0。 \end{cases} \tag{1.2.30}$$

对于容度的概念，本书中主要涉及下面三种情形：

①令 $K(x) = f_\beta(|x|)$，则由此得到的核称为牛顿 β-核，对应的势和容度分布称为牛顿 β-势和牛顿 β-容度，分别记作 $\mathcal{E}_\beta$ 和 C_β。

②令 $K(x) = f_\beta(\rho(0,x))$，则由此得到的核称为在度量 ρ 下牛顿 β-核，对应的势和容度分布称为在度量 ρ 下牛顿 β-势和在度量 ρ 下牛顿 β-容度，分别记作 $\mathcal{E}_\beta^\rho$ 和 C_β^ρ。

③设存在函数 $\nu(r):(0,\infty) \mapsto (0,\infty)$ 使得 $\nu(\rho(0,x))$ 成为一个势核，则与该核对应的势和容度分布称为在度量 ρ 下 ν-势和度量 ρ 下牛顿 ν-容度，分别记作 $\mathcal{E}_\nu^\rho$ 和 C_ν^ρ。

下面给出 Hausdorff 测度和牛顿容度之间的关系(即所谓的 Frostman 引理。下面是 Xiao(2009)的引理 6.10。

引理 1.2.6　(Frostman 引理 1)设 F 是 $\mathbb{R}^n$ 的一 Borel 集，则 $\mathcal{H}_\beta^\rho(F) > 0$ 的充分必要条件是：对所有的 $x \in \mathbb{R}^n$，$r > 0$，存在 F 上的一个 Borel 概率测度 μ 和一个正常数 c，使得 $\mu(B_\rho(x,r)) \leqslant cr^\beta$ 成立。

由引理 1.2.6 可得下面另一版本的 Frostman 引理。

引理 1.2.7 (Frostman 引理 2)设 F 是 $\mathbb{R}^n$ 的一 Borel 集,则当 $\beta > s > 0$ 时,

$$C_\beta^\rho(F) > 0 \Rightarrow \mathcal{H}_\beta^\rho(F) > 0 \Rightarrow C_s^\rho(F) > 0。\tag{1.2.31}$$

1.2.4 正定矩阵的极坐标表示和变量替换

本小节的内容是关于某正定矩阵的极坐标和变量替换,主要在第 6 章和第 7 章用到。设 E 是一个 $n \times n$ 正定矩阵,则 E 所有特征值的实部都是大于 0。将全部特征值的实部记为 $a_1, \cdots, a_p (p \leqslant n)$,且不妨设 a_1 和 a_p 分别是这 p 个值中的最小和最大值。令 q 表示矩阵的迹,即

$$q = \operatorname{trace}(E) = \sum_{i=1}^{p} a_i l_i,$$

这里 l_i 是实部为 $a_i (i = 1, \cdots, p)$ 的特征值的重数。对任意的 $x \in \mathbb{R}^n$,存在关于正定矩阵 E 的极坐标,记为 $(\tau_E(x), l_E(x))$。即对每个 $x \in \mathbb{R}^n \backslash \{0\}$ 能够唯一的表示为 $x = \tau_E(x) l_E(x)$,其中 $\tau_E(x)$ 被称为径向部分,而 $l_E(x)$ 被称为方向部分。因为 $\tau_E(x)$ 是关于 x 连续的,且当 $x \to 0$ 时,$\tau_E(x) \to 0$,所以当令 $\tau_E(0) = 0$ 时,则 $\tau_E(x)$ 在整个 $\mathbb{R}^n$ 上是连续的。关于这种极坐标的更详细信息见 Meerschaert 和 Scheffler(2001),Biermé 等人(2007),以及 Li 等人(2015)。

下面的引理取自 Biermé 等人(2007),该引理用矩阵 E 特征值的实部和欧氏范数 $|\cdot|$ 给出了 $\tau_E(t)$ 的增长率情况。

引理 1.2.8 对充分小的 $\delta > 0$,存在正的常数 $c_{1,2,1}, \cdots, c_{1,2,4}$ 使得对满足 $|t| \leqslant 1$ 或 $\tau_E(t) \leqslant 1$ 的所有 t 有

$$c_{1,2,1} |t|^{(1+\delta)/a_1} \leqslant \tau_E(t) \leqslant c_{1,2,2} |t|^{(1-\delta)/a_p},$$

和,对满足 $|t| \geqslant 1$ 或 $\tau_E(t) \geqslant 1$ 的所有 t 有

$$c_{1,2,3} |t|^{(1-\delta)/a_p} \leqslant \tau_E(t) \leqslant c_{1,2,4} |t|^{(1+\delta)/a_1}。$$

下面的引理提供了关于正定矩阵极坐标下的极坐标变换,证明见 Biermé 等人(2007)。

引理 1.2.9 在给定关于正定矩阵极坐标下,存在 S_n 上的唯一一个有限的 Radon 测度 μ 使得对所有 $\mathbb{R}^n$ 上的绝对可积函数 $f(t)$ 有,

$$\int_{\mathbb{R}^N} f(t) \mathrm{d}t = \int_{S_N} \mu(\mathrm{d}\theta) \int_0^\infty f(r^E \theta) r^{q-1} \mathrm{d}r。$$

其中 $S_n = \{t : \tau_E(t) = 1\}$ 是 $\mathbb{R}^n$ 中在伪度量 τ_E 下的单位球面,而 q 是正定矩阵 E 的迹。

第 2 章　时间各向异性高斯随机场的碰撞概率

2.1　引言

许多概率学者研究了随机过程或随机场的碰撞概率。而对于对于碰撞概率问题，主要是要用多参数位势理论来研究，并由容度给出概率 $\mathbb{P}\{X(E)\cap F\neq\varnothing\}$的上下界估计。Song(1991)讨论了 (N,d) -Ornstein-Uhlenbeck 单的碰撞概率，得到了碰撞概率的容度估计。Khoshnevisan 和 Shi(1999)给出了 (N,d) -布朗单的碰撞概率。受到 Khoshnevisan 和 Shi(1999)结论的启发，许多学者研究了各类随机场的碰撞概率，如陈振龙(2004)采用多参数鞅的方法研究了 (N,d) -广义布朗单的碰撞概率；Khoshnevisan 和 Xiao(2002,2003,2009)研究了可加 Lévy 过程的碰撞概率；Dalang 和 Nualart(2004)研究了一般随机场的碰撞概率(或见 Nualart(2002))；Dalang 等人(2007,2009,2013)研究了一系列非线性随机热方程系统的碰撞概率，其结果的上界不再由容度表示，而是由 Hausdorff 测度表示；Biermé 等人(2009)和 Xiao(2009)研究了一类空间变量独立的各向异性高斯随机场的碰撞概率，该随机场包括一些常见的各向异性随机场，如分数布朗单和随机热方程的解(见 Ayache 和 Xiao(2005)，Dalang 等人(2007,2009,2013))；Söhl(2010)研究了一类空间变量相依的各向异性高斯场的碰撞概率，但是只得到碰撞概率的下界；Chen 和 Xiao(2012)推广了 Biermé 等人(2009)和 Xiao(2009)的结果，并得到了更精细的结果。

上述过程或随机场的协方差函数都是直接用欧式度量和各向异性度量直接刻画。为了使协方差函数一般化，Nualart 和 Viens(2013)构造了一类高斯过程 $X_0=\{X_0(t),t\in\mathbb{R}\}$，并研究了这类过程的碰撞概率。这类过程的标准度量 $\sqrt{\mathbb{E}(X_0(t)-X_0(s))^2}$ 与 $\gamma(|t-s|)$ 相当(即 $\sqrt{\mathbb{E}(X_0(t)-X_0(s))^2}\asymp\gamma(|t-s|)$)，其中 $\gamma(r)$ 是一连续的、上凸的函数，且满足 $\gamma(0)=0$ 和 $\gamma'(0+)=+\infty$。在本章中，我们考虑 N 参数高斯随机场的碰撞概率，这类随机

场的标准度量与 $\gamma\left(\sum_{j=1}^{N}|t_j - s_j|^{H_j}\right)$ 相当。

本章的部分内容来自文献 Ni 和 Chen(2016),其结构如下。在第 2 节,给出了所要研究的高斯随机场的定义,并证明几个重要引理。在第 3 节中,证明本章最重要的结论,即给出了该类高斯随机场碰撞概率的上界和下界。最后,为了说明所得的主要结果,我们在第 4 节中给出了几个有意义的例子。

2.2 模型和引理

设 $H=(H_1,H_2,\cdots,H_N)\in(0,1)^N$,$\gamma(r):\mathbb{R}_+\to\mathbb{R}_+$ 是一连续的、严格递增函数,且满足如下条件:

(C1) 存在常数 $m,r_0>0$,使得对所有 $r\in[0,r_0]$,有 $\int_0^{\frac{1}{2}}\gamma(rv)\frac{1}{v\sqrt{\log\frac{1}{v}}}\mathrm{d}v\leqslant m\gamma(r)$。

(C2) $\lim\limits_{r\to 0^+}\gamma(r)\sqrt{\log\frac{1}{r}}=0$。

(C3) $\gamma(r)$ 是一上凸函数,且具有连续的导数。

利用函数 γ,可以定义如下各向异性度量:

$$\rho_\gamma(s,t)=\gamma\left(\sum_{j=1}^{N}|t_j-s_j|^{H_j}\right),\quad \forall s,t\in\mathbb{R}^N。\tag{2.2.1}$$

设 $X=\{X(t),t\in\mathbb{R}^N\}$ 是定义在概率空间$(\Omega,\mathcal{F},\mathbb{P})$上取值于 $\mathbb{R}^d$ 的高斯随机场,即

$$X(t)=(X_1(t),\cdots,X_d(t)),\quad t\in\mathbb{R}^N,\tag{2.2.2}$$

其中 $X_1,\cdots,X_d$ 独立同分布于 X_0。假设 X_0 是一零均值高斯随机场,满足 $X_0(0)=0\ a.s.$ 和如下条件:存在常数 $l>1$,使得

$$\frac{1}{l}\rho_\gamma^2(s,t)\leqslant\mathbb{E}|X_0(t)-X_0(s)|^2\leqslant l\rho_\gamma^2(s,t)\tag{2.2.3}$$

成立。其中 $\rho_\gamma(s,t)$ 定义见(2.2.1)。

注 2.2.1 下面是关于上述条件的两点注解。

(i)在条件(C3)中,条件 $\gamma(r)$ 是上凸的是用来保证 ρ_γ 确实是一度量。然而,Hausdorff 测度只考虑其覆盖类中的集合直径很小的情形,以及在本文中的容度只要考虑到核函数在原点附近的情形,所以只需假设 $\gamma(r)$ 在原

点附近是上凸的即可。

(ii)由条件(C2),有 $\lim_{r\to 0^+}\gamma(r)=0$。为方便起见,不妨设 $\gamma(0)=0$。

另外,令 $\sigma^2(t)$ 表示 $\mathrm{Var}(X_0(t))$,且假设 $\sigma(t)$ 具有一阶连续偏导数。

下面先给出几个引理。为了符号上的简便,假设

$$I=[a,b],\text{对任意的 } 0<a_j<b_j<\infty, j=1,\cdots,N。\tag{2.2.4}$$

不失一般性,可设 $0<H_1\leqslant H_2\leqslant\cdots\leqslant H_N<1$。令 $Q=\sum_{j=1}^{N}\frac{1}{H_j}$,且用 h 表示矩形 I 在度量 ρ_γ 下的直径,即

$$h=\sup\{\rho_\gamma(s,t):(s,t)\in I\}。\tag{2.2.5}$$

引理 2.2.2 就是众所周知的高斯随机场的两点局部不确定性。

引理 2.2.2　对任意(2.2.4)式中定义的 I,存在 $\delta>0$ 和一个仅依赖于 I 和 $H_1,H_2,\cdots,H_N$ 的正常数 $c_{2,2,1}$,使得对任意满足 $|t-s|<\delta$ 的 s, $t\in I$,有

$$\mathrm{Var}(X_0(t)\mid X_0(s))\geqslant c_{2,2,1}\rho_\gamma^2(s,t)。\tag{2.2.6}$$

证明　注意到

$$\begin{aligned}\mathrm{Var}(X_0(t)\mid X_0(s))&=\mathbb{E}(X_0(t))^2\left(1-\left(\frac{\mathbb{E}(X_0(s)X_0(t))}{\sqrt{\mathbb{E}(X_0(s))^2\mathbb{E}(X_0(t))^2}}\right)^2\right)\\&=\sigma^2(t)\left(1-\left(\frac{\mathbb{E}(X_0(s)X_0(t))}{\sigma(s)\sigma(t)}\right)^2\right)\\&=\sigma^2(t)\left(1-\frac{\mathbb{E}(X_0(s)X_0(t))}{\sigma(s)\sigma(t)}\right)\left(1+\frac{\mathbb{E}(X_0(s)X_0(t))}{\sigma(s)\sigma(t)}\right)。\end{aligned}\tag{2.2.7}$$

因为 $\mathbb{E}(X_0(s)X_0(t))$要么大于等于 0,要么小于 0,因此不妨假设 $\mathbb{E}(X_0(s)X_0(t))>0$。故(2.2.7)式中最后一个因式满足下式:

$$1+\frac{\mathbb{E}(X_0(s)X_0(t))}{\sigma(s)\sigma(t)}\geqslant 1。\tag{2.2.8}$$

又因为 $\sigma(t)$ 在闭矩形 I 具有一阶连续偏导数,所以存在常数 $\delta_{N+1}>0$, $c_{2,2,2}>0$ 使得对满足 $|s-t|<\delta_{N+1}$ 的所有 $s,t\in I$,有

$$|\sigma(s)-\sigma(t)|\leqslant c_{2,2,2}\sum_{j=1}^{N}|s_j-t_j|,\tag{2.2.9}$$

其中 $c_{2,2,2}$ 仅依赖于 I。由于 $\gamma(r)$ 有连续的导数,可得

$$\begin{aligned}\sum_{j=1}^{N}\gamma(|s_j-t_j|^{H_j})&=\sum_{j=1}^{N}\gamma'(\xi_j)|s_j-t_j|^{H_j}\text{(此处 }\xi_j\in(0,|s_j-t_j|^{H_j}))\\&\geqslant\sum_{j=1}^{N}\gamma'(|b_j-a_j|^{H_j})|s_j-t_j|^{H_j}\end{aligned}$$

$$\geqslant \min_{1\leqslant j\leqslant N}\{\gamma'(|b_j-a_j|^{H_j})\}\sum_{j=1}^{N}|s_j-t_j|^{H_j}$$

$$:=c_{2,2,3}\sum_{j=1}^{N}|s_j-t_j|^{H_j}, \tag{2.2.10}$$

其中第一个不等式由条件(C3)可得。对每个 $j=1,\cdots,N, H_j\in(0,1)$，存在正常数 δ_j 使得对满足 $|s_j-t_j|<\delta_j$ 的任意 $s_j,t_j\in[a_j,b_j]$，有

$$c_{2,2,2}|s_j-t_j|\leqslant\frac{c_{2,2,3}}{N\sqrt{2l}}|s_j-t_j|^{H_j}, \tag{2.2.11}$$

其中 l 如(2.2.3)式中所定义。令 $\delta=\min_{1\leqslant j\leqslant N+1}\{\delta_j\}$。则由(2.2.9)—(2.2.11)式，并注意到 γ 是一递增上凸的函数，可得对满足 $|s-t|<\delta$ 的任意 $s,t\in I$，有

$$|\sigma(s)-\sigma(t)|\leqslant\frac{c_{2,2,3}}{N\sqrt{2l}}\sum_{j=1}^{N}|s_j-t_j|^{H_j}\leqslant\frac{1}{\sqrt{2l}}\sum_{j=1}^{N}\frac{\gamma(|s_j-t_j|^{H_j})}{N}$$

$$\leqslant\frac{1}{\sqrt{2l}}\gamma\left(\sum_{j=1}^{N}\frac{|s_j-t_j|^{H_j}}{N}\right)\leqslant\frac{1}{\sqrt{2l}}\gamma\left(\sum_{j=1}^{N}|s_j-t_j|^{H_j}\right)。 \tag{2.2.12}$$

由 $\sigma(t)$ 的定义，(2.2.3)和(2.2.4)式中所定义的 I，显然有

$$c_{2,2,4}\leqslant\sigma(t)\leqslant c_{2,2,5}, \tag{2.2.13}$$

其中 $c_{2,2,4}$ 和 $c_{2,2,5}$ 是两个正常数。

再由(2.2.12)，(2.2.13)和(2.2.3)式，存在 $\delta>0$ 使得对满足 $|s-t|<\delta$ 的所有 $s,t\in I$，有

$$1-\frac{\mathbb{E}(X_0(s)X_0(t))}{\sigma(s)\sigma(t)}=\frac{\mathbb{E}(X_0(s)-X_0(t))^2-(\sigma(s)-\sigma(t))^2}{2\sigma(s)\sigma(t)}$$

$$\geqslant\frac{\frac{1}{l}\rho_\gamma^2(s,t)-\frac{1}{2l}\rho_\gamma^2(s,t)}{2\sigma(s)\sigma(t)}$$

$$\geqslant c\rho_\gamma^2(s,t) \tag{2.2.14}$$

联合(2.2.7)，(2.2.8)，(2.2.13)和(2.2.14)式，可得(2.2.6)式成立。引理 2.2.2 得证。

从现在开始，$B_{\rho_\gamma}(s,r)=\{t\in\mathbb{R}^N:\rho_\gamma(s,t)\leqslant r\}$ 表示在度量 ρ_γ 下中心在 s，半径为 r 的闭球。下面的引理将用来证明定理 2.3.1 的上界，其证明方法类似于 Biermé 等人(2009)所用的方法。

引理 2.2.3 设 $X=\{X(t),t\in\mathbb{R}^N\}$ 是由(2.2.2)式所定义的 $\mathbb{R}^d$ 值高斯随机场，则对任意的 $M>0$，存在常数 $c_{2,2,6}>0,\delta_0>0$，使得对所有的 $r\in(0,\delta_0)$，$s\in I$ 和 $x\in[-M,M]^d$，有

$$P\left\{\inf_{t\in B_{\rho_\gamma}(s,r)\cap I}|X(t)-x|<r\right\}\leqslant c_{2,2,6}r^d。\qquad(2.2.15)$$

证明　因为 X 的各个分量独立同分布于 X_0，所以只要证明(2.2.15)式在 $d=1$ 时成立即可。由条件高斯分布的性质知，

$$\mathbb{E}(X_0(t)\,|\,X_0(s))=\frac{\mathbb{E}(X_0(s)X_0(t))}{\mathbb{E}(X_0(s))^2}X_0(s):=c(s,t)X_0(s)。\qquad(2.2.16)$$

注意到，对任意的 $t\in I$，正态随机变量 $X_0(t)-c(s,t)X_0(s)$ 和 $X_0(s)$ 是相互对立的。从而由三角不等式可得

$$\begin{aligned}&\mathbb{P}\left\{\inf_{t\in B_{\rho_\gamma}(s,r)\cap I}|X_0(t)-x|<r\right\}\\&\leqslant\mathbb{P}\left\{\inf_{t\in B_{\rho_\gamma}(s,r)\cap I}|c(s,t)(X_0(s)-x)|<2r\right\}\\&\quad+\mathbb{P}\left\{2Z_0(s,r)>\inf_{t\in B_{\rho_\gamma}(s,r)\cap I}|c(s,t)(X_0(s)-x)|\right\},\end{aligned}\qquad(2.2.17)$$

其中 $Z_0(s,r)=\sup_{t\in B_{\rho_\gamma}(s,r)\cap I}|X_0(t)-x-c(s,t)(X_0(s)-x)|$。再由(2.2.16)式和 Cauchy-Schwarz 不等式，以及(2.2.3)式，有

$$|1-c(s,t)|=\frac{|\mathbb{E}(X_0(s)(X_0(s)-X_0(t)))|}{\mathbb{E}(X_0(s))^2}\leqslant c\rho_\gamma(s,t)。\qquad(2.2.18)$$

因此，由(2.2.18)知，存在一个正常数 η，使得对任意的 $r\in(0,\eta)$ 和 $t\in B_{\rho_\gamma}(s,r)\cap I$，有 $1/2\leqslant c(s,t)\leqslant 3/2$。由零均值高斯过程 $c(s,t)X_0(s)$ 的单峰性，可得

$$\begin{aligned}&\mathbb{P}\left\{\inf_{t\in B_{\rho_\gamma}(s,r)\cap I}|c(s,t)(X_0(s)-x)|<2r\right\}\\&\leqslant\mathbb{P}\{|X_0(s)-x|<4r\}\leqslant cr。\end{aligned}\qquad(2.2.19)$$

因为 $Z_0(s,r)$ 和 $c(s,t)X_0(s)$ 是相互独立的，所以由(2.2.19)式和全期望公式有

$$\begin{aligned}&\mathbb{P}\left\{2Z_0(s,r)>\inf_{t\in B_{\rho_\gamma}(s,r)\cap I}|c(s,t)(X_0(s)-x)|\right\}\\&\leqslant\int_0^\infty\mathbb{P}\{|(X_0(s)-x)|<4y\,|\,Z_0(s,r)=y\}\mathbb{P}\{Z_0(s,r)\in\mathrm{d}y\}\\&\leqslant c\int_0^\infty y\mathbb{P}\{Z_0(s,r)\in\mathrm{d}y\}\leqslant c\mathbb{E}(Z_0(s,r))。\end{aligned}\qquad(2.2.20)$$

为了估计 $\mathbb{E}(Z_0(s,r))$，考虑高斯过程 $Y_0(t)=X_0(t)-x-c(s,t)(X_0(s)-x)$，$t\in B_{\rho_\gamma}(s,r)\cap I$，并注意到 $Y_0(s)=0$，且其标准度量 $d(t,t')=(\mathbb{E}(Y_0(t)-Y_0(t'))^2)^{1/2}$，$\forall\, t,t'\in B_{\rho_\gamma}(s,r)\cap I$。令 $D=\sup_{t,t'\in B_{\rho_\gamma}(s,r)\cap I}\mathrm{d}(t,t')$。经过

一些简单的计算可得

$$d(t,t') \leqslant c\rho_\gamma(t,t') \leqslant c_{2,2,7}r,$$

以及

$$N_d(B_{\rho_\gamma}(s,r)\cap I,\varepsilon) \leqslant c_{2,2,8}\left(\frac{\gamma^{-1}(r)}{\gamma^{-1}(\varepsilon/c_{2,2,7})}\right)^Q,$$

其中常数 $c_{2,2,7}$，$c_{2,2,8}$ 仅依赖于 M 和 $N_d(B_{\rho_\gamma}(s,r)\cap I,\varepsilon)$（这里 $N_d(B_{\rho_\gamma}(s,r)\cap I,\varepsilon)$ 是在度量 ρ_γ 下 $B_{\rho_\gamma}(s,r)\cap I$ 的度量熵）。

由 Dudley 定理知

$$\begin{aligned}
\mathbb{E}(Z_0(s,r)) &\leqslant c\int_0^{cr}\sqrt{\log N_d(B_{\rho_\gamma}(s,r)\cap I,\varepsilon)}\,\mathrm{d}\varepsilon\\
&\leqslant c\int_0^{c_{2,2,7}r}\sqrt{Q\log\left(\frac{\gamma^{-1}(r)}{\gamma^{-1}(\varepsilon/c_{2,2,7})}\right)}\,\mathrm{d}\varepsilon\\
&\leqslant c\int_0^{\gamma^{-1}(r)}\sqrt{\log\left(\frac{\gamma^{-1}(r)}{u}\right)}\,\mathrm{d}\gamma(u),
\end{aligned}$$

其中最后一个不等式由变量替换可得。将上式最后一个积分按积分区域分成两个定积分，可得

$$\begin{aligned}
\mathbb{E}(Z_0(s,r)) \leqslant c\Bigg(&\int_0^{\frac{\gamma^{-1}(r)}{2}}\sqrt{\log\left(\frac{\gamma^{-1}(r)}{u}\right)}\,\mathrm{d}\gamma(u)\\
&+\int_{\frac{\gamma^{-1}(r)}{2}}^{\gamma^{-1}(r)}\sqrt{\log\left(\frac{\gamma^{-1}(r)}{u}\right)}\,\mathrm{d}\gamma(u)\Bigg)\\
:=&\ c(K_1+K_2)。
\end{aligned}\tag{2.2.21}$$

通过直接计算可得

$$K_2=\int_{\frac{\gamma^{-1}(r)}{2}}^{\gamma^{-1}(r)}\sqrt{\log\left(\frac{\gamma^{-1}(r)}{u}\right)}\,\mathrm{d}\gamma(u) \leqslant \sqrt{\log 2}\left(r-\gamma\left(\frac{\gamma^{-1}(r)}{2}\right)\right)。\tag{2.2.22}$$

下面计算 K_1。利用分部积分公式和变量替换可得

$$\begin{aligned}
K_1 &= \int_0^{\frac{\gamma^{-1}(r)}{2}}\sqrt{\log\left(\frac{\gamma^{-1}(r)}{u}\right)}\,\mathrm{d}\gamma(u)\\
&= \sqrt{\log 2}\,\gamma\left(\frac{\gamma^{-1}(r)}{2}\right)+\int_0^{\frac{\gamma^{-1}(r)}{2}}\gamma(u)\,\frac{1}{2u\sqrt{\log\left(\frac{\gamma^{-1}(r)}{u}\right)}}\,\mathrm{d}u\\
&= \sqrt{\log 2}\,\gamma\left(\frac{\gamma^{-1}(r)}{2}\right)+\frac{1}{2}\int_0^{\frac{1}{2}}\gamma(\gamma^{-1}(r)v)\,\frac{1}{v\sqrt{\log\left(\frac{1}{v}\right)}}\,\mathrm{d}v。
\end{aligned}\tag{2.2.23}$$

令 $\delta_0=\min\{\eta,r_0\}$，则当 $0<r<\delta_0$ 时，由条件(C3)有，

$$K_1+K_2=r\sqrt{\log 2}+\frac{1}{2}\int_0^{\frac{1}{2}}\gamma(\gamma^{-1}(r)v)\frac{1}{v\sqrt{\log\left(\frac{1}{v}\right)}}\mathrm{d}v$$

$$\leqslant r\sqrt{\log 2}+\frac{1}{2}k\gamma((\gamma^{-1}(r))$$

$$\leqslant cr。\tag{2.2.24}$$

联合(2.2.21)和(2.2.24)式，可得 $E(Z_0(s,r))\leqslant cr$。因此结论(2.2.15)式成立。引理 2.2.3 得证。

利用引理 2.2.2 可证如下引理

引理 2.2.4　设 $X=\{X(t),t\in\mathbb{R}^N\}$ 是由(2.2.2)式所定义的 $\mathbb{R}^d$ 值高斯随机场，则存在常数 $\delta>0$ 和 $c_{2,2,9}>0$，使得对任意的 $x,y\in\mathbb{R}^d$，以及对满足 $|t-s|\leqslant\delta$ 的任意 $s,t\in I$，有

$$\int_{\mathbb{R}^{2d}}e^{-\mathrm{i}(\langle\xi,x\rangle+\langle\eta,y\rangle)}\exp\left\{-\frac{1}{2}(\xi,\eta)\Gamma_n(s,t)(\xi,\eta)'\right\}\mathrm{d}\xi\mathrm{d}\eta$$

$$\leqslant\frac{c_{2,2,9}}{\max\{\rho_\gamma^d(s,t),|x-y|^d\}},\tag{2.2.25}$$

其中 $\Gamma_n(s,t)=\frac{1}{n}I_{2d}+\mathrm{Cov}(X(s),X(t))$。

证明　令 $\Phi_n(s,t))=\frac{1}{n}I_2+\mathrm{Cov}(X_0(s),X_0(t))$。因为 $X_1,\cdots,X_d$ 独立同分布于 X_0，所以

$$\int_{\mathbb{R}^{2d}}e^{-\mathrm{i}(\langle\xi,x\rangle+\langle\eta,y\rangle)}\exp\left\{-\frac{1}{2}(\xi,\eta)\Gamma_n(s,t)(\xi,\eta)'\right\}\mathrm{d}\xi\mathrm{d}\eta$$

$$=\prod_{j=1}^d\left(\int_{\mathbb{R}^2}e^{-\mathrm{i}\langle(\xi_j,\eta_j),(x_j,y_j)\rangle}\exp\left\{-\frac{1}{2}(\xi_j,\eta_j)\Phi_n(s,t)(\xi_j,\eta_j)'\right\}\mathrm{d}\xi_j\mathrm{d}\eta_j\right)$$

$$=\left(\int_{\mathbb{R}^2}e^{-\mathrm{i}\langle(\xi_j,\eta_j),(x_j,y_j)\rangle}\exp\left\{-\frac{1}{2}(\xi_j,\eta_j)\Phi_n(s,t)(\xi_j,\eta_j)'\right\}\mathrm{d}\xi_j\mathrm{d}\eta_j\right)^d。\tag{2.2.26}$$

由于 $\Phi_n(s,t)$ 是正定的，故

$$\int_{\mathbb{R}^2}e^{-\mathrm{i}\langle(\xi_j,\eta_j),(x_j,y_j)\rangle}\exp\left\{-\frac{1}{2}(\xi_j,\eta_j)\Phi_n(s,t)(\xi_j,\eta_j)'\right\}\mathrm{d}\xi_j\mathrm{d}\eta_j$$

$$=\frac{2\pi}{\sqrt{\det(\Phi_n(s,t))}}\exp\left\{-\frac{1}{2}(x_j,y_j)\Phi_n^{-1}(s,t)(x_j,y_j)'\right\},\tag{2.2.27}$$

其中 $\det(\Phi_n(s,t))$ 表示 $\Phi_n(s,t)$ 的行列式。首先注意到

$$(x_j,y_j)\Phi_n^{-1}(s,t)(x_j,y_j)'\geqslant\frac{1}{\det(\Phi_n(s,t))}\mathbb{E}(x_jX_0(t)-y_jX_0(s))^2。\tag{2.2.28}$$

下面证明对满足 $|t-s|\leqslant\delta$ 的任意 $s,t\in I$，以及对任意的 $x_j,y_j\in\mathbb{R}$，有

$$\mathbb{E}(x_jX_0(t)-y_jX_0(s))^2\geqslant c(x_j-y_j)^2, \tag{2.2.29}$$

其中常数 $c>0$ 仅依赖于 I 和引理 2.2.2 中的 δ。为了证明(2.2.29)式，只要证存在仅依赖于 I 和 $H_1,H_2,\cdots,H_N$ 的正常数 $c_{2,2,10},c_{2,2,11}$ 使得下面两式成立：

$$\mathbb{E}(X_0(t))^2\geqslant c_{2,2,10} \tag{2.2.30}$$

和

$$\frac{\det(\mathrm{Cov}(X_0(s),X_0(t)))}{\mathbb{E}(X_0(s)-X_0(t))^2}\geqslant c_{2,2,11}。\tag{2.2.31}$$

首先由(2.2.13)式可得(2.2.30)式。下面证明(2.2.31)式成立。由(2.2.3)式知，(2.2.31)式的分母小于等于 $l\rho_\gamma^2(s,t)$。此外，由引理 2.2.2 和(2.2.30)式可得，(2.3.31})式的分子满足：对满足 $|t-s|\leqslant\delta$ 的任意 $s,t\in I$，有

$$\det(\mathrm{Cov}(X_0(s),X_0(t)))=\rho_\gamma^2(0,s)\mathrm{Var}(X_0(t)\mid X_0(s))\geqslant c\rho_\gamma^2(s,t),$$

其中 $c>0$ 仅依赖于 I 和 $H_1,H_2,\cdots,H_N$。因此，对满足 $|t-s|\leqslant\delta$ 的任意 $s,t\in I$，有(2.2.31)成立。故(2.2.29)成立。

联合(2.2.26)—(2.2.29)可得，

$$\begin{aligned}&\int_{\mathbb{R}^{2d}}e^{-\mathrm{i}(\langle\xi,x\rangle+\langle\eta,y\rangle)}\exp\left\{-\frac{1}{2}(\xi,\eta)\Gamma_n(s,t)(\xi,\eta)'\right\}\mathrm{d}\xi\mathrm{d}\eta\\&\quad\leqslant\frac{(2\pi)^d}{(\det(\Phi_n(s,t)))^{d/2}}\exp\left\{-\frac{c}{2}\frac{|x-y|^2}{\det(\Phi_n(s,t))}\right\}。\end{aligned}\tag{2.2.32}$$

当 $\det(\Phi_n(s,t))\geqslant|x-y|^2$ 时，则

$$\frac{(2\pi)^d}{(\det(\Phi_n(s,t)))^{\frac{d}{2}}}\exp\left\{-\frac{c}{2}\frac{|x-y|^2}{\det(\Phi_n(s,t))}\right\}\leqslant\frac{(2\pi)^d}{(\det(\Phi_n(s,t)))^{d/2}}。\tag{2.2.33}$$

当 $\det(\Phi_n(s,t))<|x-y|^2$ 时，则由基本不等式 $x^{d/2}e^{-cx}\leqslant c_{2,2,12}(\forall x>0)$，有

$$\frac{(2\pi)^d}{(\det(\Phi_n(s,t)))^{d/2}}\exp\left\{-\frac{c}{2}\frac{|x-y|^2}{\det(\Phi_n(s,t))}\right\}\leqslant\frac{c}{|x-y|^d}。\tag{2.2.34}$$

由(2.2.33)式和(2.2.34)式可知

$$\begin{aligned}&\frac{(2\pi)^d}{(\det(\Phi_n(s,t)))^{d/2}}\exp\left\{-\frac{c}{2}\frac{|x-y|^2}{\det(\Phi_n(s,t))}\right\}\\&\quad\leqslant\frac{c}{\max\{(\det(\Phi_n(s,t)))^{d/2},|x-y|^d\}}。\end{aligned}\tag{2.2.35}$$

注意到，对满足 $|t-s|\leqslant\delta$ 的任意 $s,t\in I$，由引理 2.2.2 和恒等式

$$\det(\mathrm{Cov}(X_0(s),X_0(t)))=\mathrm{Var}(X_0(s))\mathrm{Var}(X_0(t)\mid X_0(s))$$

可得，

$$\det(\Phi_n(s,t))\geqslant\det(\mathrm{Cov}(X_0(s),X_0(t)))\geqslant c\rho_\gamma^2(s,t)。\tag{2.2.36}$$

因此，由(2.2.32)，(2.2.35)－(2.2.36)式可得(2.2.25)式成立。故引理得证。

2.3 碰撞概率

本节主要是确定第 2.2 节中所给出的高斯随机场碰撞概率的上下界，并给出证明。我们先介绍一些概念和记号。

令

$$\nu(r)=\int_r^{\gamma^{-1}(h)}\frac{v^{Q-1}}{\gamma^d(v)}\mathrm{d}v(这里\ h\ 由(2.2.5)式定义)，\tag{2.3.1}$$

$$K_\nu(x)=\max\{1,\nu(\gamma^{-1}(|x|))\},\tag{2.3.2}$$

则函数 K_ν 是 $\mathbb{R}^d$ 到 $\mathbb{R}^+$ 的映射，且可以作为一个势核。因此，由(1.2.28)和(1.2.29)可以得到关于势核 K_ν 的能和容度，分别记为 $\mathcal{E}_{K_\nu}$ 和 C_{K_ν}。

定义 $\varphi(s):=\dfrac{s^d}{(\gamma^{-1}(s))^Q}$，则当 $d\geqslant Q$ 时，$\varphi(s)$ 在 0 附近是右连续非降函数，且满足 $\lim\limits_{s\to0^+}\varphi(s)=0$。设 F 是 $\mathbb{R}^d$ 中的一个 Borel 集，则由(1.2.11)可得 F 的 φ-Hausdorff 测度，记为 $\mathcal{H}_\varphi(F)$。

上述 F 的 φ-Hausdorff 测度是在欧氏度量下给出的。在本节主要涉及到一新度量下的 Hausdorff 测度。把这一定义在空间 $\mathbb{R}^N\times\mathbb{R}^d$ 上的新度量记为 $\tilde{\rho}$，即

$$\tilde{\rho}((s,x),(t,y))=\max\{\rho_\gamma(s,t),|x-y|\},\forall(s,t),(t,y)\in\mathbb{R}^N\times\mathbb{R}^d。\tag{2.3.3}$$

对任意的 $\beta>0$ 和 $G\subseteq\mathbb{R}^{N+d}$，由 1.2.10 可得 G 在度量 $\tilde{\rho}$ 下的 β-维 Hausdorff 测度为

$$\mathcal{H}_\beta^{\tilde{\rho}}(G)=\liminf_{\delta\to0}\Big\{\sum_{n=1}^\infty(2r_n)^\beta:G\subseteq\bigcup_{n=1}^\infty B_{\tilde{\rho}}(r_n),\sup_{n\geqslant1}r_n\leqslant\delta\Big\}，\tag{2.3.4}$$

其中 $B_{\tilde{\rho}}(r)$ 是度量空间 $(\mathbb{R}^{N+d},\tilde{\rho})$ 中半径为 r 的开球。可以证明 $\mathcal{H}_\beta^{\tilde{\rho}}$ 是一外测度，且所有的 Borel 集都是 $\mathcal{H}_\beta^{\tilde{\rho}}$-可测的。

设 $\alpha>0$，在新度量空间 $(\mathbb{R}^{N+d},\tilde{\rho})$ 上定义牛顿-α($\alpha>0$)容度为

$$C_{\alpha}^{\tilde{\rho}}(G) = \left(\inf_{\mu\in\mathcal{P}(G)}\int_{\mathbb{R}^{N+d}}\int_{\mathbb{R}^{N+d}}(\tilde{\rho}(u,v))^{-\alpha}\mu(\mathrm{d}u)\mu(\mathrm{d}v)\right)^{-1}, \quad (2.3.5)$$

其中 $\mathcal{P}(G)$ 表示支撑集在 G 上的 Borel 概率测度全体(见§1.2 的第三部分)。

下面给出本章的主要结论,即碰撞概率的上下界。

定理 2.3.1 设 $X=\{X(t),t\in\mathbb{R}^N\}$ 是由(2.2.2)式所定义的 $\mathbb{R}^d$ 值高斯随机场。如果 $E\subseteq I, F\subseteq\mathbb{R}^d$ 都是 Borel 集,则存在只依赖于 E,F 和 H 的正常数 $c_{2,3,1},c_{2,3,2}$,使得下面的结论成立:

$$c_{2,3,1}C_d^{\tilde{\rho}}(E\times F)\leqslant\mathbb{P}\{X^{-1}(F)\cap E\neq\varnothing\}\leqslant c_{2,3,2}\mathcal{H}_d^{\tilde{\rho}}(E\times F)。(2.3.6)$$

证明 先证明(2.3.6)式的上界。不妨假设 $\mathcal{H}_d^{\tilde{\rho}}(E\times F)<\infty$,否则(2.3.6)式的上界显然成立。由此,可以选择并固定任意给定的常数 ζ 使得 $\zeta>\mathcal{H}_d^{\tilde{\rho}}(E\times F)$ 成立。由 Hausdorff 测度的定义知,存在一列球 $\{B_{\tilde{\rho}}((t_k,y_k),r_k),k\geqslant 1\}\subset\mathbb{R}^{N+d}$ 使得

$$E\times F\subseteq\bigcup_{k=1}^{\infty}B_{\tilde{\rho}}((t_k,y_k),r_k) \text{ 且} \sum_{k=1}^{\infty}(2r_k)^d\leqslant\zeta。$$

显然有

$$\{X(E)\cap F\neq\varnothing\}\subseteq\bigcup_{k=1}^{\infty}\{X(B_{\rho}(t_k,r_k))\cap B(y_k,r_k)\neq\varnothing\}。\quad (2.3.7)$$

由引理 2.2.3 有

$$\mathbb{P}\{\{X(B_{\rho}(t_k,r_k))\cap B(y_k,r_k)\neq\varnothing\}\}\leqslant c_{2,2,4}r_k^d。\quad (2.3.8)$$

联合(2.3.7)和(2.3.8)式,可得

$$\mathbb{P}\{\{X(E)\cap F\neq\varnothing\}\}\leqslant c_{2,2,6}\sum_{k=1}^{\infty}(2r_k)^d\leqslant c\zeta。\quad (2.3.9)$$

由于 $\zeta>\mathcal{H}_d^{\tilde{\rho}}(F)$ 是任意给定的,所以上界得证。

下面证明(2.3.6)式的下界。不妨假设 $C_d^{\tilde{\rho}}(F)>0$,否则(2.3.6)式的下界显然成立。由 Choquet 容度定理(见 Khoshnevisan(2002)),可假定 F 是一紧集,从而存在常数 $M>0$ 使得 $F\subseteq[-M,M]^d$。

由容度的定义知,存在 $\mu\in\mathcal{P}(E\times F)$ 使得

$$\mathcal{E}_d^{\tilde{\rho}}(\mu)\leqslant\frac{2}{C_d^{\tilde{\rho}}(E\times F)}。\quad (2.3.10)$$

考虑定义在 $E\times F$ 上的随机测度列 $\{\nu_n\}_{n\geqslant 1}$,其中

$$\nu_n(\mathrm{d}t,\mathrm{d}x)=(2\pi n)^{\frac{d}{2}}\exp\left\{-\frac{n|X(t)-x|^2}{2}\right\}\mu(\mathrm{d}t,\mathrm{d}x)$$

$$= \int_{\mathbb{R}^d} \exp\left\{-\frac{|\xi|^2}{2n} + \mathrm{i}\langle \xi, X(t) - x\rangle\right\} \mathrm{d}\xi \mu(\mathrm{d}t, \mathrm{d}x)。 \tag{2.3.11}$$

将测度 ν_n 的总质量表示为 $\|\nu_n\| := \nu_n(E \times F)$，下面证明存在仅依赖于 n 和 μ 的正常数 $c_{2,3,3}, c_{2,3,4}$ 有

$$\mathbb{E}(\|\nu_n\|) \geqslant c_{2,3,3} \text{ 和 } \mathbb{E}(\|\nu_n\|^2) \leqslant c_{2,3,4}\, \mathcal{E}_d^{\tilde{\rho}}(\mu)。 \tag{2.3.12}$$

首先有

$$\begin{aligned}
\mathbb{E}(\|\nu_n\|) &= \int_{E\times F}\int_{\mathbb{R}^d} \mathbb{E}\exp\left\{-\frac{|\xi|^2}{2n} + \mathrm{i}\langle \xi, X(t) - x\rangle\right\} \mathrm{d}\xi \mu(\mathrm{d}t, \mathrm{d}x) \\
&\geqslant \int_{E\times F} \frac{(2\pi)^{\frac{d}{2}}}{\left(\frac{1}{n} + \frac{1}{l}\rho^2(0,t)\right)^{\frac{d}{2}}} \exp\left\{-\frac{|x|^2}{2\left(\frac{1}{n} + l\rho^2(0,t)\right)}\right\} \mu(\mathrm{d}t, \mathrm{d}x) \\
&\geqslant \int_{E\times F} \frac{(2\pi)^{\frac{d}{2}}}{\left(1 + \frac{1}{l}\rho_\gamma^2(0,b)\right)^{\frac{d}{2}}} \exp\left\{-\frac{M^2}{2\rho_\gamma^2(0,a)}\right\} \mu(\mathrm{d}t, \mathrm{d}x) \\
&:= c_{2,3,3} > 0。
\end{aligned} \tag{2.3.13}$$

这就证明了(2.3.12)式中的第一个不等式。

下面证明(2.3.12)式中的第二个不等式。显然

$$\mathbb{E}(\|\nu_n\|^2) = \int_{(E\times F)^2}\int_{\mathbb{R}^{2d}} e^{-\mathrm{i}(\langle \xi, x\rangle + \langle \eta, y\rangle)} \cdot \exp\left\{-\frac{1}{2}(\xi,\eta)\Gamma_n(s,t)(\xi,\eta)'\right\} \mathrm{d}\xi \mathrm{d}\eta \mu(\mathrm{d}s, \mathrm{d}x)\mu(\mathrm{d}t, \mathrm{d}y)。 \tag{2.3.14}$$

令 $D(\delta) = \{((s,x),(t,y)) \in (E\times F)^2 : |t-s| \leqslant \delta\}$，然后将(2.3.14)式右边定积分的积分区域划分为 $\mathbb{R}^{2d} \times ((E\times F)^2 \backslash D(\delta))$ 和 $\mathbb{R}^{2d} \times D(\delta)$，并将在每块子区域上的定积分分别记为 $\mathcal{T}_1$ 和 $\mathcal{T}_2$。因为 $X_1, \cdots, X_d$ 是独立同分布于 X_0 的，且 $\Phi_n(s,t)$ 是正定的，所以

$$\int_{\mathbb{R}^{2d}} e^{-\mathrm{i}(\langle \xi, x\rangle + \langle \eta, y\rangle)} \exp\left\{-\frac{1}{2}(\xi,\eta)\Gamma_n(s,t)(\xi,\eta)'\right\} \mathrm{d}\xi \mathrm{d}\eta \leqslant \frac{(2\pi)^d}{(\det(\Phi_n(s,t)))^{\frac{d}{2}}}。 \tag{2.3.15}$$

如果 $((s,x),(t,y)) \in (E\times F)^2 \backslash D(\delta)$，则由(2.3.15)式，

$$\mathcal{T}_1 \leqslant \int_{(E\times F)^2 \backslash D(\delta)} \frac{(2\pi)^d}{(\det \Phi_n(s,t))^{\frac{d}{2}}} \mu(\mathrm{d}s, \mathrm{d}x)\mu(\mathrm{d}t, \mathrm{d}y)。$$

注意到

$$\det(\Phi_n(s,t)) \geqslant \det(\mathrm{Cov}(X_0(s), X_0(t))) = \mathbb{E}X_0^2(s)\mathbb{E}X_0^2(t) - (\mathbb{E}X_0(s)X_0(t))^2。$$

由 Cauchy-Schwarz 不等式，函数 $(s,t) \mapsto \mathbb{E}X_0^2(s)\mathbb{E}X_0^2(t) - (\mathbb{E}X_0(s)X_0(t))^2$

在 I 上非负且连续。又因为 $\gamma(r)=0\Leftrightarrow r=0$，所以该函数仅在 $s=t$ 时为 0。因此，对任意的 $((s,x),(t,y))\in(E\times F)^2\setminus D(\delta)$，$\det(\Phi_n(s,t))\geqslant c$。故

$$\int_{(E\times F)^2\setminus D(\delta)}\frac{(2\pi)^d}{(\det\Phi_n(s,t))^{\frac{d}{2}}}\mu(\mathrm{d}s,\mathrm{d}x)\mu(\mathrm{d}t,\mathrm{d}y)\leqslant c。$$

由于 $s,t\in E\subseteq I$ 和 $x,y\in F\subseteq[-M,M]^d$，所以存在正常数 $c_{2,3,5}$，$c_{2,3,6}$ 使得 $\rho_\gamma(s,t)\leqslant c_{2,3,5}$ 且 $|x-y|\leqslant c_{2,3,6}$，因此 $\tilde{\rho}((s,x),(t,y))\leqslant\max\{c_{2,3,5},c_{2,3,6}\}$。更进一步地，有

$$\begin{aligned}\mathcal{T}_1&\leqslant c\int_{(E\times F)^2\setminus D(\delta)}\tilde{\rho}^d((s,x),(t,y))/\tilde{\rho}^d((s,x),(t,y))\mu(\mathrm{d}s,\mathrm{d}x)\mu(\mathrm{d}t,\mathrm{d}y)\\&\leqslant c\int_{(E\times F)^2\setminus D(\delta)}\frac{1}{\tilde{\rho}^d((s,x),(t,y))}\mu(\mathrm{d}s,\mathrm{d}x)\mu(\mathrm{d}t,\mathrm{d}y)。\end{aligned}\tag{2.3.16}$$

另一方面，如果 $((s,x),(t,y))\in D(\delta)$，则由引理 2.2.4 有，

$$\mathcal{T}_2\leqslant\int_{D(\delta)}\frac{c_{2,2,9}}{\max\{\rho^d(s,t),|x-y|^d\}}\mu(\mathrm{d}s,\mathrm{d}x)\mu(\mathrm{d}t,\mathrm{d}y)。\tag{2.3.17}$$

联合(2.3.16)和(2.3.17)式，可得

$$\mathbb{E}(\|\nu_n\|^2)\leqslant c\int_{(E\times F)^2}\frac{1}{\tilde{\rho}^d((s,x),(t,y))}\mu(\mathrm{d}s,\mathrm{d}x)\mu(\mathrm{d}t,\mathrm{d}y)=c\,\mathcal{E}_d^{\tilde{\rho}}(\mu)。$$

因此，由 Kahane(1985)所用的方法，可以证明存在支撑集在 $X^{-1}(F)\cap E$ 上的有限正测度 ν，使得 ν_n 弱收敛于 ν，且

$$\mathbb{P}\{X(E)\cap F\neq\varnothing\}\geqslant\mathbb{P}\{\|\nu\|>0\}\geqslant c\frac{(\mathbb{E}(\|\nu\|))^2}{\mathbb{E}(\|\nu\|^2)}\geqslant c/\mathcal{E}_d^{\tilde{\rho}}(\mu)\geqslant cC_d^{\tilde{\rho}}(E\times F)。$$

故下界得证，从而整个定理得证。

设 $E=I$ 则可得下面的推论。

推论 2.3.2 设 $X=\{X(t),t\in\mathbb{R}^N\}$ 是由(2.2.2)所定义的 $\mathbb{R}^d$ 值高斯随机场。如果 $d\geqslant Q$，I 由(2.2.4)式所定义，且 $F\subseteq\mathbb{R}^d$ 是任意的 Borel 集，则存在仅依赖于 I，F 和 H 的常数 $c_{2,3,7}$，$c_{2,3,8}>0$ 使得

$$c_{2,3,7}C_{K_\nu}(F)\leqslant\mathbb{P}\{X^{-1}(F)\cap I\neq\varnothing\}\leqslant c_{2,3,8}\mathcal{H}_\varphi(F)。\tag{2.3.19}$$

证明 只需证明对任意的区间 I，存在有限常数 $c_{2,3,9}>0$ 和 $c_{2,3,10}>0$ 使得对所有的 Borel 集 $F\subseteq[-M,M]^d$，有

$$\mathcal{H}_d^{\tilde{\rho}}(I\times F)\leqslant c_{2,3,9}\,\mathcal{H}_\varphi(F)\tag{2.3.20}$$

和

$$C_{K_\nu}(F)\leqslant c_{2,3,10}C_d^{\tilde{\rho}}(I\times F)。\tag{2.3.21}$$

首先证明(2.3.20)式。任意的常数 $\zeta>\mathcal{H}_\varphi(F)$，存在一列球 $\{B(y_k,r_k),k\geqslant 1\}\subset\mathbb{R}^d$ 使得

$$F \subseteq \bigcup_{k=1}^{\infty} B(y_k, r_k) \text{ 且 } \sum_{k=1}^{\infty} \varphi(2r_k) \leqslant \zeta。$$

对每个 $k \geqslant 1$，将矩形 I 划分成 $\frac{c}{(\gamma^{-1}(r_k))^Q}$ 个边长为 $(\gamma^{-1}(r_k))^{\frac{1}{H_j}}(j=1,\cdots,N)$ 的立方体 $C_{k,l}$，因此 $I \times F \subset \bigcup_{k=1}^{\infty} \bigcup_{l} C_{k,l} \times B(y_k, r_k)$。

这就得到 $I \times F$ 的一个半径为 r_k 的球覆盖(在度量 $\tilde{\rho}$ 下)。故

$$\sum_{k=1}^{\infty} \sum_{j} (2r_k)^d \leqslant \sum_{k=1}^{\infty} \frac{c(2r_k)^d}{(\gamma^{-1}(r_k))^Q} \leqslant c \sum_{k=1}^{\infty} \varphi(2r_k) \leqslant c\zeta。$$

这就证明了(2.3.20)式。

下面证明(2.3.21)式。不妨假设 $C_{K_\nu}(F) > 0$，否则(2.3.21)式显然成立。由容度的定义(见 1.2.29)有，对任意的 $0 < \zeta < C_{K_\nu}(F)$，存在支撑集在 F 上的概率测度 σ 使得

$$\int_F \int_F \nu(\gamma^{-1}(|x-y|))\sigma(\mathrm{d}x)\sigma(\mathrm{d}y) \leqslant \zeta^{-1}。\tag{2.3.22}$$

设 λ 是 I 上的规范化 Lebesgue 测度(即 I 上的均匀分布)。令 $\mu = \lambda \times \sigma$，则 μ 是 $I \times F$ 上的一个概率测度。为了证明(2.3.21)式，只要验证下面的式子成立：

$$\int_{I\times F} \int_{I\times F} \frac{\mathrm{d}s\mathrm{d}t\sigma(\mathrm{d}x)\sigma(\mathrm{d}y)}{\tilde{\rho}((s,x),(t,y))^d} \leqslant c\int_F \int_F \nu(\gamma^{-1}(|x-y|))\sigma(\mathrm{d}x)\sigma(\mathrm{d}y) \leqslant c\zeta^{-1}。\tag{2.3.23}$$

又因为

$$\int_{I\times F} \int_{I\times F} \frac{\mathrm{d}s\mathrm{d}t\sigma(\mathrm{d}x)\sigma(\mathrm{d}y)}{\tilde{\rho}((s,x),(t,y))^d} = \int_F \int_F \int_I \int_I \frac{1}{\tilde{\rho}((s,x),(t,y))^d} \mathrm{d}s\mathrm{d}t\sigma(\mathrm{d}x)\sigma(\mathrm{d}y),$$

所以只要证明

$$\int_I \int_I \frac{1}{\tilde{\rho}((s,x),(t,y))^d} \mathrm{d}s\mathrm{d}t \leqslant \nu(\gamma^{-1}(|x-y|))。\tag{2.3.24}$$

为此，将(2.3.24)式左边的积分区域划分为 $\{(s,t) \in I^2 : \rho_\gamma(s,t) \leqslant |x-y|\}$ 和 $\{(s,t) \in I^2 : \rho_\gamma(s,t) > |x-y|\}$，并将在这两个积分区域上的积分分别记为 $\mathcal{J}_1$ 和 $\mathcal{J}_2$。

首先，利用如下的事实：对任意的 $s \in I$，集合 $\{t \in I : \rho_\gamma(s,t) \leqslant |x-y|\}$ 是包含在一个边长为 $(\gamma^{-1}(|x-y|))^{\frac{1}{H_j}}(j=1,\cdots,N)$ 的矩形中，可得

$$\begin{aligned}\mathcal{J}_1 &\leqslant \int_I \int_{\{t\in I:\rho_\gamma(s,t)\leqslant |x-y|\}} \frac{\mathrm{d}t}{\max\{\rho_\gamma^d(s,t), |x-y|^d\}} \mathrm{d}s \\ &\leqslant c|x-y|^{-d} \cdot (\gamma^{-1}(|x-y|))^Q。\end{aligned}\tag{2.3.25}$$

利用变量替换 $u=b-a$ 和 $\rho_\gamma(s,t)$ 的定义，有

$$\begin{aligned}\mathcal{J}_2 &= \int_I\int_{\{t\in I:\,|x-y|<\rho_\gamma(s,t)<h\}}\frac{\mathrm{d}t}{\max\{\rho_\gamma^d(s,t),\,|x-y|^d\}}\mathrm{d}s\\ &= \int_I\int_{\{t\in I:\,|x-y|<\rho_\gamma(s,t)<h\}}\frac{\mathrm{d}t}{\rho_\gamma^d(s,t)}\mathrm{d}s\\ &\leqslant c\int_I\int_{\{t\in I:\,|x-y|<\rho_\gamma(s,t)<h,s<t\}}\frac{\mathrm{d}t}{\rho_\gamma^d(s,t)}\mathrm{d}s\\ &\leqslant c\int_{\{u\in\prod_{j=1}^N[0,b_j-a_j]:\,|x-y|<\rho_\gamma(0,u)<h\}}\frac{1}{\rho_\gamma^d(0,u)}\mathrm{d}u,\end{aligned}\tag{2.3.26}$$

其中 h 由(2.2.5)定义。由变量替换和 Dirichlet 积分

$$\begin{aligned}&\int_{\left\{\substack{t_1+\cdots+t_N\leqslant 1\\ t_1,\cdots,t_N\geqslant 0}\right\}} f(t_1+\cdots+t_N)t_1^{\alpha_1-1}\cdots t_N^{\alpha_N-1}\mathrm{d}t,\mathrm{d}_{t_2}\cdots\mathrm{d}_{t_N}\\ &=\frac{\gamma(\alpha_1)\cdots\gamma(\alpha_N)}{\gamma(\alpha_1+\cdots+\alpha_N)}\int_0^1 f(\tau)\tau^{\alpha_1+\cdots+\alpha_N-1}\mathrm{d}\tau,\end{aligned}$$

以及经过一些基础的计算可得

$$J_2\leqslant c\int_{\gamma^{-1}(|x-y|)}^{\gamma^{-1}(h)}\frac{s^{Q-1}}{(\gamma(s))^d}\mathrm{d}s=\nu(\gamma^{-1}(|x-y|))。\tag{2.3.27}$$

如果能够证明 $\dfrac{J_1}{\nu(\gamma^{-1}(|x-y|))}$ 是有界的，则 $J_1\leqslant\nu(\gamma^{-1}(|x-y|))$。由此和(2.3.27)式有

$$\int_{I^2}\frac{1}{\max\{\rho_\gamma^d(s,t),\,|x-y|^d\}}\mathrm{d}s\mathrm{d}t\leqslant\nu(\gamma^{-1}(|x-y|))。\tag{2.3.28}$$

整个证明只剩下说明 $\dfrac{J_1}{\nu(\gamma^{-1}(|x-y|))}$ 是有界的。事实上，利用变量替换 $v=\gamma^{-1}(|x-y|)$ 可得

$$\frac{|x-y|^{-d}\cdot(\gamma^{-1}(|x-y|))^Q}{\nu(\gamma^{-1}(|x-y|))}=\frac{\gamma^{-1}(\gamma(v))^Q/\gamma^d(v)}{\nu(v)}=\frac{v^Q/\gamma^d(v)}{\nu(v)}。\tag{2.3.29}$$

为了证明 $\dfrac{J_1}{\nu(\gamma^{-1}(|x-y|))}$ 的有界性，只要证明定义在 $(0,h]$ 上的函数

$$f(v)=\frac{v^Q/\gamma^d(v)}{\nu(v)}\tag{2.3.30}$$

是有界的即可。又因为上面式子最后一个表达式的分子分母都是关于 v 的连续函数，所以只要证明 $\lim\limits_{v\to 0^+}f(v)<\infty$ 即可。

为此，令 $g(v)=v^Q/\gamma^d(v)$，$h(v)=\nu(v)$。如果 ν 是有界函数，则由 ν 的

定义可得 $\lim\limits_{v\to 0^+} f(v) < \infty$。另一方面,如果 ν 是无界函数,则利用 L'Hôpital 法则,可得

$$\lim_{v\to 0^+} f(v) = \limsup_{v\to 0^+} g'(v)/h'(v) = -Q + d\cdot \frac{v\gamma'(v)}{\gamma(v)}。$$

由条件(C3)有,对每个充分接近于 0 的 v,$\gamma(v)/v \geqslant \gamma'(v)$。由此,当 $d \geqslant Q$ 时,有 $\lim\limits_{v\to 0^+} f(v) \leqslant -Q + d < \infty$。故整个定理证毕。

2.4　例子

在本节中,将利用 Bernstein 理论和 Estrade 等人(2011)的方法构造由(2.2.2)定义的高斯随机场,该随机场具有平稳增量,且满足 $\gamma(x) = x^{\alpha}L(x)$,其中 $\alpha \in [0,1)$ 是一个常数,$L(x)$ 在 $x = 0$ 处是规则慢变的非负函数。

从 Xiao(2009)或 Xue 和 Xiao(2011)的文中可得,存在许多具有平稳增量的高斯场例子,且这些高斯场的增量二阶矩与 $\rho^2(s,t)$ 是可比的,即存在具有平稳增量的高斯场满足

$$c_{2,4,1}\rho^2(s,t) \leqslant \sigma_1^2(s-t) \leqslant c_{2,4,2}\rho^2(s,t),$$

其中 $\sigma_1^2(s-t) = \mathbb{E}((X_{01}(s) - X_{01}(t))^2)$,$\rho(s,t) = \sum\limits_{j=1}^{N} |s_j - t_j|^{H_j}$。因此,由 Estrade 等人(2011)中的命题 2.1 知,只要能够构造出一类 Bernstein 函数 ϕ 满足

$$\phi(x) \asymp x^{\alpha}L(x) \text{ 当 } x \to 0^+,$$

则可得到所要构造的例子。

由 Schilling 等人(2012)定理 3.2 可知,对任一 Bernstein 函数 ϕ 可表示为

$$\phi(x) = b + ax + \int_0^{\infty} (1 - e^{-\lambda x})\nu(\mathrm{d}\lambda),$$

其中 $a \geqslant 0$,$b \geqslant 0$,ν 是$(0,\infty)$上的 Lévy 测度并满足

$$\int_0^{\infty} (1 \wedge x)\nu(\mathrm{d}x) < \infty。\qquad (2.4.1)$$

令 $a = b = 0$,并选择 Lévy 测度 ν 满足

$$\phi(x) \asymp x^{\alpha}L(x),$$

其中 $\alpha \in [0,1)$ 是一个常数,L 是在 0 附近规则慢变化的函数。为此,由

Fubini 定理有，

$$\phi(x)=\int_0^\infty \nu(\mathrm{d}\lambda)\cdot\int_0^\lambda xe^{-tx}\,\mathrm{d}t=x\int_0^\infty e^{-tx}\nu(\{\lambda:\lambda\geqslant t\})\,\mathrm{d}t。$$

因为当 $x\to 0^+$ 时，$\phi(x)$ 的渐近行为是由 $\nu([t,\infty))$ 在 $t\to\infty$ 时的渐近行为确定的，所以我们将令

$$\nu([t,\infty))=t^{-\alpha}l(t),$$

其中 $\alpha\in[0,1)$ 是一个常数，$l(t)$ 是在无穷远附近规则慢变化的函数。可以证明 ν 是一个 Lévy 测度(这由 Schilling 等人(2012)的注 3.3(iii)可得)。

如果 $\alpha=0$，则由(2.4.1)式有，

$$\lim_{t\to\infty}l(t)=0。$$

利用变量替换可得

$$\begin{aligned}\phi(x)&=x\int_0^\infty e^{-tx}t^{-\alpha}l(t)\,\mathrm{d}t=x^{-\alpha}\int_0^\infty e^{-s}s^{-\alpha}l(s/x)\,\mathrm{d}s\\&=x^{\alpha}l(1/x)\int_0^\infty e^{-s}s^{-\alpha}\frac{l(s/x)}{l(1/x)}\mathrm{d}s。\end{aligned}\tag{2.4.2}$$

又由控制收敛定理知

$$\lim_{x\to 0}\int_0^\infty e^{-s}s^{-\alpha}\frac{l(s/x)}{l(1/x)}\mathrm{d}s=\int_0^\infty e^{-s}s^{-\alpha}\mathrm{d}s=\Gamma(1-\alpha)。$$

因此有

$$\phi(x)\asymp x^{\alpha}l(1/x)\ 当\ x\to 0^+。\tag{2.4.3}$$

作为例子，如果令 $\alpha\in(0,1)$，$l(1/x)=1$，则存在具有平稳增量的零均值高斯随机场 X_0 满足 $X_0(0)=0$ 和

$$\mathbb{E}((X_0(s)-X_0(t))^2)\asymp\rho^2(s,t),$$

其中 $\phi(x)=x^{\alpha}$。即 $\gamma(r)=\sqrt{\phi(r^2)}=r^{\alpha}$。显然，$\gamma(r)$ 满足 2.2 中关于 $\gamma(r)$ 的所有条件。因此可得到第一个例子，与该例子相关的结论可见 Xiao (2009)和 Biermié 等人(2009)。

例 2.4.1 设 $X=\{X(t),t\in\mathbb{R}^N\}$ 是由(2.2.2)所定义的 $\mathbb{R}^d$ 值高斯随机场。如果 $0<H_1,H_2,\cdots,H_N<1$，$\gamma(r)=r^{\alpha}(0<\alpha<1)$ 和 $d\geqslant\sum_{j=1}^N\frac{1}{\alpha H_j}$，则对 $\mathbb{R}^d$ 中任意的 Borel 集 F，存在常数 $c_{2,4,3},c_{2,4,4}>0$ 使得

$$c_{2,4,3}C_{d-\sum_{j=1}^N\frac{1}{\alpha H_j}}(F)\leqslant\mathbb{P}\{X^{-1}(F)\cap I\neq\varnothing\}\leqslant c_{2,4,4}\mathcal{H}_{d-\sum_{j=1}^N\frac{1}{\alpha H_j}}(F)。\tag{2.4.4}$$

如果令 $\alpha\in(0,1)$，$l(1/x)=(\log(1/\sqrt{x}))^{2\beta}(\beta\in\mathbb{R},x\in(0,1))$，则存

在具有平稳增量的零均值高斯随机场 X_0 满足 $X_0(0)=0$ 和

$$\mathbb{E}((X_0(s)-X_0(t))^2)\asymp\phi(\rho^2(s,t)),$$

其中 $\phi(x)=x^{\alpha}\log^{2\beta}(1/\sqrt{x})$。因为证明中主要只涉及 $\gamma(r)$ 在原点附近的情况，所以从现在起我们将假设 $r\in[0,1)$。因此 $\gamma(r)=\sqrt{\phi(r^2)}=r^{\alpha}\log^{\beta}(1/r)$。故有

例 2.4.2　设 $X=\{X(t),t\in\mathbb{R}^N\}$ 是由(2.2.2)所定义的 $\mathbb{R}^d$ 值高斯随机场。如果 $H\in(0,1)^N$，$\gamma(r)=r^{\alpha}\log^{\beta}(1/r)$，$0<\alpha<1$，$\beta\in\mathbb{R}$。则下面的结论成立：

(i)若 $d>\sum_{j=1}^{N}\frac{1}{\alpha H_j}$，则对 $\mathbb{R}^d$ 中任意的 Borel 集 F，存在常数 $c_{2,4,5}$，$c_{2,4,6}>0$ 使得

$$c_{2,4,5}C_{1/\varphi}(F)\leqslant\mathbb{P}\{X^{-1}(F)\cap I\neq\varnothing\}\leqslant c_{2,4,6}\mathcal{H}_{\varphi}(F),$$

其中 $\varphi(s)=s^{d-\sum_{j=1}^{N}\frac{1}{\alpha H_j}}\left(\log\frac{1}{s}\right)^{\beta\sum_{j=1}^{N}\frac{1}{\alpha H_j}}$。

(ii)若 $d=\sum_{j=1}^{N}\frac{1}{\alpha H_j}$，$\beta<0$，则对 $\mathbb{R}^d$ 中任意的 Borel 集 F，存在常数 $c_{2,4,7}>0$ 使得

$$\mathbb{P}\{X^{-1}(F)\cap I\neq\varnothing\}\leqslant c_{2,4,7}\mathcal{H}_{\varphi}(F),$$

其中 $\varphi(s)=\left(\log\frac{1}{s}\right)^{d\beta}$。

(iii)若 $d=\sum_{j=1}^{N}\frac{1}{\alpha H_j}$，$0\leqslant\beta<1/d$，则对 $\mathbb{R}^d$ 中任意的 Borel 集 F，存在常数 $c_{2,4,9}>0$ 使得

$$\mathbb{P}\{X^{-1}(F)\cap I\neq\varnothing\}\geqslant c_{2,4,9}C_{Kv}(F),\tag{2.4.5}$$

其中 $K_{\nu}(s)=\left(\log\frac{1}{s}\right)^{d\beta-1}$。

(iv)若 $d=\sum_{j=1}^{N}\frac{1}{\alpha H_j}$，$\beta\geqslant1/d$，则(2.4.5)式中的下界在 $K_{\nu}(s)=1$ 时成立。

(v)若 $d<\sum_{j=1}^{N}\frac{1}{\alpha H_j}$，则(2.4.5)式中的下界在 $K_{\nu}(s)=1$ 时成立。

注 2.4.3　在结论(iii)—(v)中，由于 $\lim_{s\to0^+}\varphi(s)=\infty$，所以 $\varphi(s)$ 不是一个规范函数。因此用本文的方法无法得到碰撞概率的上界。但是由结论(iii)—(v)知，当 $d=\sum_{j=1}^{N}\frac{1}{\alpha H_j}$ 且 $\beta\geqslant0$ 或 $d<\sum_{j=1}^{N}\frac{1}{\alpha H_j}$ 时，X 以正的概率击

中 F。

证明 (i)与 Nualart 和 Viens(2013)的命题 4.7 类似地可证明：如果极限 $\lim\limits_{r\to 0}\dfrac{r\gamma'(r)}{\gamma(r)}$ 存在，则函数 K 和 $1/\varphi$ 是相当的当且仅当 $d > Q/\lim\limits_{r\to 0}\dfrac{r\gamma'(r)}{\gamma(r)}$。如果能够验证 $\gamma(r)$ 是连续的，严格递增的和向上凸的，且满足条件(C2)、(C3)和 $d > Q/\lim\limits_{r\to 0}\dfrac{r\gamma'(r)}{\gamma(r)}$，则结论成立。而 $\gamma(r)$ 的这些性质可用 Nualart 和 Viens(2013)的论证方式加以验证。

(ii)—(v)证明与 Nualart 和 Viens(2013)的命题 4.7 类似，此处略去。

最后，令 $\alpha=0, l(1/x)=(\log(1/\sqrt{x}))^{-2\beta}(\beta>0)$，则存在具有平稳增量的零均值高斯随机场 X_0 满足 $X_0(0)=0$ 和

$$\mathbb{E}((X_0(s)-X_0(t))^2)\asymp\phi(\rho^2(s,t)),$$

其中 $\phi(x)=\log^{-2\beta}(1/\sqrt{x})$。也就是，$\gamma(r)=\sqrt{\phi(r^2)}=\log^{-\beta}(1/r)$。因此得到下面的例子。

例 2.4.4 设 $X=\{X(t), t\in\mathbb{R}^N\}$ 是由(2.2.2)所定义的 $\mathbb{R}^d$ 值高斯随机场。如果 $d>Q, \gamma(r)=\log^{-\beta}(1/r), \beta>1/2$，则对 $\mathbb{R}^d$ 中任意的 Borel 集 F，存在常数 $c_{2,4,10}>0$ 使得

$$\mathbb{P}\{X^{-1}(F)\cap I\neq\varnothing\}\geqslant c_{2,4,10}C_{K_\nu(s)}(F), \tag{2.4.6}$$

其中 $K_\nu(s)=1$。

证明 如果能够验证 $\gamma(r)$ 满足 §2.2 中关于 $\gamma(r)$ 的所有条件，则由推论 2.3.2 知结论成立。

显然 $\gamma(r)$ 在(0,1)上是一个连续的、严格递增的和向上凸的函数。因此只需验证 $\gamma(r)$ 满足条件(C1)和(C2)。

条件(C1)：当 $0<r, v<e^{-1}$ 时，$\log(1/r)>1$ 和 $\log(1/v)>1$ 显然成立。因为 $\beta>1/2$，所以

$$\begin{aligned}\int_0^{e^{-1}}\gamma(rv)\frac{1}{v\sqrt{\log\frac{1}{v}}}\mathrm{d}v&\leqslant\int_0^{e^{-1}}(\log 1/(rv))^{-\beta}\frac{1}{v\sqrt{\log\frac{1}{v}}}\mathrm{d}v\\&\leqslant c\gamma(r)\int_0^{e^{-1}}\frac{1}{v\left(\log\frac{1}{v}\right)^{\beta+1/2}}\mathrm{d}v\leqslant c\gamma(r).\end{aligned}\tag{2.4.7}$$

因此可选择 $m=c, r_0=e^{-1}$，则 $\int_0^{\frac{1}{2}}\gamma(rv)\dfrac{1}{v\sqrt{\log\frac{1}{v}}}\mathrm{d}v\leqslant m\gamma(r)$。

条件(C2)：由 $\beta > 1/2$ 有，$\lim\limits_{r\to 0^+}\gamma(r)\sqrt{\log\frac{1}{r}} = \lim\limits_{r\to 0^+}\left(\log\frac{1}{r}\right)^{1/2-\beta} = 0$。

因为测度函数

$$\phi(s) = \frac{s^d}{(\gamma^{-1}(s))^Q} = s^d e^{\frac{Q}{2}s^{-\beta/2}} \to \infty(s \to 0^+),$$

所以只需考虑下界。下面直接计算 $\nu(r)$。由于 $Q-1>0$，所以存在 $M>0$，$h_1 \leqslant h$ 使得对所有的 $s < h_1$ 有 $s^{Q-1}(\log 1/s)^{\beta Q} \leqslant M$ 成立。因此

$$\begin{aligned}
\nu(r) &= \int_r^{\gamma^{-1}(h)} s^{Q-1}(\log 1/s)^{\beta Q}\mathrm{d}s \\
&= \int_r^{h_1} s^{Q-1}(\log 1/s)^{\beta Q}\mathrm{d}s + \int_{h_1}^{\gamma^{-1}(h)} s^{Q-1}(\log 1/s)^{\beta Q}\mathrm{d}s \\
&\leqslant Mh_1 + c \leqslant c。
\end{aligned} \tag{2.4.8}$$

又因为 $\nu(r)$ 是有界函数。所以 $\nu(\gamma^{-1}(x))$ 也是有界函数。故可直接令 $K_\nu(s) = 1$。由此结论得证。

第3章 两个独立高斯随机场的相交性

3.1 引言

本章将利用第二章所得到的结论继续研究高斯随机场的另一个性质——相交性。对于相交性的研究能够使人们更好的理解随机过程或随机场的样本轨道性质，因此受到很多概率学者的关注和研究。布朗运动的自相交和两个独立布朗运动的相交性问题已经得到解决，其方法也被推广用来研究其他过程的相交性问题（见 Hawks(1971)，Wolpert(1978)，German 等人(1984)，Rosen(1984)，Berman(1991)，Chen(2012)）。对这类问题的综述性文章见 Khoshnevisan(2003)、Taylor(1986)和 Xiao(2004)。Chen 和 Xiao(2012)和 Chen(2014)分别将上述结论推广到各向异性高斯随机场和非退化扩散过程的情形。最近，Chen(2016)进一步将随机场推广到时间各向异性非高斯的情形。

对于两个随机场 $\{X^H(s): s\in \mathbb{R}^{N_1}\}$ 和 $\{X^K(t): t\in \mathbb{R}^{N_2}\}$，如果存在 $s_0\in \mathbb{R}^{N_1}$ 和 $t_0\in \mathbb{R}^{N_2}$ 使得 $X^H(s_0)=X^K(t_0)$，则称 X^H 和 X^K 相交。在本章，将研究两个第二章中所定义的独立高斯随机场的相交性。也就是说，如果 $X^H=\{X^H(s), s\in \mathbb{R}^{N_1}\}$ 和 $X^K=\{X^K(t), t\in \mathbb{R}^{N_2}\}$ 是两个如(2.2.2)所定义的独立高斯随机场，则它们各自的分量分别独立同分布于 X_0^H 和 X_0^K，其中 $H=(H_1,\cdots,H_{N_1}), K=(K_1,\cdots,K_{N_2})\in(0,1]^N$。这里要求 X_0^H 和 X_0^K 的标准度量 $\sqrt{E(X_0^H(s)-X_0^H(s'))^2}$ 和 $\sqrt{E(X_0^K(t)-X_0^K(t'))^2}$ 分别与 $\sum_{j=1}^{N_1}\gamma(|s_j-s'_j|^{H_j})$ 和 $\sum_{j=1}^{N_2}\gamma(|t_j-t'_j|^{K_j})$ 相当，而 $\gamma(r)$ 是满足第二章条件(C1)和(C2)的非负的、严格递增的和向上凸的函数。本章主要考察下面两个问题所提的相交性问题：

问题(ⅰ) 设 $E_1\subseteq I_1$ 和 $E_2\subseteq I_2$ 是两个任意的 Borel 集，其中 I_1 和 I_2

分别是 $\mathbb{R}^{N_1}$ 和 $\mathbb{R}^{N_2}$ 中的两个矩形。如果将“时间”s,t 分别限定在 E_1 和 E_2 时，则在什么条件下 X^H 和 X^K 会相交？更确切地说，在什么条件下有

$$\mathbb{P}\{X^H(E_1)\cap X^K(E_2)\neq\varnothing\}>0?$$

问题(ⅱ)　给定 $\mathbb{R}^d$ 的一个 Borel 集 F，如果再次将“时间”s,t 分别限定在 E_1 和 E_2 时，则在什么条件下 X^H 和 X^K 会在 F 中相交？即在什么条件下有

$$\mathbb{P}\{X^H(E_1)\cap X^K(E_2)\cap F\neq\varnothing\}>0?$$

最近，Chen 和 Xiao(2012)和 Chen(2014)研究了上述两个问题，前者是针对各向异性高斯随机场，而后者是针对非退化扩散过程进行研究。他们在上述两种情况下完美的解决了上述两个问题。本章也将采用他们的方法针对第二章提出的高斯场研究上述两个问题。

本章采取如下结构。在第 2 节中，为了方便，首先针对我们的研究问题，重新给出所研究过程的表达式，然后给出几个关键引理，并给出证明。第 3 节和第 4 节分别解决上述问题(i)和问题(ii)。

3.2　模型和引理

由于是研究两个独立高斯随机场的相交性问题，为了方便，我们重新给出这两个随机场的具体表达式。设

$$X^H(s)=(X_1^H(s),\cdots,X_d^H(s)),s\in\mathbb{R}^{N_1}\tag{3.2.1}$$

和

$$X^K(t)=(X_1^K(t),\cdots,X_d^K(t)),t\in\mathbb{R}^{N_2},\tag{3.2.2}$$

其中 $X_{H_1},\cdots,X_d^H$ 独立同分布于 X_0^H(这里 $H=(H_1,\cdots,H_{N_1})\in(0,1]^{N_1}$)，$X_1^K,\cdots,X_d^K$ 独立同分布于 X_0^K(这里 $K=(K_1,\cdots,K_{N_2})\in(0,1]^{N_2}$)。此处，$X_0^H$ 和 X_0^K 是两个零均值的高斯随机场且满足 $X_0^H(0)=X_0^K(0)=0$ a. s. 以及下面两个条件：

条件 A　存在常数 $\ell>0$ 使得

$$\frac{1}{\ell}(\rho_\gamma^H(s,s'))^2\leqslant\mathbb{E}\,|X_0^H(s)-X_0^H(s')|^2\leqslant\ell(\rho_\gamma^H(s,s'))^2\tag{3.2.3}$$

$$\text{和}\ \frac{1}{\ell}(\rho_\gamma^K(s,s'))^2\leqslant\mathbb{E}\,|X_0^K(t)-X_0^K(t')|^2\leqslant\ell(\rho_\gamma^K(t,t'))^2,\tag{3.2.4}$$

其中

$$\rho_\gamma^H(s,s')=\gamma\Big(\sum_{j=1}^{N_1}|s_j-s'_j|^{H_j}\Big),\forall s,s'\in\mathbb{R}_+^{N_1},\tag{3.2.5}$$

$$\rho_\gamma^K(t,t')=\gamma\Big(\sum_{j=1}^{N_2}|t_j-t'_j|^{K_j}\Big),\forall t,t'\in\mathbb{R}_+^{N_2}。\tag{3.2.6}$$

条件 B 由引理2.2.2,可假设 X_0^H 和 X_0^K 都满足两点局部不确定性,即存在正常数 δ,k_1 和 k_2,使得对满足 $|s-s'|<\delta$ 和 $|t-t'|<\delta$ 的任意 $s,s'\in I_1,t,t'\in I_2$ 有,

$$\mathrm{Var}(X_0^H(s)\mid X_0^H(s'))\geqslant k_1(\rho_\gamma^H(s,s'))^2 \text{ 和}\tag{3.2.7}$$

$$\mathrm{Var}(X_0^K(t)\mid X_0^K(t'))\geqslant k_2(\rho_\gamma^K(t,t'))^2。\tag{3.2.8}$$

为了符号上的方便,令 $Q=Q_H+Q_K$,其中 $Q_H=\sum_{j=1}^{N_1}\frac{1}{H_j}$,$Q_K=\sum_{j=1}^{N_2}\frac{1}{K_j}$。设 $I=I_1\times I_2$ 是空间 $\mathbb{R}^{N_1+N_2}$ 中的矩形,其中 $I_1=[a,b]\subseteq\mathbb{R}^{N_1}$,$I_2=[a',b']\subseteq\mathbb{R}^{N_2}$ 如(2.2.4)式所定义。为了研究随机场 X^H 和 X^K 的相交性,在 $\mathbb{R}^N(N=N_1+N_2)$ 上定义度量 $\bar{\rho}_\gamma$ 为

$$\bar{\rho}_\gamma((s,t),(s',t'))=\gamma\Big(\sum_{j=1}^{N_1}|s_j-s'_j|^{H_j}+\sum_{j=1}^{N_2}|t_j-t'_j|^{K_j}\Big),\forall(s,s'),(t,t')\in\mathbb{R}^N。$$

由§1.2节的第3部分,可以定义在度量 $\bar{\rho}_\gamma$ 下 β-维 Hausdorff 测度 $\mathcal{H}_\beta^{\bar{\rho}}(\cdot)$ 和在度量 $\bar{\rho}_\gamma$ 下牛顿容度 $C_\beta^{\bar{\rho}}(\cdot)$。

在空间 $\mathbb{R}^{N+d}$ 上定义度量 $\tilde{\rho}_\gamma$ 为

$$\tilde{\rho}_\gamma((s,t,x),(s',t',x'))=\max\{\bar{\rho}_\gamma((s,t),(s',t')),|x-x'|\},\tag{3.2.9}$$

其中 $(s,t,x),(s',t',x')\in\mathbb{R}^{N+d}$,则类似地可以定义在度量 $\tilde{\rho}_\gamma$ 下 β-维 Hausdorff 测度 $\mathcal{H}_\beta^{\tilde{\rho}}(\cdot)$ 和在度量 $\tilde{\rho}_\gamma$ 下牛顿容度 $C_\beta^{\tilde{\rho}}(\cdot)$。

为了证明本章的主要结论,需要下面的引理。

引理 3.2.1 设 $\gamma(r)$ 如§2.2所定义。如果对任意的实数 $p,q>0$,则

$$\gamma(p)+\gamma(q)\geqslant\gamma(p+q)。\tag{3.2.10}$$

证明 只需证明

$$\frac{\gamma(p+q)-\gamma(q)}{\gamma(p)}\leqslant 1。$$

事实上,由于 $\gamma(r)$ 是上凸的,所以当 $p<q$ 时,

$$\frac{\gamma(p)}{p}\geqslant\gamma'(p^-),\frac{\gamma(p+q)-\gamma(q)}{p}\leqslant\gamma'(q^+)\text{ 且 }\gamma'(p^-)\geqslant\gamma'(q^+)。$$

因此

$$\frac{\gamma(p+q)-\gamma(q)}{\gamma(p)}=\frac{(\gamma(p+q)-\gamma(q))/p}{\gamma(p)/p}\leqslant\frac{\gamma'(q^+)}{\gamma'(p^-)}\leqslant 1。$$

另一方面，当 $p\geqslant q$ 时，可进行同样的讨论。这就证明了引理 3.2.1。

3.3　两个随机场的相交性

设 X^H 和 X^K 分别由(3.2.1)和(3.2.2)定义的高斯随机场。进一步地假设两个随机场 X^H 和 X^K 是相互独立的。

下面的定理回答了问题(i)所提出的问题，即将"时间"s,t 分别限定在 E_1 和 E_2 时，确定了在何种情况下，X^H 和 X^K 会相交。

定理 3.3.1　设 $X=\{X^H(s),s\in\mathbb{R}^{N_1}\}$ 和 $X=\{X^K(t),t\in\mathbb{R}^{N_2}\}$ 分别是由(3.2.1)和(3.2.2)定义的两个独立高斯随机场。则对任意的两个 Borel 集 $E_1\subseteq I_1$ 和 $E_2\subseteq I_2$，存在仅依赖于 I_1,I_2,H 和 K 的常数 $c_{3,3,1}$，$c_{3,3,2}>0$ 使得

$$c_{3,3,1}C_d^{\bar{\rho}_\gamma}(E_1\times E_2)\leqslant\mathbb{P}\{X^H(E_1)\cap X^K(E_2)\neq\varnothing\}\leqslant c_{3,3,2}\mathcal{H}_d^{\bar{\rho}_\gamma}(E_1\times E_2)。\tag{3.3.1}$$

证明　证明方法是基于 Chen 和 Xiao(2012)定理 3.1 的证明思想。设 $Z(s,t)=X^H(s)-X^K(t),s\in\mathbb{R}^{N_1},t\in\mathbb{R}^{N_2}$，则事件 $\{X^H(E_1)\cap X^K(E_2)\neq\varnothing\}$ 等价于事件 $\{Z(E_1\times E_2)\cap\{0\}\neq\varnothing\}$。注意到 $F=\{0\}$ 是一有界 Borel 集，如果可以证明以下两个结论：

(1)

$$\frac{1}{c_{3,3,3}}\bar{\rho}_\gamma((s,t),(s',t'))^2\leqslant\mathbb{E}(|Z_0(s,t)-Z_0(s',t')|)^2\leqslant c_{3,3,3}\bar{\rho}_\gamma((s,t),(s',t'))^2。\tag{3.3.2}$$

(2)存在正常数 δ_0 和 $c_{3,3,4}$ 使得对满足 $|(s,t)-(s',t')|<\delta_0$ 的任意 $(s,t),(s',t')\in I$，有

$$\mathrm{Var}(Z_0(s,t)\mid Z_0(s',t'))\geqslant c_{3,3,4}(\bar{\rho}_\gamma((s,t),(s',t'))^2,\tag{3.3.3}$$

其中 $Z(s,t)$ 的各个分量独立同分布于 $Z_0(s,t)$。则由定理 2.3.1 知，

$$c_{3,3,1}C_d^{\bar{\rho}_\gamma}(E_1\times E_2\times\{0\})\leqslant\mathbb{P}\{Z(E_1\times E_2)\cap\{0\}\neq\varnothing\}\leqslant c_{3,3,2}\mathcal{H}_d^{\bar{\rho}_\gamma}(E_1\times E_2\times\{0\})。$$

这个式子与(3.3.1)式等价，从而定理得证。

下面证明(3.3.2)和(3.3.3)式成立。事实上，由 $Z_0(s,t)$ 的定义和 X^H 与 X^K 的独立性知，

$$\mathbb{E}\left|Z_0(s,t)-Z_0(s',t')\right|^2=\mathbb{E}\left|X_0^H(s)-X_0^H(s')\right|^2+\mathbb{E}\left|X_0^K(t)-X_0^K(t')\right|^2。\tag{3.3.4}$$

因为 $\gamma(r)$ 是一上凸函数，所以

$$\begin{aligned}
&\mathbb{E}(\left|Z_0(s,t)-Z_0(s',t')\right|)^2\leqslant\ell(\bar{\rho}_\gamma^H(s,s'))^2+\ell(\bar{\rho}_\gamma^K(t,t'))^2\\
&\leqslant\ell(\bar{\rho}_\gamma^H(s,s')+\bar{\rho}_\gamma^K(t,t'))^2\\
&=4\ell\left(\frac{\gamma\left(\sum_{j=1}^{N_1}|s_j-s_{j'}|^{H_j}\right)+\gamma\left(\sum_{j=1}^{N_2}|t_j-t_{j'}|^{K_j}\right)}{2}\right)^2\\
&\leqslant 4\ell\gamma^2\left(\frac{\sum_{j=1}^{N_1}|s_j-s_{j'}|^{H_j}+\sum_{j=1}^{N_2}|t_j-t_{j'}|^{K_j}}{2}\right),
\end{aligned}\tag{3.3.5}$$

其中第一个不等式由(3.2.3) 和 (3.2.4)式可得，第二个不等式由如下基本不等式可得：

$$u^2+v^2\leqslant(u+v)^2，当\ u,v\geqslant 0。$$

又因为 $\gamma(r)$ 是严格递增函数，所以

$$\begin{aligned}
&\mathbb{E}(\left|Z_0(s,t)-Z_0(s',t')\right|)^2\leqslant 4\ell\gamma^2\left(\sum_{j=1}^{N_1}|s_j-s_{j'}|^{H_j}+\sum_{j=1}^{N_2}|t_j-t_{j'}|^{K_j}\right)\\
&=c_{3,3,3}\,\bar{\rho}_\gamma((s,t),(s',t'))^2。
\end{aligned}\tag{3.3.6}$$

另一方面，再次利用(3.2.3)和(3.2.4)式，以及引理 3.2.1，可得

$$\begin{aligned}
E\left|Z_0(s,t)-Z_0(s',t')\right|^2&\geqslant\frac{1}{l_1}(\rho_\gamma^H(s,s'))^2+\frac{1}{l_2}(\rho_\gamma^K(k,k'))^2\\
&\geqslant\frac{1}{2l}(\rho_\gamma^H(s,s')+\rho_\gamma^K(k,k'))^2\\
&\geqslant\frac{1}{2l}\gamma^2\left(\sum_{j=1}^{N_1}|s_j-s_{j'}|^{H_j}+\sum_{j=1}^{N_2}|t_j-t_{j'}|^{K_j}\right)\\
&=\frac{1}{2l}\rho_\gamma((s,t),(s',t'))^2。
\end{aligned}\tag{3.3.7}$$

联合(3.3.6)和(3.3.7)式，可得(3.3.2)式，从而(3.3.2)式成立。

下面证明(3.3.3)式。对任意的 $(s,t),(s',t')\in I$，利用两个随机场的独立性知，

$$\mathrm{Var}(Z_0(s,t)\mid Z_0(s',t'))=\mathrm{Var}(X_0^H(s)\mid X_0^H(s'))+\mathrm{Var}(X_0^K(t)\mid X_0^K(t'))。\tag{3.3.8}$$

当 $|s-s'|<\delta$ 且 $|t-t'|<\delta$ 时，由条件 B 和(3.3.8)式，有

$$\begin{aligned}
\mathrm{Var}(Z_0(s,t)\mid Z_0(s',t'))&\geqslant k_1(\rho_\gamma^H(s,s'))^2+k_2(\rho_\gamma^K(t,t'))^2\\
&\geqslant c(\rho_\gamma^H(s,s')+\rho_\gamma^K(k,k'))^2
\end{aligned}$$

$$\geqslant c\gamma^2\left(\sum_{j=1}^{N_1}|s_j - s_{j'}|^{H_j} + \sum_{j=1}^{N_2}|t_j - t_{j'}|^{K_j}\right)$$
$$= c_{3,3,4}\,\bar{\rho}_\gamma((s,t),(s',t'))^2, \qquad (3.3.9)$$

其中第二个不等式由如下基本不等式可得：

$$u^2 + v^2 \geqslant \frac{1}{2}(u+v)^2, \text{当 } u,v \geqslant 0,$$

而第三个不等式由引理 3.2.1 可得。令 $\delta_0 = \delta$，则当 $|(s,t)-(s',t')| < \delta_0$ 时，有(3.3.9)式成立。这就证明了(3.3.3)式。故定理 3.3.1 得证。

下面考虑定理 3.3.1 的特殊情形。用 $\bar{h}$ 表示在度量 $\bar{\rho}_\gamma$ 下矩形 I 的直径，即

$$\bar{h} = \sup\{\bar{\rho}_\gamma((s,t),(s',t')) : (s,t),(s',t') \in I\}。$$

设势核 $\kappa_\nu : \mathbb{R}^{N_1+d} \to \mathbb{R}^+$ 定义为

$$\kappa_\nu(x) = \max\{1, \nu(\gamma^{-1}(x))\},$$

其中 $\nu(r) = \int_r^{\gamma^{-1}(\bar{h})} \frac{v^{Q-1}}{\gamma^d(v)}\mathrm{d}v$。由 §1.2 节第 3 部分，可以定义关于势核 κ_ν 的牛顿能和牛顿容度，分别记为 $\mathcal{E}_{\kappa_\nu}$ 和 C_{κ_ν}。令 $\varphi_Q(s) := \frac{s^d}{(\gamma^{-1}(s))^Q}$，则当 $d \geqslant Q$ 时，$\varphi_Q(s)$ 在原点附近是右连续的和非增函数，且 $\lim_{s\to 0^+}\varphi_Q(s) = 0$。对函数 $\varphi_Q(s)$，由 §1.2 节第 3 部分，可以定义 $\varphi_Q(s)$-Hausdorff 测度，记为 $\mathcal{H}\varphi_Q(\cdot)$。

令 $E_1 = I_1, E_2 = I_2$，则有下面的推论。

推论 3.3.2　在定理 3.3.1 的条件下，如果 $d \geqslant Q$，则存在仅依赖于 I_1, I_2, H 和 K 的常数 $c_{3,3,5}, c_{3,3,6} > 0$ 使得

$$c_{3,3,5}C_{\kappa_\nu}(F) \leqslant \mathbb{P}\{X^H(I_1) \cap X^K(I_2) \neq \varnothing\} \leqslant c_{3,3,6}\,\mathcal{H}_{\varphi_Q}(F)。 \qquad (3.3.11)$$

证明　设 $Z(s,t) = X^H(s) - X^K(t), s \in \mathbb{R}^{N_1}, t \in \mathbb{R}^{N_2}$，则事件 $\{X^H(I_1) \cap X^K(I_2) \neq \varnothing\}$ 和事件 $\{Z(I_1 \times I_2) \cap \{0\} \neq \varnothing\}$ 是等价的。因为 $Z(s,t)$ 的各个分量独立同分布于 $Z_0(s,t)$，且 $Z_0(s,t)$ 满足(3.3.2)和(3.3.3)式，所以由推论 2.3.2，可以证明

$$c_{3,3,7}C_{\kappa_\nu}(F) \leqslant \mathbb{P}\{Z(I_1 \times I_2) \cap \{0\} \neq \varnothing\} \leqslant c_{3,3,8}\,\mathcal{H}_{\varphi_Q}(F)。 \qquad (3.3.12)$$

从而(3.3.11)式成立。

推论 3.3.3　在定理 3.3.1 的条件下，则有下面的结论成立。

(i)如果函数 $\frac{v^{Q-1}}{\gamma^d(v)}$ 原点附近可积，则 $\mathbb{P}\{X^H(I_1) \cap X^K(I_2) \neq \varnothing\} > 0$。

(ii)如果当 $r \to 0$ 时,有 $\gamma(r)=o(r^{\frac{Q}{d}})$,且函数 $\varphi(s)=\dfrac{s^d}{(\gamma^{-1}(s))^Q}$ 在原点附近单调非减,以及§2.2条件(C2)成立,则 $\mathbb{P}\{X^H(I_1)\cap X^K(I_2)\neq\varnothing\}=0$。

证明 (i)如果函数 $\dfrac{v^{Q-1}}{\gamma^d(v)}$ 在原点附近可积,则 $\mathcal{E}_{\kappa_\nu}(\mu)<\infty$,从而有 $C_{\kappa_\nu}(F)>0$。因此结论成立。

(ii)因为 $\gamma(r)$ 是连续的、严格单调增的函数,所以它的逆函数 $\gamma^{-1}(r)$ 存在,且 $\lim\limits_{r\to 0^+}\gamma^{-1}(r)=0$。令 $r=\gamma^{-1}(s)$,则 $\gamma(r)=o(r^{\frac{Q}{d}})$ 与 $s^d=o((\gamma^{-1}(s))^Q)$ 等价,因此

$$\lim_{r\to 0^+}\frac{s^d}{(\gamma^{-1}(s))^Q}=0。\tag{3.3.13}$$

联合(3.3.13),φ_Q-Hausdorff 测度的定义和 $B(x,\epsilon)$是$\{x\}$的一个覆盖,可得

$$\mathcal{H}_{\varphi_Q}(\{x\})\leqslant\lim_{r\to 0^+}\varphi_Q(2\epsilon)=0。\tag{3.3.14}$$

故由推论3.3.2知,$\mathbb{P}\{X^H(I_1)\cap X^K(I_2)\cap F\neq\varnothing\}=0$。因此结论得证。

3.4 两个随机场在空间集上的相交性

令 $Y(s,t)=(X^H(s),X^K(t)),s\in\mathbb{R}^{N_1},t\in\mathbb{R}^{N_2}$,则事件 $\{X^H(E_1)\cap X^K(E_2)\cap F\neq\varnothing\}$ 与事件 $\{Y(E_1\times E_2)\cap\tilde{F}\neq\varnothing\}$ 等价,其中 $\tilde{F}=\{(x,x):x\in F\}\subseteq\mathbb{R}^{2d}$。为了研究随机场 X^H 和 X^K 的相交性,采用与(3.2.9)式类似的方式定义 $\mathbb{R}^{N_1}\times\mathbb{R}^{N_2}\times\mathbb{R}^d$ 上的一个新的度量 $\tilde{\rho}$。从而可以定义新度量 $\tilde{\rho}$ 下的 Hausdorff 测度 $\mathcal{H}_\beta^{\tilde{\rho}}(\cdot)$。用 $B_{\tilde{\rho}}((s,t,x),r)$ 表示球心在 (s,t,x),半径为 r 的球。显然有

$$B_{\tilde{\rho}}((s,t,x),r)\subseteq B_{\rho_\gamma^H}(s,r)\times B_{\rho_\gamma^K}(t,r)\times B(x,r),$$

其中 ρ_γ^H 和 ρ_γ^K 分别如(3.2.5)和(3.2.6)式所定义。

设 $\tilde{\rho}_\gamma^H$ 和 $\tilde{\rho}_\gamma^K$ 分别是空间 $\mathbb{R}^{N_1}\times\mathbb{R}^d$ 和 $\mathbb{R}^{N_2}\times\mathbb{R}^d$ 上的两个度量,定义为

$$\tilde{\rho}_\gamma^H((s,x),(s',x'))=\max\Big\{\gamma\Big(\sum_{j=1}^{N_1}|s_j-s'_j|^{H_j}\Big),|x-x'|\Big\}\tag{3.4.2}$$

和 $$\tilde{\rho}_\gamma^K((t,x),(t',x'))=\max\Big\{\gamma\Big(\sum_{j=1}^{N_2}|t_j-t'_j|^{K_j}\Big),|x-x'|\Big\}。\tag{3.4.3}$$

对任意的实数 β_1 和 β_2，考虑势核 $\psi_{\beta_1,\beta_2}:\mathbb{R}^{N+d}\to\mathbb{R}_+$，定义为

$$\psi_{\beta_1,\beta_2}((s,t,x),(s',t',x'))=f_{\beta_1}(\tilde{\rho}_\gamma^H((s,x),(s',x')))f_{\beta_2}(\tilde{\rho}_\gamma^K((t,x),(t',x'))),\tag{3.4.4}$$

其中 f_α 是由(1.2.30)式所定义。从而可以在度量空间 $(\mathbb{R}^{N+d},\tilde{\rho})$ 上定义关于关于势核 ψ_{β_1,β_2} 的 (β_1,β_2)-容度，记为 C_{β_1,β_2}。

用 h_1 表示在度量 ρ_γ^H 下矩形 I_1 的直径，即 $h_1=\sup\{\rho_\gamma^H((s,s')):s,s'\in I_1\}$。用 h_2 表示在度量 ρ_γ^K 下矩形 I_2 的直径，即 $h_2=\sup\{\rho_\gamma^K((t,t')):t,t'\in I_2\}$。设势核 $\kappa_\nu:\mathbb{R}^{N_1+d}\to\mathbb{R}^+$ 定义为

$$\kappa_\nu(x)=\max\{1,\nu_H(\gamma^{-1}(x))\nu_K(\gamma^{-1}(x))\},$$

其中 $\nu_H(r)=\int_r^{\gamma^{-1}(h_1)}\frac{v^{Q_H-1}}{\gamma^d(v)}\mathrm{d}v$，$\nu_K(r)=\int_r^{\gamma^{-1}(h_2)}\frac{v^{Q_K-1}}{\gamma^d(v)}\mathrm{d}v$。

可以用类似上节关于能和容度的定义方法，给出关于势核 κ_ν 的能和容度，分别记为 $\mathcal{E}_{\kappa_\nu}$ 和 $C_{\kappa_\nu}(F)$。同理，用 $\mathcal{H}_{\varphi_Q}(F)$ 表示 Borel 集 $F\subseteq\mathbb{R}^d$ 的 φ_Q-Hausdorff 测度，其中 $\varphi_Q(s):=\frac{s^{2d}}{(\gamma^{-1}(s))^Q}$（当 $2d>Q$ 时，$\varphi_Q(s)$ 显然在原点附近是右连续的和非降的函数，且有 $\lim_{s\to0^+}\varphi_Q(s)=0$）。

下面的定理是本节的主要结论。该定理回答了当把"时间"s,t 分别限定在 E_1 和 E_2 时，在何种情况下 X^H 和 X^K 会在 F 中相交，其中 F 是 $\mathbb{R}^d$ 上的一 Borel 集。

定理 3.4.1　设 $X=\{X^H(s),s\in\mathbb{R}^{N_1}\}$ 和 $X=\{X^K(t),t\in\mathbb{R}^{N_2}\}$ 是如(3.2.1)和(3.2.2)式所定义的两个高斯随机场。对任意的 Borel 集 $E_1\subseteq I_1$，$E_2\subseteq I_2$ 和 $F\subseteq\mathbb{R}^d$，存在仅依赖于 I_1,I_2,H 和 K 的常数 $c_{3,4,1},c_{3,4,2}>0$ 使得

$$\begin{aligned}c_{3,4,1}C_{d,d}(E_1\times E_2\times F)&\leqslant\mathbb{P}\{X^H(E_1)\cap X^K(E_2)\cap F\neq\varnothing\}\\&\leqslant c_{3,4,2}\mathcal{H}_{2d}^{\tilde{\rho}}(E_1\times E_2\times F)。\end{aligned}\tag{3.4.5}$$

证明　证明方法是基于 Xiao(2009)定理 7.6 的证明思想。先证明(3.4.5)式的上界。不妨设 $\mathcal{H}_{2d}^{\tilde{\rho}}(E_1\times E_2\times F)<\infty$，否则结论显然成立。因此可以选择并固定一个任意常数 $\zeta>\mathcal{H}_{2d}^{\tilde{\rho}}(E_1\times E_2\times F)$。从而存在 $\mathbb{R}^{N+d}$ 中的一列球 $\{B_{\tilde{\rho}}((s_k,t_k,x_k),r_k),k\geqslant1\}$ 使得

$$E_1\times E_2\times F\subseteq\bigcup_{k=1}^\infty\{B_{\tilde{\rho}}((s_k,t_k,x_k),r_k)\text{ 且 }\sum_{k=1}^\infty(2r_k)^{2d}\leqslant\zeta。$$

显然有

$$\{Y(E_1\times E_2)\cap\tilde{F}\neq\varnothing\}\subseteq\bigcup_{k=1}^\infty\{X^H(B_{\rho_\gamma^H}(s_k,r_k))\cap B(y_k,r_k)\neq\varnothing,$$

$$X^K(B_{\rho_\gamma^K}(t_k,r_k))\cap B(y_k,r_k)\neq\varnothing\}。\tag{3.4.6}$$

又因为随机场 X^H 和 X^K 相互独立，所以由引理 2.2.3 有，

$$\mathbb{P}\{X^H(B_{\rho_\gamma^H}(s_k,r_k))\cap B(y_k,r_k)\neq\varnothing,X^K(B_{\rho_\gamma^K}(t_k,r_k))\cap B(y_k,r_k)\neq\varnothing\}\leqslant cr_k^{2d}。\tag{3.4.7}$$

联合(3.4.6)和(3.4.7)式，可得

$$\mathbb{P}\{Y(E_1\times E_2)\cap\widetilde{F}\neq\varnothing\}\leqslant c\sum_{k=1}^{\infty}(2r_k)^{2d}\leqslant c\zeta\tag{3.4.8}$$

因为 $\zeta>\mathcal{H}_{2d}^{\tilde{\rho}}(F)$ 是任意给定的，所以上界得证。

下面证明下界。不妨设 $C_{d,d}(E_1\times E_2\times F)>0$，否则结论显然成立。由 Choquet 容度定理(见 Khoshnevisan(2002))，可以假设 F 是一紧集，且存在常数 $M>0$ 使得 $F\subseteq[-M,M]^d$。

由容度的定义知，存在 $\mu\in\mathcal{P}(E_1\times E_2\times F)$ 使得

$$\begin{aligned}\mathcal{E}_{d,d}(\mu)&=\iint\frac{\mu(\mathrm{d}s,\mathrm{d}t,\mathrm{d}x)\mu(\mathrm{d}s',\mathrm{d}t',\mathrm{d}x')}{\tilde{\rho}_\gamma^H((s,x),(s',x'))^d\,\tilde{\rho}_\gamma^K((t,x),(t',x'))^d}\\&\leqslant\frac{2}{C_{d,d}(E_1\times E_2\times F)}。\end{aligned}\tag{3.4.9}$$

考虑 $E_1\times E_2\times F$ 上的一随机测度列 $\{\nu_n\}_{n\geqslant1}$，定义为

$$\begin{aligned}\nu_n(\mathrm{d}s,\mathrm{d}t,\mathrm{d}x)&=(2\pi n)^d\exp\left\{-\frac{n(|X^H(s)-x|^2+|X^K(t)-x|^2)}{2}\right\}\mu(\mathrm{d}s,\mathrm{d}t,\mathrm{d}x)\\&=\int_{\mathbb{R}^{2d}}\exp\left\{-\frac{|\xi|^2+|\eta|^2}{2n}+\mathrm{i}\langle\xi,X^H(s)-x\rangle+\mathrm{i}\langle\eta,X^K(t)-x\rangle\right\}\\&\quad\times\mathrm{d}\xi\mathrm{d}\eta\mu(\mathrm{d}s,\mathrm{d}t,\mathrm{d}x)。\end{aligned}\tag{3.4.10}$$

用 $\|\nu_n\|$ 表示测度 ν_n 的总质量，即 $\|\nu_n\|:=\nu_n(E_1\times E_2\times F)$。先证明下面两个不等式成立：

$$\mathbb{E}(\|\nu_n\|)\geqslant c_{3,4,3}\text{ 和 }\mathbb{E}(\|\nu_n\|^2)\leqslant c_{3,4,4}\,\mathcal{E}_{d,d}(\mu),\tag{3.4.11}$$

其中正常数 $c_{3,4,3}$，$c_{3,4,4}$ 仅依赖于 n 和 μ。

首先，由(3.4.10)，Fubini 定理和 X^H 与 X^K 的独立性知，

$$\begin{aligned}\mathbb{E}(\|\nu_n\|)&=\int_{E_1\times E_2\times F}\int_{\mathbb{R}^{2d}}\mathbb{E}\exp\left\{-\frac{|\xi|^2+|\eta|^2}{2n}\right.\\&\quad\left.+\mathrm{i}\langle\xi,X^H(s)-x\rangle+\mathrm{i}\langle\eta,X^K(t)-x\rangle\right\}\mathrm{d}\xi\mathrm{d}\eta\mu(\mathrm{d}s,\mathrm{d}t,\mathrm{d}x)\\&=\int_{E_1\times E_2\times F}\frac{(2\pi)^d}{\left(\frac{1}{n}+k_1\rho_\gamma^H(0,s)^2\right)^{\frac{d}{2}}\left(\frac{1}{n}+k_2\rho_\gamma^K(0,t)^2\right)^{\frac{d}{2}}}\\&\quad\times\exp\left\{-\frac{|x|^2}{2\left(\frac{1}{n}+k_1\rho_\gamma^H(0,t)^2\right)}-\frac{|x|^2}{2\left(\frac{1}{n}+k_2\rho_\gamma^K(0,t)^2\right)}\right\}\mu(\mathrm{d}s,\mathrm{d}t,\mathrm{d}x)\end{aligned}$$

$$\geqslant \int_{E_1\times E_2\times F} \frac{(2\pi)^d}{(1+k_1\rho_\gamma^H(0,s)^2)^{\frac{d}{2}}(k_2\rho_\gamma^K(0,t)^2)^{\frac{d}{2}}}$$

$$\times \exp\left\{-\frac{|x|^2}{2(k_1\rho_\gamma^H(0,t)^2)}-\frac{|x|^2}{2(k_2\rho_\gamma^K(0,t)^2)}\right\}\mu(\mathrm{d}s,\mathrm{d}t,\mathrm{d}x)$$

$$:=c_{3,4,3}>0。\tag{3.4.12}$$

这就证明了(3.4.11)式中的第一个表达式。

下面证明(3.4.11)式中的第二个表达式。令

$$\Gamma_{H,n}(s,s')=\frac{1}{n}I_{2d}+\mathrm{Cov}(X^H(s),X^H(s')),$$

$$\Gamma_{K,n}(t,t')=\frac{1}{n}I_{2d}+\mathrm{Cov}(X^K(t),X^K(t')),$$

并用 $(\xi,\xi')^T$ 表示行向量 (ξ,ξ') 的转置。

由(3.4.10)，Fubini 定理和 X^H 与 X^K 的独立性知，

$$\mathbb{E}(\|\nu_n\|^2)=\int_{(E_1\times E_2\times F)^2}\mu(\mathrm{d}s,\mathrm{d}t,\mathrm{d}x)\mu(\mathrm{d}s',\mathrm{d}t',\mathrm{d}x')$$

$$\times\int_{\mathbb{R}^{2d}}e^{-\mathrm{i}(\langle\xi,x\rangle+\langle\xi',x'\rangle)}\exp\left\{-\frac{1}{2}(\xi,\xi')\Gamma_{H,n}(s,s')(\xi,\xi')^T\right\}\mathrm{d}\xi\mathrm{d}\xi'$$

$$\times\int_{\mathbb{R}^{2d}}e^{-\mathrm{i}(\langle\eta,x\rangle+\langle\eta',x'\rangle)}\exp\left\{-\frac{1}{2}(\eta,\eta')\Gamma_{K,n}(t,t')(\eta,\eta')^T\right\}\mathrm{d}\eta\mathrm{d}\eta'。$$

(3.4.13)

将上述积分的积分区域划分成 D_1,D_2,D_3 和 D_4，并将在它们上面的积分分别表示为 $\mathcal{T}_1,\mathcal{T}_2,\mathcal{T}_3$ 和 $\mathcal{T}_4$，这里

$D_1=\{((s,t,x),(s',t',x'))\in(E_1\times E_2\times F)^2:|s-s'|\leqslant\delta 且 |t-t'|<\delta\}$，

$D_2=\{((s,t,x),(s',t',x'))\in(E_1\times E_2\times F)^2:|s-s'|\leqslant\delta 且 |t-t'|>\delta\}$，

$D_3=\{((s,t,x),(s',t',x'))\in(E_1\times E_2\times F)^2:|s-s'|>\delta 且 |t-t'|\leqslant\delta\}$，

$D_4=\{((s,t,x),(s',t',x'))\in(E_1\times E_2\times F)^2:|s-s'|>\delta 且 |t-t'|>\delta\}$。

由引理 2.2.4 知，如果 $((s,t,x),(s',t',x'))\in D_1$，则

$$\mathcal{T}_1\leqslant c\int_{D_1}\frac{\mu(\mathrm{d}s,\mathrm{d}t,\mathrm{d}x)\mu(\mathrm{d}s',\mathrm{d}t',\mathrm{d}x')}{(\tilde{\rho}_\gamma^H)^d(\tilde{\rho}_\gamma^K)^d}=c\,\mathcal{E}_{d,d}(E_1\times E_2\times F),\tag{3.4.14}$$

其中 $\tilde{\rho}_\gamma^H:=\tilde{\rho}_\gamma^H((s,x),(s',x'))$，$\tilde{\rho}_\gamma^K:=\tilde{\rho}_\gamma^H((t,x),(t',x'))$。如果 $((s,t,x),(s',t',x'))\in D_2$，则

$$\mathcal{T}_2\leqslant c\int_{D_2}\frac{(2\pi)^d\mu(\mathrm{d}s,\mathrm{d}t,\mathrm{d}x)\mu(\mathrm{d}s',\mathrm{d}t',\mathrm{d}x')}{(\tilde{\rho}_\gamma^H)^d(\det\Gamma_{K,n}(t,t'))^{\frac{d}{2}}}。\tag{3.4.15}$$

注意到

$\det(\Phi_n(t,t')) \geqslant \det(\mathrm{Cov}(X_0(s),X_0(t))) = \mathbb{E}X_0^2(t)\mathbb{E}X_0^2(t') - (\mathbb{E}X_0(t)X_0(t'))^2$。

由 Cauchy-Schwarz 不等式，函数$(t,t') \mapsto \mathbb{E}X_0^2(t)\mathbb{E}X_0^2(t') - (\mathbb{E}X_0(t)X_0(t'))^2$ 在 I 上非负且连续。又因为 $\gamma(r) = 0 \Leftrightarrow r = 0$，所以该函数仅在 $t = t'$ 时为 0。因此，对任意的 $((s,t,x),(s',t',x')) \in D_2$，$\det(\Gamma_{K,n}(t,t')) \geqslant c$。故

$$\mathcal{T}_2 \leqslant c\int_{D_2} \frac{\mu(\mathrm{d}s,\mathrm{d}t,\mathrm{d}x)\mu(\mathrm{d}s',\mathrm{d}t',\mathrm{d}x')}{(\tilde{\rho}_\gamma^H)^d}。$$

因为 $t,t' \in E_2 \subseteq I_2$，$x,y \in F \subseteq [-M,M]^d$，存在正常数 $c_{3,4,5}$，$c_{3,4,6}$ 使得 $\rho_\gamma^K(t,t') \leqslant c_{3,4,5}$ 和 $|x-y| \leqslant c_{3,4,6}$，所以 $\tilde{\rho}_\gamma^K((t,x),(t',x')) \leqslant \max\{c_{3,4,5}, c_{3,4,6}\}$。此外，显然

$$\begin{aligned}\mathcal{T}_2 &\leqslant c\int_{D_2} \frac{(\tilde{\rho}_\gamma^K)^d}{(\tilde{\rho}_\gamma^H)^d(\tilde{\rho}_\gamma^K)^d}\mu(\mathrm{d}s,\mathrm{d}t,\mathrm{d}x)\mu(\mathrm{d}s',\mathrm{d}t',\mathrm{d}x') \\ &\leqslant c\int_{D_2} \frac{\mu(\mathrm{d}s,\mathrm{d}t,\mathrm{d}x)\mu(\mathrm{d}s',\mathrm{d}t',\mathrm{d}x')}{(\tilde{\rho}_\gamma^H)^d(\tilde{\rho}_\gamma^K)^d} = c\,\mathcal{E}_{d,d}。\end{aligned} \tag{3.4.16}$$

同理，可以证明$\mathcal{T}_3$ 和$\mathcal{T}_4$ 都是小于等于 $c\,\mathcal{E}_{d,d}$。由此及(3.4.13)，(3.4.14)，(3.4.15)式，可得

$$\mathbb{E}(\|\nu_n\|^2) \leqslant c_{3,4,4}\,\mathcal{E}_{d,d}。\tag{3.4.17}$$

因此，利用 Kahane(1985)所采用的方法可以得到，存在支撑集在 $X^{-1}(F) \cap E$ 上的一有限正测度使得 $\nu_n \xrightarrow{w} \nu$，以及

$$\begin{aligned}\mathbb{P}\{Y(E_1\times E_2)\cap F\neq\varnothing\} &\geqslant \mathbb{P}\{\|\nu\|>0\} \geqslant c\,\frac{(\mathbb{E}(\|\nu\|))^2}{\mathbb{E}(\|\nu\|^2)} \\ &\geqslant c/\mathcal{E}_{d,d}(\mu) \geqslant cC_{d,d}(E_1\times E_2\times F)。\end{aligned}$$

故下界得证。从而定理证毕。

通过令 $E_1 = I_1$，$E_2 = I_2$，则可以得到下面的推论。

推论 3.4.2 在定理 3.4.1 的条件下，如果 $d \geqslant Q$，则存在仅依赖于 I_1，I_2，H 和 K 的常数 $c_{3,4,7}$，$c_{3,4,8} > 0$ 使得

$$c_{3,4,7}C_{\kappa_\nu}(F) \leqslant \mathbb{P}\{X^H(I_1) \cap X^K(I_2) \cap F \neq \varnothing\} \leqslant c_{3,4,8}\,\mathcal{H}_{\varphi_Q}(F)。\tag{3.4.18}$$

证明 证明方法是基于 Chen 和 Xiao(2012)推论 2.2 的证明思想。由 Choquet 容度定理(见 Khoshnevisan(2002))，可以假设 F 是一紧集，且存在常数 $M>0$ 使得 $F \subseteq [-M,M]^d$。利用定理 3.4.1，只需要证明对任意的区间 I_1 和 I_2(由(2.2.4)式定义)，存在正的有限常数 $c_{3,4,9}$ 和 $c_{3,4,10}$ 使得对任意的 Borel 集 $F \subseteq [-M,M]^d$，有

$$\mathcal{H}_{2d}^{\tilde{\rho}}(I_1\times I_2\times F) \leqslant c_{3,4,9}\,\mathcal{H}_{\varphi_Q}(F) \tag{3.4.19}$$

和

$$C_{K_\nu}(F) \leqslant c_{3,4,10} C_d^{\tilde{\rho}}(I_1 \times I_2 \times F)。\tag{3.4.20}$$

首先证明(3.4.19)式。令 $N = N_1 + N_2$，设 $\zeta > \mathcal{H}_\varphi(F)$ 是一个任意常数，则存在一列球 $\{B(y_k, r_k), k \geqslant 1\} \subset \mathbb{R}^d$ 使得

$$F \subseteq \bigcup_{k=1}^{\infty} B(y_k, r_k) \text{ 且 } \sum_{k=1}^{\infty} \varphi(2r_k) \leqslant \zeta。$$

对每个 $k \geqslant 1$，将矩形 I_1 划分为 $\dfrac{c}{(\gamma^{-1}(r_k))^{\sum_{j=1}^{N_1}\frac{1}{H_j}}}$ 个边长为 $\left(\dfrac{\gamma^{-1}(r_k)}{N}\right)^{\frac{1}{H_j}}$ $(j = 1, \cdots, N_1)$ 的立体 $C_{k,m}$，也将矩形 I_2 划分为 $\dfrac{c}{(\gamma^{-1}(r_k))^{\sum_{j=1}^{N_2}\frac{1}{K_j}}}$ 个边长为 $\left(\dfrac{\gamma^{-1}(r_k)}{N}\right)^{\frac{1}{K_j}}$ $(j = 1, \cdots, N_2)$ 的立体 $C_{k,l}$，从而

$$I_1 \times I_2 \times F \subset \bigcup_{k=1}^{\infty} \bigcup_{m,l} C_{k,m} \times C_{k,l} \times B(y_k, r_k)。$$

这就得到了在度量 $\tilde{\rho}$ 下 $I_1 \times I_2 \times F$ 半径为 r_k 的球覆盖。因此

$$\sum_{k=1}^{\infty} \sum_{m,l} (2r_k)^{2d} \leqslant \sum_{k=1}^{\infty} \frac{c(2r_k)^{2d}}{(\gamma^{-1}(r_k))^Q} \leqslant c \sum_{k=1}^{\infty} \varphi_Q(2r_k) \leqslant c\zeta,$$

其中 $Q = \sum_{j=1}^{N_1} \dfrac{1}{H_j} + \sum_{j=1}^{N_2} \dfrac{1}{K_j}$ 如节 3.2 所定义。这就证明了(3.4.19)式。

下面证明(3.4.20)式。不妨设 $C_{K_\nu}(F) > 0$，否则结论显然成立。对任意的 $0 < \zeta < C_{K_\nu}(F)$，存在 F 上的一个概率测度 σ 使得

$$\int_F \int_F \nu_H(\gamma^{-1}(|x - x'|)) \nu_K(\gamma^{-1}(|x - x'|)) \sigma(\mathrm{d}x) \sigma(\mathrm{d}x') \leqslant \zeta^{-1}。\tag{3.4.21}$$

设 λ_1 和 λ_2 分别是 I_1 和 I_2 上的规范 Lebesgue 测度(即均匀测度)，并令 $\mu = \lambda_1 \times \lambda_2 \times \sigma$，则 μ 是 $I_1 \times I_2 \times F$ 上的一个概率测度。从而只需证明

$$\begin{aligned}
&\int_{I_1 \times I_2 \times F} \int_{I_1 \times I_2 \times F} \frac{\mathrm{d}s\mathrm{d}t\sigma(\mathrm{d}x)\mathrm{d}s'\mathrm{d}t'\sigma(\mathrm{d}x')}{(\tilde{\rho}_\gamma^H)^d (\tilde{\rho}_\gamma^K)^d} \\
&\leqslant c \int_F \int_F \nu_H(\gamma^{-1}(|x - x'|)) \nu_K(\gamma^{-1}(|x - x'|)) \sigma(\mathrm{d}x) \sigma(\mathrm{d}y) \\
&\leqslant c\zeta^{-1}。
\end{aligned}$$

又因为

$$\begin{aligned}
&\int_{I_1 \times I_2 \times F} \int_{I_1 \times I_2 \times F} \frac{\mathrm{d}s\mathrm{d}t\sigma(\mathrm{d}x)\mathrm{d}s'\mathrm{d}t'\sigma(\mathrm{d}x')}{(\tilde{\rho}_\gamma^H)^d (\tilde{\rho}_\gamma^K)^d} \\
&= \int_F \int_F \sigma(\mathrm{d}x)\sigma(\mathrm{d}x') \int_{I_1 \times I_1} \frac{\mathrm{d}s\mathrm{d}s'}{(\tilde{\rho}_\gamma^H)^d} \int_{I_2 \times I_2} \frac{\mathrm{d}t\mathrm{d}t'}{(\tilde{\rho}_\gamma^K)^d},
\end{aligned}$$

所有只需证明

$$\int_{I_1\times I_1}\frac{\mathrm{d}s\mathrm{d}t}{(\tilde{\rho}_\gamma^H((s,x),(s,x')))^d}\leqslant \nu_H(\gamma^{-1}(|x-x'|)) \tag{3.4.22}$$

和

$$\int_{I_2\times I_2}\frac{\mathrm{d}s'\mathrm{d}t'}{(\tilde{\rho}_\gamma^K((t,x),(t',x')))^d}\leqslant \nu_K(\gamma^{-1}(|x-x'|))。 \tag{3.4.23}$$

但是(3.4.22)和(3.4.23)式可通过采用与(2.3.24)式同样的方法进行验证。从而推论3.4.2得证。

推论3.4.3 在定理3.4.1的条件下,有下面的结论成立。

(i)如果函数 $\frac{v^{Q_H-1}}{\gamma^d(v)}$ 和 $\frac{v^{Q_K-1}}{\gamma^d(v)}$ 都在原点附近可积,则 $\mathbb{P}\{X^H(I_1)\cap X^K(I_2)\cap F\neq\varnothing\}>0$。

(ii)如果当 $r\to 0$ 时,有 $\gamma(r)=o(r^{\frac{Q}{2d}})$,且函数 $\varphi_Q(s)=\frac{s^{2d}}{(\gamma^{-1}(s))^Q}$ 在原点附近单调非减,以及§2.2条件(C1)和(C2)成立,则 $\mathbb{P}\{X^H(I_1)\cap X^K(I_2)\cap F\neq\varnothing\}=0$。

证明 因为随机场 X_0^H 和 X_0^K 是相互独立的,且满足条件A和B,因此推论3.4.3可由推论3.3.3的方法证明。

第 4 章　空间各向异性高斯随机场的维数

4.1　引言

在第二章和第三章中讨论的随机场是关于时间各向异性的，而空间是各向同性的。在本章将讨论关于空间各向异性而时间各向同性的随机场，且称该类随机场为空间各向异性随机场。Cuzick(1978)首先研究了空间各向异性高斯场像集、图集和水平集的维数结果（也可参看 Adler(1981)），Xiao(1995)更正并推广了 Cuzick 和 Adler 的某些结果，其随机场的分量不再要求独立，但是满足近似独立。Mason 和 Xiao(2002)考虑了算子自相似高斯随机场的像集和图集的维数结果，这类随机场的空间分量也不是独立的。陈振龙和肖益民(2019)研究了一类分量近似独立且满足某种强局部不确定性 Gauss 场的逆向集维数。对于这类随机场的维数结果较为系统的研究可参看 Adler(1981)，研究内容主要集中在样本轨道的连续性、一致连续模、像集、图集和水平集的 Hausdorff 和填充维数等等（见 Xiao(1995，2013)）。本章主要讨论该类随机场在一个新的空间度量（非欧氏度量）下相关的维数结果，特别是一致维数结果。

为了便于说明问题，先给出 Xiao(2009)所研究的一类时间各向异性高斯随机场，而本章所研究的随机场在 § 4.2 中给出。设 $X=\{X(t),t\in\mathbb{R}^N\}$ 是定义在概率空间$(\Omega,\mathcal{F},\mathbb{P})$上取值于 $\mathbb{R}^d$ 的高斯随机场，定义为

$$X(t)=(X_1(t),\cdots,X_d(t)),\ \forall t\in\mathbb{R}^N。\tag{4.1.1}$$

假设 $X_1,\cdots,X_d$ 独立同分布于一个实值高斯随机场 $X_0=\{X_0(t),t\in\mathbb{R}^N\}$，且满足下面的条件：

存在正常数 $c_{4,1,1},\cdots,c_{4,1,4}$ 使得

$$c_{4,1,1}\leqslant\mathbb{E}(X_0(t))^2\leqslant c_{4,1,2},\ \forall t\in I\tag{4.1.2}$$

和

$$c_{4,1,3}\sum_{j=1}^{N}|s-t|^{2H_j}\leqslant \mathbb{E}(X_0(t)-X_0(s))^2\leqslant c_{4,1,4}\sum_{j=1}^{N}|s-t|^{2H_j}\quad \forall s,t\in I, \tag{4.1.3}$$

其中 $I=[0,1]^N$，且 $(H_1,\cdots,H_N)\in(0,1)^N$ 是一固定向量。

Xiao(2009)系统地研究了由(4.1.1)式所定义的、且满足(4.1.2)和(4.1.3)式的高斯随机场的样本轨道性质。在像集维数方面，得到了下面的结论：以概率 1 有

$$\dim_{\mathrm{H}}X(I)=\dim_{\mathrm{P}}X(I)=\min\left\{d,\sum_{j=1}^{N}\frac{1}{H_j}\right\}, \tag{4.1.4}$$

其中 $\dim_{\mathrm{H}}$ 和 $\dim_{\mathrm{P}}$ 分别表示 Hausdorff 维数和填充维数。此外，在 $\mathbb{R}^N$ 空间中引入一个各向异性度量

$$\rho(s,t)=\sum_{j=1}^{N}|s_j-t_j|^{H_j}$$

后，得到下面的结论：对任意的 Borel 集 $E\subseteq I$，以概率 1 有

$$\dim_{\mathrm{H}}X(E)=\min\{d,\dim_{\mathrm{H}}^{\rho}E\}, \tag{4.1.5}$$

其中 $\dim_{\mathrm{H}}^{\rho}$ 表示在度量 ρ 下的 Hausdorff 维数。此处的零概率集是依赖于集合 E。当零概率集不依赖于集合 E 时，上述的结果就称为一致维数结果。一致维数结果是随机过程或随机场的重要性质之一。Kaufman(1968)是第一个获得关于平面布朗运动的一致维数结果。从那时开始，许多概率学家将关于平面布朗运动的一致维数结果推广到其他过程或高斯随机场。例如，Monrad 和 Pitt(1987)研究了关于分数布朗运动的一致维数结果；Mountford(1989)研究了关于布朗单的一致维数结果；Khoshnevisan 等人(2006)利用扇形局部不确定性给出了布朗单和分数布朗运动一致维数结果的统一处理方法。

对于各向异性高斯随机场像集的一致维数方面，Wu 和 Xiao(2009)获得了(4.1.5)式的一致维数情形。即，以概率 1 有，对任意的 Borel 集 $E\subseteq I$，

$$\dim_{\mathrm{H}}X(E)=\min\{d,\dim_{\mathrm{H}}^{\rho}E\}。 \tag{4.1.6}$$

Xiao(1995)考察了指数为 α 的向量值高斯场，并获得了像集和图集的 Hausdorff 和填充维数结果。Wu 和 Xiao(2009)在他们的文中指出：在一般情况下，指数为 α 的向量值高斯场一般没有一致维数结果。如同 Wu 和 Xiao(2009)在参数空间利用各向异性度量 ρ 克服随机场在参数空间的各向异性性类似，本章将在像空间引进一个新的各向异性度量 τ（见 §4.2 节）用于克服空间上所带来的各向异性，并获得了空间各向异性高斯随机场像集的一致维数结果。此外，本章还获得了在度量 τ 下的像集的 Hausdorff

维数和填充维数。

本章内容取自 Ni 等人(2019),其将按如下方式组织:第2节给出了本章所研究的空间各向异性高斯随机场的定义,并给出了一些符号和引理。第3节获得了空间各向异性高斯随机场像集的 Hausdorff 维数和填充维数,此结论的零概率集是依赖于原像集的。在最后一节,获得了关于像集的一致维数结果,此结论的零概率集是不依赖于原像集的。

4.2　模型和引理

在本节中,先给出本章所研究的空间各向异性高斯随机场的定义,然后讨论它的一些性质。最后给出几个引理,并对一些符号进行说明。为了方便,先设 $I=[a,b]^N$ 是 $\mathbb{R}^N$ 中的一个矩形。

设 $X=\{X(t)\in\mathbb{R}^d, t\in\mathbb{R}^N\}$ 是一零均值平稳的高斯随机场,其分量 X_i 的增量方差是连续函数,即

$$\sigma_i^2(t)=\mathbb{E}(|X_i(t+s)-X_i(s)|^2),\quad i=1,\cdots,d。$$

对每个 $i=1,\cdots,d$,存在常数 $\alpha_i\in(0,1]$ 使得

$$\alpha_i=\sup\left\{\alpha>0: \lim_{|t|\to 0}\frac{\sigma_i(t)}{|t|^{\alpha}}=0\right\}=\inf\left\{\alpha>0: \lim_{|t|\to 0}\frac{|t|^{\alpha}}{\sigma_i(t)}=0\right\},\tag{4.2.1}$$

则称 X 是指数为 α 的高斯随机场,其中 $\alpha=(\alpha_1,\cdots,\alpha_d)$。不失一般性,在本章恒假设 $0<\alpha_1\leqslant\alpha_2\leqslant\cdots\leqslant\alpha_d\leqslant 1$。为了符号上的简便,令 $\Lambda_\alpha=\sum_{i=1}^{d}\alpha_i$。

为了后面的研究,设指数为 α 的高斯随机场 X 满足下面两个条件:

(C1) X 的各个分量 $X_1,\cdots,X_d$ 是相互独立的。

(C2) 如果 $t\neq 0$,则对每个 $i=1,\cdots,d$ 有 $\sigma_i(t)>0$。

因为 X 是指数为 α 的高斯随机场,所以下面 $X_1,\cdots,X_d$ 的一致 Hölder 连续性是 Adler(1981)定理 8.3.2 的一个直接结论。

引理 4.2.1　对任意的 $L>0,\varepsilon>0$,以概率 1 存在一个具有有限各阶矩且仅依赖于 L 和 α 的随机变量 $A>0$ 使得对任意的 $s,t\in[-L,L]^N$,$i=1,\cdots,d$,有

$$|X_i(s)-X_i(t)|\leqslant A|s-t|^{\alpha_i(1-\varepsilon)}。\tag{4.2.2}$$

为了得到空间各向异性高斯随机场的一致维数结果,先引入 $\mathbb{R}^d$ 上的一个新度量 τ,定义为

$$\tau(x,y)=\sum_{i=1}^{d}|x_i-y_i|^{\frac{\alpha_1}{\alpha_i}},$$

其中 $x=(x_1,\cdots,x_d),y=(y_1,\cdots,y_d)\in\mathbb{R}^d$。

因为 $(\mathbb{R}^d,\tau)$ 是一度量空间，由§1.2的第三部分，可以定义在度量 τ 下 β-维 Hausdorff 测度和填充测度($\beta>0$)，分别记为 $\mathcal{H}_\beta^\tau$ 和 $\mathcal{P}_\beta^\tau$。从而可以定义在度量 τ 下的 Hausdorff 维数和填充维数，分别记为 $\dim_H^\tau$ 和 $\dim_P^\tau$。很容易得到 $[0,1]^d$ 或 $\mathbb{R}^d$ 在度量 τ 下的 Hausdorff 维数为

$$\dim_H^\tau\mathbb{R}^d=\frac{1}{\alpha_1}\Lambda_\alpha。\tag{4.2.3}$$

对任意的 $\mathbb{R}^d$ 上的 Borel 集 F，由(1.2.18)有，

$$0\leqslant\dim_H^\tau F\leqslant\dim_P^\tau F\leqslant\frac{1}{\alpha_1}\Lambda_\alpha。$$

此外，当 F 具有非空的内核时，则

$$\dim_H^\tau F=\dim_P^\tau F=\frac{1}{\alpha_1}\Lambda_\alpha。$$

对 $\mathbb{R}^d$ 上的有限 Borel 测度 μ，由§1.2的第三部分，可以定义在度量 τ 下的 s-维填充维数剖面，记为 $\mathrm{Dim}_s^\tau\mu$。由 Estrade 等人(2011)的命题3.4可得

引理 4.2.2 对 $\mathbb{R}^d$ 上的有限 Borel 测度 μ 有

$$0\leqslant\mathrm{Dim}_s^\tau\mu\leqslant s\text{ 和 }\mathrm{Dim}_s^\tau\mu=\dim_P^\tau\mu,\text{当 }s\geqslant\frac{1}{\alpha_1}\Lambda_\alpha\text{ 时。}$$

此外，$\mathrm{Dim}_s^\tau\mu$ 关于 s 连续。

由引理4.2.2立得

$$\dim_P^\tau\mu=\sup\left\{\beta>0:\liminf_{r\to0}\frac{F^\mu_{\frac{1}{\alpha_1}\Lambda_\alpha,\tau}(x,r)}{r^\beta}=0\text{ 对 }\mu-\text{a.a.}\,x\in\mathbb{R}^d\right\}。\tag{4.2.4}$$

对 $\mathbb{R}^d$ 上的有限 Borel 可测集 F，定义在度量 τ 下 s-维填充维数剖面为 $\mathrm{Dim}_s^\tau F$。由(1.2.27)式和引理4.2.2，可得

$$0\leqslant\mathrm{Dim}_s^\tau F\leqslant s\text{ 和 }\mathrm{Dim}_s^\tau F=\dim_P^\tau F,\text{当 }s\geqslant\frac{1}{\alpha_1}\Lambda_\alpha\text{ 时。}$$

4.3 在空间各向异性度量下像集的维数

本节主要研究§4.2节中所定义的空间各向异性高斯场 X 像集的 Hausdorff 维数和填充维数。

定理 4.3.1　设 $X=\{X(t),t\in\mathbb{R}^N\}$ 一满足条件(C1)和(C2)的指数为 α 的高斯随机场，则对任意的 $E\in\mathbb{R}^N$，有

$$\dim_{\mathrm{H}}^{\tau}X(E)=\min\left\{\frac{1}{\alpha_1}\Lambda_\alpha,\frac{1}{\alpha_1}\dim_{\mathrm{H}}E\right\}\quad \text{a. s.}。\tag{4.3.1}$$

证明　将证明分成两部分，一部分利用覆盖的方法证明上界，另一部分利用容度的讨论方法证明下界。

首先证明上界。因为 $X(E)\subseteq\mathbb{R}^d$，所以由维数的单调性和(4.2.3)式有

$$\dim_{\mathrm{H}}^{\tau}X(E)\leqslant\frac{1}{\alpha_1}\Lambda_\alpha\quad \text{a. s.}。$$

因此对于上界，只需证明 $\dim_{\mathrm{H}}^{\tau}X(E)\leqslant\frac{1}{\alpha_1}\dim_{\mathrm{H}}E$，a. s.。由 Hausdorff 维数的 σ-稳定性，不妨假设 $E\subset I$。再由 Hausdorff 测度的定义知，对于任意的 $\gamma>\dim_{\mathrm{H}}E,\delta>0$ 存在 E 的一列球覆盖 $\{B(t_j,r_j)\}$ 使得 $r_j\leqslant\delta$ 且 $\sum_{j=1}^{\infty}r_j^{\gamma}\leqslant 1$。利用引理 4.2.1，可得

$$\begin{aligned}\sup_{s,t\in B(t_j,r_j)}\tau(X(s),X(t))&=\sup_{s,t\in B(t_j,r_j)}\sum_{i=1}^{d}\left|X_i(s)-X_i(t)\right|^{\frac{\alpha_1}{\alpha_i}}\\&\leqslant\sum_{i=1}^{d}c\sup_{s,t\in B(t_j,r_j)}\left|s-t\right|^{\alpha_i(1-\varepsilon)\cdot\frac{\alpha_1}{\alpha_i}}\\&\leqslant cr_j^{\alpha_1(1-\varepsilon)},\quad \text{a. s.}。\end{aligned}\tag{4.3.2}$$

因此，每个 $X(B(t_j,r_j))$ 在度量 τ 下可由半径为 $r_j^{\alpha_i(1-\varepsilon)}$ 的球覆盖，又因为 $X(E)\subseteq\bigcup_{j=1}^{\infty}X(B(t_j,r_j))$，所以 $X(E)$ 可由一列半径为 $r_j^{\alpha_i(1-\varepsilon)}$ 的 τ-球所覆盖。由

$$\sum_{j=1}^{\infty}\left(r_j^{\alpha_1(1-\varepsilon)}\right)^{\frac{\gamma}{\alpha_1(1-\varepsilon)}}=\sum_{j=1}^{\infty}r_j^{\gamma}\leqslant 1,\tag{4.3.3}$$

有

$$\dim_{\mathrm{H}}^{\tau}X(E)\leqslant\frac{\gamma}{\alpha_1(1-\varepsilon)},\quad \text{a. s.}。$$

因为 $\varepsilon>0$ 且 $\gamma>\dim_{\mathrm{H}}E$ 是任意给定的，所以

$$\dim_{\mathrm{H}}^{\tau}X(E)\leqslant\frac{1}{\alpha_1}\dim_{\mathrm{H}}E,\quad \text{a. s.}。$$

这就证明了定理 4.3.1 的上界。

为获得下界，只需要证明对任意的 $\eta<\min\left\{\frac{1}{\alpha_1}\Lambda_\alpha,\frac{1}{\alpha_1}\dim_{\mathrm{H}}E\right\}$，有

$$\dim_{\mathrm{H}}^{\tau}X(E)\geqslant\gamma:=\eta/(1+\varepsilon)\quad \text{a. s.},\tag{4.3.4}$$

其中 $\varepsilon > 0$ 是一个任意常数。

因为 $\eta < \frac{1}{\alpha_1}\Lambda_\alpha$，所以存在一个正整数 $k \in \{1,\cdots,d\}$ 使得

$$\sum_{i=1}^{k-1} \frac{\alpha_i}{\alpha_1} < \eta \leqslant \sum_{i=1}^{k} \frac{\alpha_i}{\alpha_1}。\tag{4.3.5}$$

因此可以选择 ε 充分小使得

$$\sum_{i=1}^{k-1} \frac{\alpha_i}{\alpha_1} < \gamma < \sum_{i=1}^{k} \frac{\alpha_i}{\alpha_1}。\tag{4.3.6}$$

又因为 $\alpha_1\eta < \dim_{\mathrm{H}} E$，所以由 Frostman 引理(引理 1.2.6)知，存在 E 上的一个概率测度 σ 使得

$$\int_E\int_E \frac{\sigma(\mathrm{d}s)\sigma(\mathrm{d}t)}{|s-t|^{\alpha_1\eta}} < \infty。\tag{4.3.7}$$

令 μ 是映射 $t \mapsto X(t)$ 下的像测度，则 μ 是 $X(E)$ 上的一个概率测度。为了证明 $\dim_{\mathrm{H}}^{\tau} X(E) \geqslant \gamma$ a. s.，只需证明

$$\int_{\mathbb{R}^d}\int_{\mathbb{R}^d} \frac{\mu(\mathrm{d}x)\mu(\mathrm{d}y)}{\tau(x,y)^{\gamma}} < \infty, \quad \text{a. s.}。\tag{4.3.8}$$

为此，注意到

$$\begin{aligned}\mathbb{E}\int_{\mathbb{R}^d}\int_{\mathbb{R}^d} \frac{\mu(\mathrm{d}x)\mu(\mathrm{d}y)}{\tau(x,y)^{\gamma}} &= \mathbb{E}\int_E\int_E \frac{\sigma(\mathrm{d}x)\sigma(\mathrm{d}y)}{\tau(X(s),X(t))^{\gamma}} \\ &= \int_E\int_E \mathbb{E}\frac{1}{\left(\sum_{i=1}^d |X_i(s)-X_i(t)|^{\frac{\alpha_1}{\alpha_i}}\right)^{\gamma}}\sigma(\mathrm{d}s)\sigma(\mathrm{d}t)。\end{aligned}\tag{4.3.9}$$

又因为 $X_1,\cdots,X_d$ 是独立同分布于正态分布的随机变量，所以$\frac{X_1(s)-X_1(t)}{\sigma_1(s-t)}$，$\cdots$，$\frac{X_d(s)-X_d(t)}{\sigma_d(s-t)}$是独立同分布于标准正态分布的。故

$$\begin{aligned}&\mathbb{E}\left(\sum_{i=1}^d |X_i(s)-X_i(t)|^{\frac{\alpha_1}{\alpha_i}}\right)^{-\gamma} \\ &\leqslant c\int_{\mathbb{R}_+^d}\left(\sum_{i=1}^d x_i^{\frac{\alpha_1}{\alpha_i}}\right)^{-\gamma}\cdot\frac{1}{(2\pi)^{d/2}\Pi_{i=1}^d\sigma_i(s-t)}\exp\left\{-\sum_{i=1}^d\frac{x_i^2}{2\sigma_i(s-t)^2}\right\}\mathrm{d}x_1\cdots\mathrm{d}x_d \\ &= c\int_{\mathbb{R}_+^d}\left(\sum_{i=1}^d(\sigma_i(s-t)x_i)^{\frac{\alpha_1}{\alpha_i}}\right)^{-\gamma}\exp\left\{-\sum_{i=1}^d\frac{x_i^2}{2}\right\}\mathrm{d}x_1\cdots\mathrm{d}x_d \\ &= c\sigma_1(s-t)^{-\frac{\alpha_1}{\alpha_1}\gamma}\int_{\mathbb{R}_+^d}\left(x_1^{\frac{\alpha_1}{\alpha_1}}+\sum_{i=2}^d\sigma_i(s-t)^{\frac{\alpha_1}{\alpha_i}}\sigma_1(s-t)^{-\frac{\alpha_1}{\alpha_i}}x_i^{\frac{\alpha_1}{\alpha_1}}\right)^{-\gamma} \\ &\quad\times\exp\left\{-\sum_{i=1}^d\frac{|x_i|^2}{2}\right\}\mathrm{d}x_1\cdots\mathrm{d}x_d\end{aligned}\tag{4.3.10}$$

其中 $\mathbb{R}_+^d=[0,\infty)^d$，而第一个等式由变量替换可得。注意到

$$\int_0^\infty (A+x^\alpha)^{-\gamma}\exp\left\{-\frac{x^2}{2}\right\}\mathrm{d}x\leqslant c_{4,3,1}A^{-(\gamma-\frac{1}{\alpha})}\text{，当 }\gamma>\frac{1}{\alpha}\text{ 时，}\tag{4.3.11}$$

$$\int_0^\infty (A+x^\alpha)^{-\gamma}\exp\left\{-\frac{x^2}{2}\right\}\mathrm{d}x\leqslant c_{4,3,2}A^{-(\gamma-\frac{1}{\alpha})}+c_{4,3,3}\text{，当 }\gamma<\frac{1}{\alpha}\text{ 时，}\tag{4.3.12}$$

其中 $c_{4,3,1}$，$c_{4,3,2}$ 和 $c_{4,3,3}$ 仅依赖于 γ。首先对(4.3.10)式最后一个积分对 x_1 积分，可得(4.3.10)式的最后一个表达式是小于等于

$$c\sigma_1(s-t)^{-\frac{\alpha_1}{\alpha_1}\gamma}\int_{\mathbb{R}_+^{d-1}}\Big(\sum_{i=2}^d\sigma_i(s-t)^{\frac{\alpha_1}{\alpha_i}}\sigma_1(s-t)^{-\frac{\alpha_1}{\alpha_1}}x_i^{\frac{\alpha_1}{\alpha_i}}\Big)^{-(\gamma-\frac{\alpha_1}{\alpha_1})}$$
$$\times\exp\left\{-\sum_{i=2}^d\frac{|x_i|^2}{2}\right\}\mathrm{d}x_2\cdots\mathrm{d}x_d\text{。}\tag{4.3.13}$$

对 $\mathrm{d}x_2,\cdots,\mathrm{d}x_{k-1}$ 重复上面的讨论，可得(4.3.13)式小于等于

$$c\sigma_1(s-t)^{-\frac{\alpha_1}{\alpha_1}\gamma}\prod_{i=2}^k\big(\sigma_i(s-t)^{\frac{\alpha_1}{\alpha_i}}\sigma_{i-1}(s-t)^{-\frac{\alpha_1}{\alpha_{i-1}}}\big)^{-(\gamma-\sum_{j=1}^{i-1}\frac{\alpha_1}{\alpha_j})}$$
$$\times\int_{\mathbb{R}_+^{d-k+1}}\Big(x_k^{\frac{\alpha_1}{\alpha_k}}+\sum_{i=k+1}^d\sigma_i(s-t)^{\frac{\alpha_1}{\alpha_i}}\sigma_1(s-t)^{-\frac{\alpha_1}{\alpha_1}}x_i^{\frac{\alpha_1}{\alpha_i}}\Big)^{-(\gamma-\sum_{j=1}^{i-1}\frac{\alpha_1}{\alpha_i})}$$
$$\times\exp\left\{-\sum_{i=k}^d\frac{|x_i|^2}{2}\right\}\mathrm{d}x_k\cdots\mathrm{d}x_d$$
$$\leqslant c\sigma_1(s-t)^{-\frac{\alpha_1}{\alpha_1}}\prod_{i=2}^k\big(\sigma_i(s-t)^{\frac{\alpha_1}{\alpha_i}}\sigma_{i-1}(s-t)^{-\frac{\alpha_1}{\alpha_{i-1}}}\big)^{-(\gamma-\sum_{j=1}^{i-1}\frac{\alpha_1}{\alpha_j})}$$
$$\times\int_{\mathbb{R}_+^{d-k}}\Big(\Big(\sum_{i=k+1}^d\sigma_i(s-t)^{-\frac{\alpha_1}{\alpha_i}}\sigma_1(s-t)^{-\frac{\alpha_1}{\alpha_1}}x_i^{\frac{\alpha_1}{\alpha_i}}\Big)^{-(\gamma-\sum_{i=1}^k\frac{\alpha_1}{\alpha_i})}+c\Big)$$
$$\times\exp\left\{-\sum_{i=k+1}^d\frac{|x_i|^2}{2}\right\}\mathrm{d}x_{k+1}\cdots\mathrm{d}x_d$$
$$\leqslant c\sigma_1(s-t)^{-\frac{\alpha_1}{\alpha_1}}\prod_{i=2}^k\big(\sigma_i(s-t)^{\frac{\alpha_1}{\alpha_i}}\sigma_{i-1}(s-t)^{\frac{\alpha_1}{\alpha_{i-1}}}\big)^{-(\gamma-\sum_{j=1}^{i-1}\frac{\alpha_1}{\alpha_j})}$$
$$=c\Big(\prod_{i=1}^{k-1}\sigma_i(s-t)^{-\frac{\alpha_1^2}{\alpha_i^2}}\Big)\sigma_k(s-t)^{-\frac{\alpha_1}{\alpha_k}(\gamma-\sum_{i=1}^{k-1}\frac{\alpha_1}{\alpha_i})}\text{。}\tag{4.3.14}$$

又因为 X 是指数为 α 高斯随机场，所以对任意的 $\varepsilon>0$（这里可假设 ε 与(4.3.4)式中的 ε 相同），存在 $0<\delta<1$，$c_{4,3,4}\geqslant1$ 使得对所有的 $i=1,\cdots,d$，和 $|s-t|<\delta$，有

$$\sigma_i(s-t)\geqslant c_{4,3,4}|s-t|^{\alpha_i(1+\varepsilon)}\text{。}\tag{4.3.15}$$

由此，当 $|s-t|<\delta$ 时，(4.3.14)式小于

$$c\left(\prod_{i=1}^{k-1}|s-t|^{-\frac{\alpha_1^2}{\alpha_i^2}\alpha_i(1+\varepsilon)}\right)|s-t|^{-\frac{\alpha_1}{\alpha_k}\left(\gamma-\sum_{i=1}^{k-1}\frac{\alpha_1}{\alpha_i}\right)\alpha_k(1+\varepsilon)}=c|s-t|^{-\alpha_1\gamma(1+\varepsilon)}。\tag{4.3.16}$$

为了简化符号，令

$$\mathcal{J}=\int_E\int_E|s-t|^{\alpha_1\gamma(1+\varepsilon)}\sigma(\mathrm{d}s)\sigma(\mathrm{d}t)。$$

下面证明$\mathcal{J}<\infty$。事实上，将$\mathcal{J}$中的积分区域划分为$\{(s,t)\in E\times E:|s-t|<\delta\}$和$\{(s,t)\in E\times E:|s-t|\geqslant\delta\}$，并将在这两个区域上的积分分别记为$\mathcal{J}_1$和$\mathcal{J}_2$。联合(4.3.9)—(4.3.16)式，有

$$\begin{aligned}\mathcal{J}_1&\leqslant c\iint_{\{(s,t)\in E\times E:|s-t|<\delta\}}|s-t|^{-\alpha_1\gamma(1+\varepsilon)}\sigma(\mathrm{d}s)\sigma(\mathrm{d}t)\\&=c\iint_{\{(s,t)\in E\times E:|s-t|<\delta\}}|s-t|^{-\alpha_1\eta}\sigma(\mathrm{d}s)\sigma(\mathrm{d}t)\\&\leqslant c\int_E\int_E|s-t|^{-\alpha_1\eta}\sigma(\mathrm{d}s)\sigma(\mathrm{d}t)<\infty,\end{aligned}\tag{4.3.17}$$

其中最后一个不等式由(4.3.7)式可得。

另一方面，

$$\begin{aligned}\mathcal{J}_2&\leqslant c\iint_{\{(s,t)\in E\times E:|s-t|\geqslant\delta\}}\delta^{-\alpha_1\eta}\sigma(\mathrm{d}s)\sigma(\mathrm{d}t)\\&\leqslant c\int_E\int_E\delta^{-\alpha_1\eta}\sigma(\mathrm{d}s)\sigma(\mathrm{d}t)<\infty。\end{aligned}\tag{4.3.18}$$

联合(4.3.9)—(4.3.18)式，可得

$$\mathbb{E}\int_{\mathbb{R}^d}\int_{\mathbb{R}^d}\frac{\mu(\mathrm{d}x)\mu(\mathrm{d}y)}{\tau(x,y)^\gamma}<\infty。\tag{4.3.19}$$

因此(4.3.8)式几乎处处成立。这就证明了定理4.3.1。

下面开始考虑空间各向异性高斯场X的填充维数。先做些准备。对$\mathbb{R}^N$上的任意Borel测度μ和$\mathbb{R}^d$上任意的Borel集B，X的像测度μ_X定义为

$$(\mu\circ X^{-1})(B)=\mu(\{t\in\mathbb{R}^N:X(t)\in B\})。\tag{4.3.20}$$

对任意的Borel集$E\subset\mathbb{R}^N$，下面的引理能够将$\dim_P^\tau X(E)$和像测度的填充维数联系起来。

引理4.3.2 设$E\subset\mathbb{R}^N$是一解析集，则对任意的连续函数$X:\mathbb{R}^N\to\mathbb{R}^d$，有

$$\dim_P^\tau X(E)=\sup\{\dim_P^\tau(\mu\circ X^{-1}):\mu\in\mathcal{M}_c^+(E)\}。\tag{4.3.21}$$

证明 采用Xiao(1997)引理4.3相同的方法即可证明。

下面的定理给出了在度量τ下用填充维数剖面来表示像测度的填充

维数。

定理 4.3.3　设 $X=\{X(t),t\in\mathbb{R}^N\}$ 是满足条件(C1)和(C2)的指数为 α 的高斯随机场，则对 $\mathbb{R}^d$ 上的任意有限 Borel 测 μ，有

$$\dim_{\mathrm{P}}^{\tau}\mu_X=\frac{1}{\alpha_1}\mathrm{Dim}_{\Lambda_\alpha}\mu\quad \text{a. s.}\ 。\tag{4.3.22}$$

证明　证明方法是基于 Estade 等人(2011)定理 4.1 的证明思想。先证明 $\dim_{\mathrm{P}}^{\tau}\mu_X\leqslant\frac{1}{\alpha_1}\mathrm{Dim}_{\Lambda_\alpha}\mu$ 几乎处处成立。对任意的 $\gamma<\dim_{\mathrm{P}}^{\tau}\mu_X$，由(4.2.4)式可得，对 μ_X —a. a. $x\in\mathbb{R}^d$，有

$$\liminf_{r\to0}r^{-\gamma}\int_{\mathbb{R}^d}\min\left\{1,\frac{r^{\frac{1}{\alpha_1}\Lambda_\alpha}}{\tau(x,y)^{\frac{1}{\alpha_1}\Lambda_\alpha}}\right\}\mu_X(\mathrm{d}y)=0,\tag{4.3.23}$$

即，对 μ —a. a. $s\in\mathbb{R}^N$，

$$\liminf_{r\to0}r^{-\gamma}\int_I\min\left\{1,\frac{r^{\frac{1}{\alpha_1}\Lambda_\alpha}}{\tau(X(s),X(t))^{\frac{1}{\alpha_1}\Lambda_\alpha}}\right\}\mu(\mathrm{d}t)=0。\tag{4.3.24}$$

利用引理 4.2.1，可得对任意的 $s,t\in I$，

$$\begin{aligned}\tau(X(s),X(t))&=\sum_{i=1}^d|X_i(s)-X_i(t)|^{\frac{\alpha_1}{\alpha_i}}\\&\leqslant c\sum_{i=1}^d|s-t|^{\alpha_i(1-\varepsilon)\frac{\alpha_1}{\alpha_i}}\leqslant c_{4,3,5}|s-t|^{\alpha_1(1-\varepsilon)},\end{aligned}\tag{4.3.25}$$

其中 $c_{4,3,5}\geqslant1$。因此

$$\min\left\{1,\frac{r^{\frac{1}{\alpha_1}\Lambda_\alpha}}{\tau(X(s),X(t))^{\frac{1}{\alpha_1}\Lambda_\alpha}}\right\}\geqslant c_{4,3,5}^{-1}\min\left\{1,\frac{r^{\frac{1}{\alpha_1}\Lambda_\alpha}}{|s-t|^{\Lambda_\alpha(1-\varepsilon)}}\right\}。\tag{4.3.26}$$

由此可得

$$\begin{aligned}&\liminf_{r\to0}r^{-\gamma}\int_I\min\left\{1,\frac{r^{\frac{1}{\alpha_1}\Lambda_\alpha}}{\tau(X(s),X(t))^{\frac{1}{\alpha_1}\Lambda_\alpha}}\right\}\mu(\mathrm{d}t)\}\\&\geqslant c\liminf_{r\to0}r^{-\gamma}\int_I\min\left\{1,\frac{r^{\frac{1}{\alpha_1}\Lambda_\alpha}}{|s-t|^{\Lambda_\alpha(1-\varepsilon)}}\right\}\mu(\mathrm{d}t)\\&=c\liminf_{\rho\to0}\rho^{-\gamma\alpha_1(1-\varepsilon)}\int_I\min\left\{1,\frac{\rho^{\Lambda_\alpha(1-\varepsilon)}}{|s-t|^{\Lambda_\alpha(1-\varepsilon)}}\right\}\mu(\mathrm{d}t)\end{aligned}\tag{4.3.27}$$

其中最后一个等式来自变量替换 $r=\rho^{\alpha_1(1-\varepsilon)}$。联合(4.3.24)和(4.3.27)，有

$$\liminf_{\rho\to0}\rho^{-\gamma\alpha_1(1-\varepsilon)}\int_I\min\left\{1,\frac{\rho^{\Lambda_\alpha(1-\varepsilon)}}{|s-t|^{\Lambda_\alpha(1-\varepsilon)}}\right\}\mu(\mathrm{d}t)=0。\tag{4.3.28}$$

从而 $\mathrm{Dim}_{\Lambda_\alpha(1-\varepsilon)}\mu\geqslant\gamma\alpha_1(1-\varepsilon)$。又因为 $\gamma<\dim_{\mathrm{P}}^{\tau}\mu_X$ 和 $\varepsilon>0$ 都是任意常数，

所以 $\dim_{\mathrm{P}}^{\tau}\mu_X \leqslant \frac{1}{\alpha_1}\mathrm{Dim}_{\Lambda_\alpha}\mu$。这就证明了 $\dim_{\mathrm{P}}^{\tau}\mu_X \leqslant \frac{1}{\alpha_1}\mathrm{Dim}_{\Lambda_\alpha}\mu$ 几乎处处成立。

下面证明反向不等式 $\dim_{\mathrm{P}}^{\tau}\mu_X \geqslant \frac{1}{\alpha_1}\mathrm{Dim}_{\Lambda_\alpha}\mu$ 几乎处处成立。对任意的 $s \in \mathbb{R}^N$，由 Fubini 定理有

$$
\begin{aligned}
\mathbb{E}F^{\mu_X}_{\frac{1}{\alpha_1}\Lambda_\alpha}(X(s),r) &= \mathbb{E}\int_{\mathbb{R}^d}\min\left\{1,\frac{r^{\frac{1}{\alpha_1}\Lambda_\alpha}}{\tau(X(s),y)^{\frac{1}{\alpha_1}\Lambda_\alpha}}\right\}\mu_X(\mathrm{d}y)\\
&= \mathbb{E}\int_{\mathbb{R}^N}\min\left\{1,\frac{r^{\frac{1}{\alpha_1}\Lambda_\alpha}}{\tau(X(s),X(t))^{\frac{1}{\alpha_1}\Lambda_\alpha}})\right\}\mu(\mathrm{d}t)\\
&= \int_{\mathbb{R}^N}\mathbb{E}\min\left\{1,\frac{r^{\frac{1}{\alpha_1}\Lambda_\alpha}}{\tau(X(s),X(t))^{\frac{1}{\alpha_1}\Lambda_\alpha}}\right\}\mu(\mathrm{d}t)。 \qquad (4.3.29)
\end{aligned}
$$

显然有

$$
\begin{aligned}
\mathbb{E}\min\left\{1,\frac{r^{\frac{1}{\alpha_1}\Lambda_\alpha}}{\tau(X(s),X(t))^{\frac{1}{\alpha_1}\Lambda_\alpha}}\right\} &= \mathbb{P}\{\tau(X(s),X(t))\leqslant r\}\\
&+\mathbb{E}\left(\frac{r^{\frac{1}{\alpha_1}\Lambda_\alpha}}{\tau(X(s),X(t))^{\frac{1}{\alpha_1}\Lambda_\alpha}}1_{\{\tau(X(s),X(t))>r\}}\right)。 \qquad (4.3.30)
\end{aligned}
$$

利用 $X_1,\cdots,X_d$ 的独立性，可得

$$
\begin{aligned}
\mathbb{P}\{\tau(X(s),X(t))\leqslant r\} &= \mathbb{P}\left\{\sum_{i=1}^d |X_i(s)-X_i(t)|^{\frac{\alpha_1}{\alpha_i}}\leqslant r\right\}\\
&\leqslant \prod_{i=1}^d \mathbb{P}\left\{|X_i(s)-X_i(t)|\leqslant r^{\frac{\alpha_i}{\alpha_1}}\right\}\\
&= \prod_{i=1}^d \mathbb{P}\left\{\frac{|X_i(s)-X_i(t)|}{\sigma_i(s-t)}\leqslant \frac{r^{\frac{\alpha_i}{\alpha_1}}}{\sigma_i(s-t)}\right\}\\
&\leqslant c\min\left\{1,\frac{r^{\sum_{k=1}^d\frac{\alpha_i}{\alpha_1}}}{\prod_{i=1}^d\sigma_i(s-t)}\right\}\\
&\leqslant c\min\left\{1,\frac{r^{\frac{1}{\alpha_1}\Lambda_\alpha}}{\prod_{i=1}^d\sigma_i(s-t)}\right\}。 \qquad (4.3.31)
\end{aligned}
$$

下面估计(4.3.30)式右边的第二项表达式。设 $X(s)-X(t)$ 的分布为 $\Gamma_{s,t}(\cdot)$，ν 是从 $\mathbb{R}^d$ 到 $\mathbb{R}_+$ 映射 $y\mapsto\tau(0,y)$ 下的像测度，则

$$
\begin{aligned}
&\mathbb{E}\left(\frac{r^{\frac{1}{\alpha_1}\Lambda_\alpha}}{\tau(X(s),X(t))^{\frac{1}{\alpha_1}\Lambda_\alpha}}1_{\{\tau(X(s),X(t))>r\}}\right)\\
&= \int_{\mathbb{R}^d}\frac{r^{\frac{1}{\alpha_1}\Lambda_\alpha}}{\tau(0,u)^{\frac{1}{\alpha_1}\Lambda_\alpha}}1_{\{\tau(0,u)>r\}}\Gamma_{s,t}(\mathrm{d}u) = \int_r^\infty \frac{r^{\frac{1}{\alpha_1}\Lambda_\alpha}}{\rho^{\frac{1}{\alpha_1}\Lambda_\alpha}}\nu(\mathrm{d}\rho)
\end{aligned}
$$

$$\leqslant \frac{1}{\alpha_1}\Lambda_\alpha r^{\frac{1}{\alpha_1}\Lambda_\alpha}\int_r^\infty \frac{1}{\rho^{\frac{1}{\alpha_1}\Lambda_\alpha+1}}\mathbb{P}\{\tau(X(s),X(t))\leqslant\rho\}\mathrm{d}\rho$$

$$\leqslant cr^{\frac{1}{\alpha_1}\Lambda_\alpha}\int_r^\infty \frac{1}{\rho^{\frac{1}{\alpha_1}\Lambda_\alpha+1}}\min\left\{1,\frac{\rho^{\frac{1}{\alpha_i}\Lambda_\alpha}}{\prod_{i=1}^d\sigma_i(s-t)}\right\}\mathrm{d}\rho, \tag{4.3.32}$$

其中第一个不等式来自分部积分公式，最后一个不等式由(4.3.31)式可得。现在将上述积分的积分区域划分为 $\{\rho: \rho^{\frac{1}{\alpha_1}\Lambda_\alpha}\geqslant\prod_{i=1}^d\sigma_i(s,t)\}$ 和 $\{\rho: \rho^{\frac{1}{\alpha_1}\Lambda_\alpha}<\prod_{i=1}^d\sigma_i(s,t)\}$，并将在它们上面的积分分别表示为 $\mathcal{T}_1$ 和 $\mathcal{T}_2$，则有

$$\mathcal{T}_1 = r^{\frac{1}{\alpha_1}\Lambda_\alpha}\int_r^\infty \frac{1}{\rho^{\frac{1}{\alpha_1}\Lambda_\alpha+1}}\mathrm{d}\rho=\frac{\alpha_1}{\Lambda_\alpha} \tag{4.3.33}$$

和

$$\mathcal{T}_2 = r^{\frac{1}{\alpha_1}\Lambda_\alpha}\int_r^{(\prod_{i=1}^d\sigma_i(s-t))^{\frac{\alpha_1}{\Lambda_\alpha}}}\frac{1}{\rho^{\frac{1}{\alpha_1}\Lambda_\alpha+1}}\cdot\frac{\rho^{\frac{1}{\alpha_1}\Lambda_\alpha}}{\prod_{i=1}^d\sigma_i(s-t)}\mathrm{d}\rho$$

$$+r^{\frac{1}{\alpha_1}\Lambda_\alpha}\int_{(\prod_{i=1}^d\sigma_i(s-t))^{\frac{\alpha_1}{\Lambda_\alpha}}}^\infty\frac{1}{\rho^{\frac{1}{\alpha_1}\Lambda_\alpha+1}}\mathrm{d}\rho$$

$$\leqslant\frac{r^{\frac{1}{\alpha_1}\Lambda_\alpha}}{\prod_{i=1}^d\sigma_i(s-t)}\ln\frac{\prod_{i=1}^d\sigma_i(s-t)}{r^{\frac{1}{\alpha_1}\Lambda_\alpha}}。 \tag{4.3.34}$$

由(4.3.30)—(4.3.34)式知，对任意的 $0<\lambda<1$，有

$$\mathbb{E}\min\left\{1,\frac{r^{\frac{1}{\alpha_1}\Lambda_\alpha}}{\tau(X(s),X(t))^{\frac{1}{\alpha_1}\Lambda_\alpha}}\right\}\leqslant c\min\left\{1,\left(\frac{r^{\frac{1}{\alpha_i}\Lambda_\alpha}}{\prod_{i=1}^d\sigma_i(s-t)}\right)^{1-\lambda}\right\}。 \tag{4.3.35}$$

对任意的 $\gamma<\mathrm{Dim}_{\Lambda_\alpha}\mu$，由引理 4.2.2 知，存在 $\varepsilon>0$ 和 $\lambda>0$ 使得 $\gamma<\mathrm{Dim}_{\Lambda_\alpha(1+\varepsilon)(1-\lambda)}\mu$。由(1.2.24)式有，

$$\liminf_{r\to0} r^{-\gamma}\int_{\mathbb{R}^N}\min\left\{1,\frac{r^{\Lambda_\alpha(1+\varepsilon)(1-\lambda)}}{|s-t|^{\Lambda_\alpha(1+\varepsilon)(1-\lambda)}}\right\}\mu(\mathrm{d}t)=0 \text{ 对 } \mu-\text{a. a. } s\in\mathbb{R}^N。 \tag{4.3.36}$$

利用(4.3.30)，(4.3.35)和(4.3.36)式，可得

$$\mathbb{E}\liminf_{r\to0} r^{-\frac{\gamma}{\alpha_1(1+\varepsilon)}}F^{\mu_X}_{\frac{1}{\alpha_1}\Lambda_\alpha}(X(s),r)$$

$$\leqslant c\liminf_{r\to0} r^{-\frac{\gamma}{\alpha_1(1+\varepsilon)}}\int_{\mathbb{R}^N}\min\left\{1,\frac{r^{\Lambda_\alpha(1-\lambda)}}{|s-t|^{\Lambda_\alpha(1+\varepsilon)(1-\lambda)}}\right\}\mu(\mathrm{d}t)$$

$$=c\liminf_{\rho\to0}\rho^{-\gamma}\int_{\mathbb{R}^N}\min\left\{1,\frac{\rho^{\Lambda_\alpha(1+\varepsilon)(1-\lambda)}}{|s-t|^{\Lambda_\alpha(1+\varepsilon)(1-\lambda)}}\right\}\mu(\mathrm{d}t)$$

$$= 0, \tag{4.3.37}$$

其中第一个等式由变量替换公式可得。因此 $\dim_{\mathrm{H}}^{\tau}\mu_X \geqslant \frac{\gamma}{\alpha_1(1+\varepsilon)}$。又因为 $\gamma < \mathrm{Dim}_{\Lambda_\alpha}\mu$ 和 $\varepsilon > 0$ 都是任意给定的，所以 $\dim_{\mathrm{H}}^{\tau}\mu_X \geqslant \frac{1}{\alpha_1}\mathrm{Dim}_{\Lambda_\alpha}\mu$ a. s. 。故定理得证。

利用(1.2.27)式，可以获得与定理 4.3.3 相对应的像集的填充维数。

定理 4.3.4 设 $X = \{X(t), t \in \mathbb{R}^N\}$ 是满足条件(C1)和(C2)的指数为 α 的高斯随机场，则对任意的解析集 $E \subset \mathbb{R}^N$，有

$$\dim_{\mathrm{P}}^{\tau}X(E) = \frac{1}{\alpha_1}\mathrm{Dim}_{\Lambda_\alpha}E \quad \text{a. s.} \tag{4.3.38}$$

证明 先证明上界。因为 $\dim_{\mathrm{P}}^{\tau}$ 具有 σ-稳定性，不妨假设 E 是有界的。因此存在立体 I 使得 $E \subseteq I$。由定理 4.3.3 知，对任意的 $\mu \in \mathcal{M}_c^+(E)$，有 $\dim_{\mathrm{P}}^{\tau}\mu_X \leqslant \frac{1}{\alpha_1}\mathrm{Dim}_{\Lambda_\alpha}\mu$ a. s. 。因此由引理 4.3.2 和(1.2.27)式，可得

$$\begin{aligned}\dim_{\mathrm{P}}^{\tau}X(E) &= \sup\{\dim_{\mathrm{P}}^{\tau}\mu_X : \mu \in \mathcal{M}_c^+(E)\} \\ &\leqslant \frac{1}{\alpha_1}\sup\{\mathrm{Dim}_{\Lambda_\alpha}\mu : \mu \in \mathcal{M}_c^+(E)\} = \frac{1}{\alpha_1}\mathrm{Dim}_{\Lambda_\alpha}E.\end{aligned} \tag{4.3.39}$$

故上界得证。下面证明下界。对任意的 $\theta < \frac{1}{\alpha_1}\mathrm{Dim}_{\Lambda_\alpha}E$，存在 $\mu \in \mathcal{M}_c^+(E)$ 使得 $\alpha_1\theta < \mathrm{Dim}_{\Lambda_\alpha}\mu$。由定理 4.3.3 有 $\dim_{\mathrm{P}}^{\tau}\mu_X > \theta$ a. s. 。因此

$$\dim_{\mathrm{P}}^{\tau}X(E) = \sup\{\dim_{\mathrm{P}}^{\tau}\mu_X : \mu \in \mathcal{M}_c^+(E)\} > \theta \quad \text{a. s.}$$

又因为 θ 是任意常数，所以 $\dim_{\mathrm{P}}^{\tau}X(E) \geqslant \frac{1}{\alpha_1}\mathrm{Dim}_{\Lambda_\alpha}E$。这就证明了定理 4.3.4。

4.4 像集的一致维数结果

本节将考虑空间各向异性高斯随机场像集的一致维数结果。为此，我们进一步假设 X 满足下面的条件：

(C2′)存在常数 $c_{4,4,1} > 0$ 使得对所有 $i = 1, \cdots, d$，任意的整数 $n \geqslant 1$ 和所有的 $u, t^1, \cdots, t^n \in I$，有

$$\mathrm{Var}(X_i(u) \mid X_i(t^1), \cdots, X_i(t^n)) \geqslant c_{4,4,1}\min_{0\leqslant k\leqslant n}|u - t^k|^{2\alpha_i}. \tag{4.4.1}$$

注 4.4.1 条件(C2′)是众所周知的强局部不确定性条件。由条件

(C2′)可推得条件(C2)是成立的。因此 4.3 节的结论在条件(C1)和(C2′)下仍然成立。

下面定理是本节的主要结论，说明在度量 τ 下空间各向异性高斯场像集具有一致 Hausdorff 维数结果。

定理 4.4.2　设 $X=\{X(t),t=\mathbb{R}^N\}$ 是满足条件(C1)和(C2′)的指数为 α 的高斯随机场。如果 $N\leqslant\frac{1}{\alpha_1}\Lambda_\alpha$，则

$$\mathbb{P}\{\dim_{\mathrm{P}}^{\tau}X(E)=\frac{1}{\alpha_1}\dim_{\mathrm{H}}E\text{ 对任意的 Borel 集 }E\subseteq(0,+\infty)^N\}=1。\tag{4.4.2}$$

注 4.4.3　由 Hausdorff 维数的 σ 一稳定性，我们只需要证明对任意的紧集 $I\subseteq(0,+\infty)^N$，(4.4.2)对任意的 Borel 集 $E\subseteq I$ 成立。为方便起见，在本章剩下的部分假设 $I=[\varepsilon_0,1]^N,\varepsilon_0\in(0,1)$。

为了证明定理 4.4.2，需要如下的两个引理。

引理 4.4.4　当 $N\leqslant\frac{1}{\alpha_1}\Lambda_\alpha$ 时，设 $\delta>0$ 和 $\beta\in(2\alpha_1-\delta,2\alpha_1)$ 是两个给定的常数。则以概率 1，对任意充分大的整数 n，存在超过 $2^{n\delta\frac{1}{\alpha_1}\Lambda_\alpha}$ 个不同的点且这些点具有 $t^j=k^j4^{-n}\in I$ 的形式，其中 $k^j\in\{1,2,\cdots,4^n\}^N$，使得

$$\tau(X(t^i),X(t^j))<3\cdot 2^{-n\beta}\text{ 当 }i\neq j\text{ 时。}\tag{4.4.3}$$

证明　用 A_n 表示事件：存在超过 $2^{n\delta\frac{1}{\alpha_1}\Lambda_\alpha}$ 个不同的点且这些点具有 $t^j=k^j4^{-n}\in I$ 的形式使得(4.4.3)式成立。用 N_n 表示使得(4.4.3)式成立的不同点 $t^1,\cdots,t^n\in I$ 所构成的 n 元有序对的个数，即，

$$N_n=\underbrace{\sum_{t^1}\sum_{t^2}\cdots\sum_{t^n}}_{\text{互不相同}}\mathrm{I}_{\{\tau(X(t^i),X(t^j))<3\cdot 2^{-n\beta}\}}。\tag{4.4.4}$$

因为

$$A_n\subseteq\left\{N_n\geqslant\binom{[2^{n\delta\frac{1}{\alpha_1}\Lambda_\alpha}]+1}{n}\right\},$$

所以由 Markov 不等式有

$$\mathbb{P}(A_n)\leqslant\frac{E(N_n)}{\binom{[2^{n^{n\delta}\frac{1}{\alpha_1}\Lambda_\alpha}]+1}{n}}。\tag{4.4.5}$$

下面估计 $\mathbb{E}(N_n)$，由(4.4.4)式有，

$$\mathbb{E}(N_n)=\underbrace{\sum_{t^1}\sum_{t^2}\cdots\sum_{t^n}}_{\text{互不相同}}\mathbb{P}\{\tau(X(t^i),X(t^j))<3\cdot 2^{-n\beta},\forall i\neq j\leqslant n\}。\tag{4.4.6}$$

又因为 $X_1,\cdots,X_d$ 是相互独立的，所以

$$\begin{aligned}&\mathbb{P}\{\tau(X(t^i),X(t^j))<3\cdot 2^{-n\beta},\forall i\neq j\leqslant n\}\\&\leqslant\prod_{l=1}^{d}\mathbb{P}\{|X_l(t^i)-X_l(t^j)|<c\cdot 2^{-\frac{n\beta\alpha_l}{\alpha_1}},\forall i\neq j\leqslant n\}\end{aligned}\tag{4.4.7}$$

注意到 X 是满足条件(C2′)的，即局部不确定性。由此知存在常数 $c_{4,4,2}>0$ 使得对所有 $i=1,\cdots,d$，任意整数 $n\geqslant 1$ 和所有的 $u,t^1,k\cdots,t^n\in I$，

$$\mathrm{Var}(X_i(u)\mid X_i(t^1),\cdots,X_i(t^n))\geqslant c_{4,4,2}\Big(\sum_{l=1}^{d}\min_{1\leqslant k\leqslant n}|u_l-t_l^k|^2\Big)^{\alpha_i}。\tag{4.4.8}$$

下面的论证方式与 Wu 和 Xiao(2009)或 Khoshnevisan 等人(2006)类似，但是为了完整性，本章仍然给出详细证明。首先固定 $n-1$ 个不同的点 $t^1,\cdots,t^{n-1}$ 并计算下面形式的总和：

$$\sum_{t^n}\mathbb{P}\{\tau(X(t^i),X(t^j))<3\cdot 2^{-n\beta},\forall i\neq j\leqslant n\}。\tag{4.4.9}$$

当固定 $t^1,\cdots,t^{n-1}$ 时，则存在至多 $(n-1)^N$ 个点 ζ^u，并将其全体记为 $\Gamma_n=\{\zeta^u\}$。显然，$t^1,\cdots,t^{n-1}$ 都包含在 Γ_n 中。

由(4.4.7)，(4.4.8)式和条件概率公式可得

$$\begin{aligned}&\mathbb{P}\{\tau(X(t^i),X(t^j))<3\cdot 2^{-n\beta},\forall i\neq j\leqslant n\}\\&\leqslant\mathbb{P}\{\tau(X(t^i),X(t^j))<3\cdot 2^{-n\beta},\forall i\neq j\leqslant n-1\}\\&\quad\cdot\frac{c2^{-n\beta\frac{1}{\alpha_1}\Lambda_\alpha}}{c_{4,2,2}^{1/2}\big(\sum_{k=1}^{N}|t_k^n-\tau_k^{u_n}|^2\big)^{\frac{1}{2}\Lambda_\alpha}}。\end{aligned}\tag{4.4.10}$$

若 $t^n\in\Gamma_n$，则显然有

$$\begin{aligned}&\mathbb{P}\{\tau(X(t^i),X(t^j))<3\cdot 2^{-n\beta},\forall i\neq j\leqslant n\}\\&\leqslant\mathbb{P}\{\tau(X(t^i),X(t^j))<3\cdot 2^{-n\beta},\forall i\neq j\leqslant n-1\}。\end{aligned}\tag{4.4.11}$$

因此，由(4.4.10)和(4.4.11)式有

$$\begin{aligned}&\sum_{t^n}\mathbb{P}\{\tau(X(t^i),X(t^j))<3\cdot 2^{-n\beta},\forall i\neq j\leqslant n\}\\&\leqslant\mathbb{P}\{\tau(X(t^i),X(t^j))<3\cdot 2^{-n\beta},\forall i\neq j\leqslant n-1\}\\&\quad\cdot\left\{\sum_{t^n}\frac{c2^{-n\beta\frac{1}{\alpha_1}\Lambda_\alpha}}{\big(\sum_{k=1}^{N}|t_k^n-\tau_k^{u_n}|^2\big)^{\frac{1}{2}\Lambda_\alpha}}+(n-1)^N\right\}。\end{aligned}\tag{4.4.12}$$

注意到

$$\sum_{t^n}\frac{2^{-n\beta\frac{1}{\alpha_1}\Lambda_\alpha}}{\left(\sum_{k=1}^N|t_k^n-\tau_{k^n}^u|^2\right)^{\frac{1}{2}\Lambda_\alpha}}\leqslant\sum_{\zeta^u\in\Gamma_n}\sum_{t^n\neq\zeta^u}\frac{2^{-n\beta\frac{1}{\alpha_1}\Lambda_\alpha}}{\left(\sum_{k=1}^N|t_k^n-\tau_{k^n}^u|^2\right)^{\frac{1}{2}\Lambda_\alpha}}$$

$$\leqslant\sum_{\zeta^u\in\Gamma_n}2^{-n\beta\frac{1}{\alpha_1}\Lambda_\alpha}\sum_{t^n\neq\zeta^u}\frac{1}{\left(\sum_{k=1}^N|t_k^n-\tau_{k^n}^u|^2\right)^{\frac{1}{2}\Lambda_\alpha}}。\tag{4.4.13}$$

因为当 $N\leqslant\frac{1}{\alpha_1}\Lambda_\alpha$ 时，对所有固定的 ζ^u 有

$$\sum_{t^n\neq\zeta^u}\frac{1}{\left(\sum_{k=1}^N|t_k^n-\tau_{k^n}^u|^2\right)^{\frac{1}{2}\Lambda_\alpha}}\leqslant c2^{2n\Lambda_\alpha}n。\tag{4.4.14}$$

因此由(4.4.13)和(4.4.14)知，

$$\sum_{t^n}\frac{2^{-n\beta\frac{1}{\alpha_1}\Lambda_\alpha}}{\left(\sum_{k=1}^N|t_k^n-\tau_{k^n}^u|^2\right)^{\frac{1}{2}\Lambda_\alpha}}\leqslant c(n-1)^{N+1}2^{n(2\alpha_1-\beta)\frac{1}{\alpha_1}\Lambda_\alpha}。\tag{4.4.15}$$

联合(4.4.12)和(4.4.15)式，可得

$$\begin{aligned}&\sum_{t^n}\mathbb{P}\{\tau(X(t^i),X(t^j))<3\cdot2^{-n\beta},\forall i\neq j\leqslant n\}\\&\quad\leqslant\mathbb{P}\{\tau(X(t^i),X(t^j))<3\cdot2^{-n\beta},\forall i\neq j\leqslant n-1\}\\&\quad\cdot c(n-1)^{N+1}2^{n(2\alpha_1-\beta)\frac{1}{\alpha_1}\Lambda_\alpha}。\end{aligned}\tag{4.4.16}$$

如此重复下去，最后可得

$$\begin{aligned}&\underbrace{\sum_{t^1}\sum_{t^2}\cdots\sum_{t^n}}_{\text{互不相同}}\mathbb{P}\{\tau(X(t^i),X(t^j))<3\cdot2^{-n\beta},\forall i\neq j\leqslant n-1\}\\&\quad\leqslant c^n(n-1)^{n(N+1)}2^{n^2(2\alpha_1-\beta)\frac{1}{\alpha_1}\Lambda_\alpha},\end{aligned}\tag{4.4.17}$$

从而可推得

$$E(N_n)\leqslant c^n(n-1)^{n(N+1)}2^{n^2(2\alpha_1-\beta)\frac{1}{\alpha_1}\Lambda_\alpha}。\tag{4.4.18}$$

再由(4.4.5)和(4.4.18)式有

$$\mathbb{P}(A_n)\leqslant c^n(n-1)^{n(N+2)}2^{n^2(2\alpha_1-\beta-\delta)\frac{1}{\alpha_1}\Lambda_\alpha},\tag{4.4.19}$$

其中上式用到如下不等式：

$$\binom{[2^{n\delta\frac{1}{\alpha_1}\Lambda_\alpha}]+1}{n}\geqslant\left(\frac{[2^{n\delta\frac{1}{\alpha_1}\Lambda_\alpha}]+1}{n}\right)^n\geqslant\frac{2^{n^2\delta\frac{1}{\alpha_1}\Lambda_\alpha}}{n^n}。$$

因为 $0<2\alpha_1-\beta<\delta$，所以由(4.4.19)式立得 $\sum_{n=1}^{\infty}\mathbb{P}(A_n)<\infty$。因此由 Borel-Cantelli 引理可得 $\mathbb{P}(\bigcap_{n=1}^{\infty}\bigcup_{i=n}^{\infty}A_n)=0$。故引理证毕。

当 $n=1,2,\cdots,k=(k_1,\cdots,k_N)\in\{1,2,\cdots,4^n\}^N$ 时，定义

$$I_k^n=\{t\in I:(k_i-1)4^{-n}\leqslant t_i\leqslant k_i4^{-n}\text{ 对所有的 }i=1,\cdots,N\}。\tag{4.4.20}$$

引理 4.2.1 和引理 4.4.4 可推得下面的引理。

引理 4.4.5 设 $\delta>0$ 和 $2\alpha_1-\delta<\beta<2\alpha_1$ 是两个给定的常数。则以概率 1，对所有充分大的整数 n 和半径为 $2^{-n\beta}$ 的所有球 $B\subseteq\mathbb{R}^d$，$X^{-1}(B)$ 至多只能与 $2^{n\delta\frac{1}{\alpha_1}\Lambda_\alpha}$ 个矩形相交。

下面开始证明定理 4.4.2。

首先是上界的证明。显然

$$\mathbb{P}\left\{\dim_{\mathrm{H}}^{\tau}X(E)\leqslant\frac{1}{\alpha_1}\dim_{\mathrm{H}}E,\text{对任意的 Borel 集 }E\subseteq(0,+\infty)^N\right\}=1,\tag{4.4.21}$$

可由 X 的一致 Hölder 连续性（见引理 4.2.1）可得。

为了证明下界，只需证明以概率 1，对每个紧集 $F\subseteq\mathbb{R}^d$，有

$$\dim_{\mathrm{H}}\{t\in[\varepsilon_0,1]^N:X(t)\in F\}\leqslant\alpha_1\dim_{\mathrm{H}}^{\tau}F。\tag{4.4.22}$$

设 $\gamma=\dfrac{p}{\alpha_1}>\dim_{\mathrm{H}}^{\tau}F$ 固定的，同时选择并固定 $\varepsilon_0,\delta\in(0,1)$ 和 $0<\beta<1$ 使得 $2\alpha_1-\delta<\beta<2\alpha_1$。则由 Hausdorff 维数的定义，存在 τ-球列 $B_\tau(x^1,r_1)$，$B_\tau(x^2,r_2)$，… 可以覆盖 F，且

$$\sum_{n=1}^{\infty}r_n^{\gamma}<\infty。\tag{4.4.23}$$

利用引理 4.4.4 可得，除了一个零测度集外，对足够大的 n 有，$[\varepsilon_0,1]^N\cap X^{-1}(B_\tau(x_n,r_n))$ 是至多 $r_n^{-\frac{\delta}{\beta}\frac{1}{\alpha_1}\Lambda_\alpha}$ 个半径为 $r_n^{\frac{2}{\beta}}$ 的球的并集。令 $\alpha=\alpha_1\gamma+\dfrac{\delta\frac{1}{\alpha_1}\Lambda_\alpha}{2}$ 并联合(4.4.23)是可得

$$\sum_{n=1}^{\infty}r_n^{-\frac{\delta}{\beta}\frac{1}{\alpha_1}\Lambda_\alpha}r_n^{\frac{2\alpha}{\beta}}<\infty。\tag{4.4.24}$$

因此几乎必然有

$$\dim_{\mathrm{H}}X^{-1}(F\cap I)\leqslant\alpha_1\gamma+\frac{\delta\frac{1}{\alpha_1}\Lambda_\alpha}{2}。\tag{4.4.25}$$

又因为 $\delta>0$ 和 $\gamma>\dim_{\mathrm{H}}^{\tau}F$ 是任意给定的，当令 $\delta\downarrow 0,\gamma\downarrow\dim_{\mathrm{H}}^{\tau}F$ 时，(4.4.22)成立。这就证明了定理 4.4.2。

第 5 章　时空各向异性高斯随机场的碰撞概率和维数

5.1　引言

在第二章和第三章中研究的随机场是时间各向异性的，而在第四章中讨论的随机场是空间各向异性的。在本章中将建立一类时间和空间都是各向异性的高斯随场，然后研究与第二章类似的问题——碰撞概率，以及与第四章类似的问题——维数结果。由于本章所建立的随机场在时间和空间上都是各向异性的，相应的问题变得更复杂。至今，对于时间和空间各向异性随机场的碰撞概率和部分维数结果的结论还不多。为了克服时间和空间所带来的各向异性性，我们将在时间集和空间集分别引入不同的各向异性度量 ρ 和 τ，把随机场看成这两个新的度量空间之间的映射，从而得到该随机场相关的一系列结论。

对于维数结果方面，除了得到像集的 Hausdorff 维数和填充维数外，本章还考虑了逆向集的 Hausdorff 维数。而为了使研究这类问题有意义，只需保证其碰撞概率的下界大于 0 即可。对于逆向集的研究也受到许多学者的关注，如 Hawkes(1971) 和 Khoshnevisan 和 Xiao(2005) 采用 Lévy 过程的势理论和从属技巧来讨论 Lévy 过程的逆向集问题；Testard(1986) 和 Monrad 和 Pitt(1987) 讨论了分数布朗运动的逆向集问题。最近，Biermé 等人(2009)研究了时间各向异性高斯随机场的逆向集问题。

下面给出本章所要研究随机场的定义。先做一些符号说明。设 $H=(H_1,\cdots,H_N)\in(0,1)^N$ 和 $\alpha=(a_1,\cdots,a_d)\in(0,1]^d$ 是两个固定的向量。令 $Q=\sum_{j=1}^{N}\frac{1}{H_j}$，$\Lambda=\sum_{i=1}^{d}\alpha_i$。为了方便，令矩形 $I=[\varepsilon_0,1]^N$，其中 $0<\varepsilon_0<1$ 是一固定的常数。另外，本章也恒假设 $H_1\leqslant H_2\leqslant\cdots\leqslant H_N$ 和 $\alpha_1\leqslant\alpha_2\leqslant\cdots\leqslant\alpha_d$，注意这种假设是非本质的，仅仅只是处理上的方便。在参数空间 $\mathbb{R}^N$ 中，将使用如下的各向异性度量：

$$\rho(s,t)=\sum_{j=1}^{N}|s_j-t_j|^{H_j}。\qquad (5.1.1)$$

设 $X=\{X(t),t\in\mathbb{R}^N\}$ 是定义在概率空间$(\Omega,\mathcal{F},\mathbb{P})$上的零均值$(N,d)$-高斯随机场。即 X 是定义在概率空间$(\Omega,\mathcal{F},\mathbb{P})$上的 $\mathbb{R}^d$ 值高斯随机场,定义为

$$X(t)=(X_1(t),\cdots,X_d(t)),\qquad (5.1.1)$$

并满足 $\mathbb{E}X=0$ 和下面三个条件:

(C1)各个分量 $X_1,\cdots,X_d$ 是相互独立的。

(C2)存在正的常数 $c_{5,1,1}$,$c_{5,1,2}$ 和 $c_{5,1,3}$ 使得对所有的 $1\leqslant i\leqslant d$ 有

$$\mathbb{E}\,|X_i(t)|^2\geqslant c_{5,1,1},\ \forall t\in I$$

和

$$c_{5,1,2}\rho(s,t)^{2\alpha_i}\leqslant\mathbb{E}\,(X_i(t)-X_i(s))^2\leqslant c_{5,1,3}\rho(s,t)^{2\alpha_i},\ \forall s,t\in I\qquad (5.1.2)$$

成立。

(C3)存在常数 $c_{5,1,4}>0$ 使得对任意的 $s,t\in I$ 和所有的 $1\leqslant i\leqslant d$ 有

$$\mathrm{Var}(X_i(t)\mid X_i(s))\geqslant c_{5,1,4}\rho(s,t)^{2\alpha_i}\qquad (5.1.3)$$

注 5.1.1 在条件(C2)下,X 在 I 上有一个样本轨道是连续的版本。因此本章总假设 X 具有连续的样本轨道。

本章考虑满足上述条件的高斯随机场的碰撞概率和维数问题。当 $\alpha_1=\cdots=\alpha_d=1$ 时,这类问题已经在 Xiao(2009)和 Biermé 等人(2009)的文中得到研究。而当 $H_1=\cdots=H_N$ 时,Xiao(1995),Cuzick(1987),Adler(1981),Monrad 和 Pitt(1978)等等研究了对应的维数问题。本章所采用的方法就是有效地结合研究时间各向异性随机场和空间各向异性随机场的研究方法。

本章内容取自 Ni 和 Chen(2018),其将按如下方式组织。第 2 节中获得了随机场 X 的碰撞概率,该结论推广了 Xiao(2009)的结果。在第 3 节中,对任意的 Borel 集,我们得到了像集 $X(E)$ 和逆向集 $X^{-1}(E)$ 在度量 ρ 和 τ 下的 Hausdorff 维数。因为闭区间的结构相对简单些,所以在最后一节,给出了像集 $X([0,1]^N)$,图集 $\mathrm{Gr}([0,1]^N)$ 和水平集 $X^{-1}(x)$ 在欧氏度量下的 Hausdorff 维数结果。

5.2 碰撞概率

本节主要研究如(5.1.1)式所定义的时空各向异性高斯随机场的碰撞概率。首先对一些符号进行说明,并给出几个引理,然后给出本节的主要结论一定理 5.2.5 并给予证明。

为了研究时空各向异性高斯随机场的碰撞概率和维数结果,将在 $\mathbb{R}^d$ 空间上引入度量 τ 来克服空间变量所带来的各向异性性,定义如下:

$$\tau(x,y)=\sum_{i=1}^{d}|x_i-y_i|^{\frac{\alpha_1}{\alpha_i}},$$

其中 $x=(x_1,\cdots,x_d),y=(y_1,\cdots,y_d)\in\mathbb{R}^d$。

由§1.2 的第三部分,在度量空间 $(\mathbb{R}^d,\tau)$ 上可以定义 β-维 Hausdorff 测度($\beta>0$)和 Hausdorff 维数,分别记为 $\mathcal{H}_\beta^\tau$ 和 $\dim_{\mathrm{H}}^\tau$。还可以定义在度量 τ 下牛顿 β-势和牛顿 β-容度,分别记为 $\mathcal{E}_\beta^\tau$ 和 C_β^τ。同理可以定义在度量空间 $(\mathbb{R}^N,\rho)$ 上对应的 β-维 Hausdorff 测度($\beta>0$)、Hausdorff 维数、在度量 ρ 下牛顿 β-势和牛顿 β-容度,分别记为 $\mathcal{H}_\beta^\rho$、$\dim_{\mathrm{H}}^\rho$、$\mathcal{E}_\beta^\rho$ 和 C_β^ρ。

为了证明关键性引理 5.2.3,需要用到下面两个引理。

引理 5.2.1　设 d 是一个正整数,$\beta\geqslant1$,以及对所有的 $1\leqslant i\leqslant d$ 有 $a_i\geqslant0$,则存在一个不依赖于 $a_i(1\leqslant i\leqslant d)$ 的正整数 $c_{5,2,1}$ 使得

$$\sum_{i=1}^{d}a_i^\beta\geqslant c_{5,2,1}\Big(\sum_{i=1}^{d}a_i\Big)^\beta。\tag{5.2.1}$$

证明　通过基本的方法可以证明结论对 $d=2$ 是成立的。对于一般的情况由数学归纳法可证。

引理 5.2.2　设 d 是一个正整数,$\beta\geqslant1,1\leqslant\beta_1\leqslant\beta_2\leqslant\cdots\leqslant\beta_d<\infty$,以及对所有的 $1\leqslant i\leqslant d$,有 $a_i\geqslant0$。则

(i)如果对所有的 $1\leqslant i\leqslant d$,有 $a_i\leqslant1$,则存在一个不依赖于 $a_i(1\leqslant i\leqslant d)$ 的正常数 $c_{5,2,2}$ 使得

$$\sum_{i=1}^{d}a_i^{\beta_i}\geqslant c_{5,2,2}\Big(\sum_{i=1}^{d}a_i\Big)^{\beta_d}。\tag{5.2.2}$$

(ii)如果至少存在一个 $i\in\{1,2,\cdots,d\}$ 使得 $a_i\geqslant1$,则存在一个不依赖于 $a_i(1\leqslant i\leqslant d)$ 的正常数 $c_{5,2,3}$ 使得

$$\sum_{i=1}^{d}a_i^{\beta_i}\geqslant c_{5,2,3}\Big(\sum_{i=1}^{d}a_i\Big)^{\beta_1}。\tag{5.2.3}$$

证明 (i)因为 $1 \leqslant \beta_1 \leqslant \beta_2 \leqslant \cdots \leqslant \beta_d$，以及对所有的 $1 \leqslant i \leqslant d$ 有 $a_i \leqslant 1$，所以存在正的常数 $c_{5,2,2}$ 使得

$$\sum_{i=1}^{d} a_i^{\beta_i} \geqslant \sum_{i=1}^{d} a_i^{\beta_d} \geqslant c_{5,2,2}\Big(\sum_{i=1}^{d} a_i\Big)^{\beta_d}, \tag{5.2.4}$$

其中最后一个不等式由引理 5.2.1 可得。

(ii)分两种情形进行讨论。

情形 1 如果对所有的 $1 \leqslant i \leqslant d$ 有 $a_i \geqslant 1$，则利用引理 5.2.1 和 $1 \leqslant \beta_1 \leqslant \beta_2 \leqslant \cdots \leqslant \beta_d$ 可得，存在正常数 c 使得

$$\sum_{i=1}^{d} a_i^{\beta_i} \geqslant \sum_{i=1}^{d} a_i^{\beta_1} \geqslant c\Big(\sum_{i=1}^{d} a_i\Big)^{\beta_1}。 \tag{5.2.5}$$

情形 2 如果恰好存在 $\{1,2,\cdots,d\}$ 中的 $p(1 \leqslant p < d)$ 个数 $k_1,\cdots,k_p$ 使得 $a_{k_i} \geqslant 1(1 \leqslant i \leqslant p)$，则存在 $\{1,\cdots,d\}$ 上的一个置换 σ 使得 $\sigma(i) = k_i(1 \leqslant i \leqslant p)$。令 $\beta^* = \min\{\beta_{\sigma(1)},\cdots,\beta_{\sigma(p)}\}$。由引理 5.2.1 有

$$\begin{aligned}\sum_{i=1}^{d} a_i^{\beta_i} = \sum_{i=1}^{d} a_{\sigma(i)}^{\beta_{\sigma(i)}} &= \sum_{i=1}^{p} a_{\sigma(i)}^{\beta_{\sigma(i)}} + \sum_{i=p+1}^{d} a_{\sigma(i)}^{\beta_{\sigma(i)}} \geqslant c\Big(\sum_{i=1}^{p} a_{\sigma(i)}\Big)^{\beta^*} + \sum_{i=p+1}^{d} a_{\sigma(i)}^{\beta_{\sigma(i)}} \\ &\geqslant c\Big(\sum_{i=1}^{p} a_{\sigma(i)}\Big)^{\beta_1} + \sum_{i=p+1}^{d} a_{\sigma(i)}^{\beta_{\sigma(i)}},\end{aligned} \tag{5.2.6}$$

其中最后一个不等式由 $\beta_1 = \min\{\beta^*,\beta_{\sigma(p+1)},\cdots,\beta_{\sigma(d)}\}$ 和 $\sum_{i=1}^{p} a_{\sigma(i)} > 1$ 可得。

现在用 $\Big(\sum_{i=1}^{d} a_i\Big)^{\beta_1}$ 去除(5.2.6)式的两边有，

$$\frac{\sum_{i=1}^{d} a_i^{\beta_i}}{\Big(\sum_{i=1}^{d} a_i\Big)^{\beta_1}} \geqslant \frac{c\Big(\sum_{i=1}^{p} a_{\sigma(i)}\Big)^{\beta_1}}{\Big(\sum_{i=1}^{p} a_{\sigma(i)} + \sum_{i=p+1}^{d} a_{\sigma(i)}\Big)^{\beta_1}} + \frac{\sum_{i=p+1}^{d} a_{\sigma(i)}^{\beta_{\sigma(i)}}}{\Big(\sum_{i=1}^{d} a_i\Big)^{\beta_1}} \geqslant c\left[1 + \frac{\sum_{i=p+1}^{d} a_{\sigma(i)}}{\sum_{i=1}^{p} a_{\sigma(i)}}\right]^{-\beta_1} \geqslant c_{5,2,3}, \tag{5.2.7}$$

其中第二个不等式由 $\dfrac{\sum_{i=p+1}^{d} a_{\sigma(i)}^{\beta_{\sigma(i)}}}{\Big(\sum_{i=1}^{d} a_i\Big)^{\beta_1}} \geqslant 0$ 可得，最后一个不等式是因为所有 $a_{\sigma(i)} \leqslant 1(i = p+1,\cdots,d)$ 和 $\sum_{i=1}^{d} a_i > 1$。联合(5.2.6)和(5.2.7})式，可得 $\sum_{i=1}^{d} a_i^{\beta_i} \geqslant c\Big(\sum_{i=1}^{d} a_i\Big)^{\beta_1}$。这就完成引理 5.2.2 的证明。

下面是本节的两个关键性引理。它们的证明方法是基于 Biermé 等人(2009)的论证方法。

引理 5.2.3 设 $X = \{X(t), t \in \mathbb{R}^N\}$ 是一个 $\mathbb{R}^d$ 值高斯随机场，且满足条件(C1)—(C3)，则存在常数 $c_{5,2,4} > 0$ 使得对任意的 $x, y \in \mathbb{R}^d$，$s,t \in$

I，有

$$\int_{\mathbb{R}^{2d}} e^{-\mathrm{i}(\langle \xi,x\rangle+\langle \eta,y\rangle)} \exp\left\{-\frac{1}{2}(\xi,\eta)\Gamma_n(s,t)(\xi,\eta)'\right\}\mathrm{d}\xi\mathrm{d}\eta \leqslant \frac{c_{5,2,4}}{\max\{\rho(s,t)^{\alpha_1},\tau(x,y)\}^{\frac{\Delta}{\alpha_1}}}, \tag{5.2.8}$$

其中 $\Gamma_n(s,t)=\frac{1}{n}I_{2d}+\mathrm{Cov}(X(s),X(t))$。

证明　因为 $X_1,\cdots,X_d$ 是相互独立的，所以

$$\begin{aligned}&\int_{\mathbb{R}^{2d}} e^{-\mathrm{i}(\langle \xi,x\rangle+\langle \eta,y\rangle)} \exp\left\{-\frac{1}{2}(\xi,\eta)\Gamma_n(s,t)(\xi,\eta)'\right\}\mathrm{d}\xi\mathrm{d}\eta\\ &=\prod_{i=1}^{d}\left(\int_{\mathbb{R}^2} e^{-\mathrm{i}\langle(\xi_i,\eta_i),(x_i,y_i)\rangle} \exp\left\{-\frac{1}{2}(\xi_i,\eta_i)\Phi_{ni}(s,t)(\xi_i,\eta_i)'\right\}\mathrm{d}\xi_i\mathrm{d}\eta_i\right),\end{aligned} \tag{5.2.9}$$

其中 $\Phi_{ni}(s,t)=\frac{1}{n}I_2+\mathrm{Cov}(X_i(s),X_i(t))$。又因为 $\Phi_{ni}(s,t)$ 是正定的，所以

$$\begin{aligned}&\int_{\mathbb{R}^2} e^{-\mathrm{i}\langle(\xi_i,\eta_i),(x_i,y_i)\rangle} \exp\left\{-\frac{1}{2}(\xi_i,\eta_i)\Phi_{ni}(s,t)(\xi_i,\eta_i)'\right\}\mathrm{d}\xi_i\mathrm{d}\eta_i\\ &=\frac{2\pi}{\sqrt{\det(\Phi_{ni}(s,t))}}\exp\left\{-\frac{1}{2}(x_i,y_i)\Phi_{ni}^{-1}(s,t)(x_i,y_i)'\right\}\end{aligned} \tag{5.2.10}$$

其中 $\det(\Phi_{ni}(s,t))$ 表示 $\Phi_{ni}(s,t)$ 的行列式。注意到

$$(x_i,y_i)\Phi_{ni}^{-1}(s,t)(x_i,y_i)' \geqslant \frac{1}{\det(\Phi_{ni}(s,t))}\mathbb{E}(x_iX_i(t)-y_iX_i(s))^2, \tag{5.2.11}$$

并利用条件(C2)，(C3)，以及 Biermé 等人(2009) 对其文中(3.12)式的讨论方法，可得对任意的 $s,t\in I$ 和 $x_i,y_i\in\mathbb{R}$，有

$$\mathbb{E}(x_iX_i(s)-y_iX_i(t))^2 \geqslant c(x_i-y_i)^2, \tag{5.2.12}$$

其中 c 是一仅依赖于 I 的正常数。

联合(5.2.9)—(5.2.12)式有

$$\begin{aligned}&\int_{\mathbb{R}^{2d}} e^{-i(\langle \xi,x\rangle+\langle \eta,y\rangle)} \exp\left\{-\frac{1}{2}(\xi,\eta)\Gamma_n(s,t)(\xi,\eta)'\right\}\mathrm{d}\xi\mathrm{d}\eta\\ &\leqslant \frac{(2\pi)^d}{\prod_{i=1}^{d}(\det(\Phi_{ni}(s,t)))^{1/2}}\exp\left\{-\frac{c}{2}\sum_{i=1}^{d}\frac{|x_i-y_i|^2}{\det(\Phi_{ni}(s,t))}\right\}。\end{aligned} \tag{5.2.13}$$

利用条件 (C3) 和不等式 $\det(A+B)\geqslant\det(B)$ (这里 A 和 B 是两个正定矩阵)，可得

$$\det(\Phi_{ni}(s,t))\geqslant\det(\mathrm{Cov}(X_i(s),X_i(t)))\geqslant c\rho(s,t)^{2\alpha_i}。 \tag{5.2.14}$$

当对所有的 $i\in\{1,2,\cdots,d\}$ 有 $a_i\geqslant 0$ 时，不等式 $\sum_{i=1}^{d}a_i^2\geqslant c(\sum_{i=1}^{d}a_i)^2$ 显然成立，从而有

$$\sum_{i=1}^{d}\frac{|x_i-y_i|^2}{\det(\Phi_{ni}(s,t))}=\sum_{i=1}^{d}\left[\frac{|x_i-y_i|^{\frac{\alpha_1}{\alpha_i}}}{\det(\Phi_{ni}(s,t))^{\frac{\alpha_1}{2\alpha_i}}}\right]^{\frac{2\alpha_i}{\alpha_1}}$$

$$\geqslant c\left[\sum_{i=1}^{d}\left[\frac{|x_i-y_i|^{\frac{\alpha_1}{\alpha_i}}}{\det(\Phi_{ni}(s,t))^{\frac{\alpha_1}{2\alpha_i}}}\right]^{\frac{\alpha_i}{\alpha_1}}\right]^2。\qquad(5.2.15)$$

下面分 3 种情况讨论：

情形 1　$\rho(s,t)^{\alpha_1}\leqslant\tau(x,y)$ 且对所有的 $1\leqslant i\leqslant d$，有 $|x_i-y_i|\leqslant\det(\Phi_{ni}(s,t))^{\frac{1}{2}}$。

由(5.2.15)式和引理 5.2.3 的第一部分有

$$\sum_{i=1}^{d}\frac{|x_i-y_i|^2}{\det(\Phi_{ni}(s,t))}\geqslant c\left[\sum_{i=1}^{d}\frac{|x_i-y_i|^{\frac{\alpha_1}{\alpha_i}}}{\det(\Phi_{ni}(s,t))^{\frac{\alpha_1}{2\alpha_i}}}\right]^{\frac{2\alpha_d}{\alpha_1}}。\qquad(5.2.16)$$

因此由不等式 $x^{\frac{\Lambda}{2\alpha_d}}e^{-cx}\leqslant c(\forall x>0)$，可得(5.2.13)式的右边表达式是小于或等于

$$\frac{c}{\prod_{i=1}^{d}(\det(\Phi_{ni}(s,t)))^{1/2}}\exp\left\{-c\left[\sum_{i=1}^{d}\frac{|x_i-y_i|^{\frac{\alpha_1}{\alpha_i}}}{\det(\Phi_{ni}(s,t))^{\frac{\alpha_1}{2\alpha_i}}}\right]^{\frac{2\alpha_d}{\alpha_1}}\right\}$$

$$\leqslant\frac{c}{\prod_{i=1}^{d}(\det(\Phi_{ni}(s,t)))^{1/2}}\left[\sum_{i=1}^{d}\frac{|x_i-y_i|^{\frac{\alpha_1}{\alpha_i}}}{\det(\Phi_{ni}(s,t))^{\frac{\alpha_1}{2\alpha_i}}}\right]^{-\frac{\Lambda}{\alpha_1}}。\qquad(5.2.17)$$

从而利用(5.2.14)式，可得(5.2.17)式的右边表达式小于或等于

$$\frac{c}{\rho(s,t)^{\Lambda}}\left(\sum_{i=1}^{d}\frac{|x_i-y_i|^{\frac{\alpha_1}{\alpha_i}}}{\rho(s,t)^{\alpha_1}}\right)^{-\frac{\Lambda}{\alpha_1}}\leqslant c\tau(x,y)^{-\frac{\Lambda}{\alpha_1}}。\qquad(5.2.18)$$

故由(5.2.13)、(5.2.17)和(5.2.18)式，可得

$$\int_{\mathbb{R}^{2d}}e^{-i(\langle\xi,x\rangle+\langle\eta,y\rangle)}\exp\left\{-\frac{1}{2}(\xi,\eta)\Gamma_n(s,t)(\xi,\eta)'\right\}\mathrm{d}\xi\mathrm{d}\eta\leqslant c\tau(x,y)^{-\frac{\Lambda}{\alpha_1}}。\qquad(5.2.19)$$

情形 2　$\rho(s,t)^{\alpha_1}\leqslant\tau(x,y)$ 且至少存在一个 $i\in\{1,2,\cdots,d\}$ 使得 $|x_i-y_i|>\det(\Phi(s,t))^{\frac{1}{2}}$。

由(5.2.15)式和引理 5.2.3 的第二部分有

$$\sum_{i=1}^{d}\frac{|x_i-y_i|^2}{\det(\Phi_{ni}(s,t))}\geqslant c\left[\sum_{i=1}^{d}\frac{|x_i-y_i|^{\frac{\alpha_1}{\alpha_i}}}{\det(\Phi_{ni}(s,t))^{\frac{\alpha_1}{2\alpha_i}}}\right]^2。\qquad(5.2.20)$$

因此由不等式 $x^{\frac{\Delta}{2\alpha_1}}e^{-cx} \leqslant c(\forall x > 0)$，可得(5.2.13)式的右边表达式是小于或等于

$$\frac{c}{\prod_{i=1}^{d}(\det(\Phi_{ni}(s,t)))^{1/2}}\exp\left\{-c\left[\sum_{i=1}^{d}\frac{|x_i-y_i|^{\frac{\alpha_1}{\alpha_i}}}{\det(\Phi_{ni}(s,t))^{\frac{\alpha_1}{2\alpha_i}}}\right]^2\right\}$$

$$\leqslant \frac{c}{\prod_{i=1}^{d}(\det(\Phi_{ni}(s,t)))^{1/2}}\left[\sum_{i=1}^{d}\frac{|x_i-y_i|^{\frac{\alpha_1}{\alpha_i}}}{\det(\Phi_{ni}(s,t))^{\frac{\alpha_1}{2\alpha_i}}}\right]^{-\frac{\Delta}{\alpha_1}}。 \quad (5.2.21)$$

从而利用(5.2.14)式，可得(5.2.21)式的右边表达式小于或等于

$$\frac{c}{\rho(s,t)^{\Delta}}\left(\sum_{i=1}^{d}\frac{|x_i-y_i|^{\frac{\alpha_1}{\alpha_i}}}{\rho(s,t)^{\alpha_1}}\right)^{-\frac{\Delta}{\alpha_1}} \leqslant c\tau(x,y)^{-\frac{\Delta}{\alpha_1}}。 \quad (5.2.22)$$

故由(5.2.13)、(5.2.21)和(5.2.22)式，可得

$$\int_{\mathbb{R}^{2d}} e^{-\mathrm{i}(\langle\xi,x\rangle+\langle\eta,y\rangle)}\exp\left\{-\frac{1}{2}(\xi,\eta)\Gamma_n(s,t)(\xi,\eta)'\right\}\mathrm{d}\xi\mathrm{d}\eta \leqslant c\tau(x,y)^{-\frac{\Delta}{\alpha_1}}。 \quad (5.2.23)$$

情形 3 $\rho(s,t)^{\alpha_1} > \tau(x,y)$。

显然(5.2.13)式的右边表达式是小于或等于

$$\frac{c}{\prod_{i=1}^{d}(\det(\Phi_{ni}(s,t)))^{1/2}}。 \quad (5.2.24)$$

再次利用(5.2.14)式，可得(5.2.24)式小于或等于

$$\frac{c}{\rho(s,t)^{\Delta}}。 \quad (5.2.25)$$

因此由(5.2.13)、(5.2.24)和(5.2.25)式有

$$\int_{\mathbb{R}^{2d}} e^{-\mathrm{i}(\langle\xi,x\rangle+\langle\eta,y\rangle)}\exp\left\{-\frac{1}{2}(\xi,\eta)\Gamma_n(s,t)(\xi,\eta)'\right\}\mathrm{d}\xi\mathrm{d}\eta \leqslant \frac{c}{\rho(s,t))^{\Delta}}。 \quad (5.2.26)$$

联合(5.2.19)、(5.2.23)和(5.2.26)式，可得

$$\int_{\mathbb{R}^{2d}} e^{-\mathrm{i}(\langle\xi,x\rangle+\langle\eta,y\rangle)}\exp\left\{-\frac{1}{2}(\xi,\eta)\Gamma_n(s,t)(\xi,\eta)'\right\}\mathrm{d}\xi\mathrm{d}\eta \leqslant \frac{c}{\max\{(\rho(s,t)^{\alpha_1},\tau(x,y)\}^{\frac{\Delta}{\alpha_1}}}。 \quad (5.2.27)$$

这就完成了引理 5.2.3 的证明。

下面引理是 Biermé 等人(2009) 引理 3.1 的推广。

引理 5.2.4 设 $X=\{X(t),t\in\mathbb{R}^N\}$ 是一个 $\mathbb{R}^d$ 值高斯随机场，且满足条件(C1)—(C3)，则对任意的 $M>0$，存在正常数 $c_{5,2,5}$ 和 δ_0 使得对任意

的 $r \in (0,\delta_0)$，$s \in I$ 和 $x \in [-M,M]^d$，有

$$\mathbb{P}\left\{\inf_{t\in B_\rho(s,r^{\frac{1}{\alpha_1}})\cap I} \tau(X(t),x) < r\right\} \leqslant c_{5,2,5} r^{\sum_{i=1}^{d}\frac{\alpha_i}{\alpha_1}}。\tag{5.2.28}$$

证明 因为 X 的各个分量过程是相互独立的，而且

$$\left\{\inf_{t\in B_\rho(s,r^{\frac{1}{\alpha_1}})\cap I} \tau(X(t),x) < r\right\} \subseteq \bigcap_{i=1}^{d}\left\{\inf_{t\in B_\rho(s,r^{\frac{1}{\alpha_1}})\cap I} |X_i(t)-x_i| < r^{\frac{\alpha_i}{\alpha_1}}\right\},$$

所以只需估计事件 $\left\{\inf_{t\in B_\rho(s,r^{\frac{1}{\alpha_1}})\cap I} |X_i(t)-x_i| < r^{\frac{\alpha_i}{\alpha_1}}\right\}$ $(i=1,\cdots,d)$ 的概率。

由高斯分布的条件期望公式有

$$\mathbb{E}(X_i(t) \mid X_i(s)) = \frac{\mathbb{E}(X_i(s)X_i(t))}{\mathbb{E}(X_i(s))^2} X_i(s) := c_i(s,t)X_i(s)。\tag{5.2.29}$$

注意到对任意的 $t \in I$，高斯随机变量 $X_i(t) - c_i(s,t)X_i(s)$ 和 $X_i(s)$ 是相互独立的，从而利用三角不等式，可推得

$$\begin{aligned}
&\mathbb{P}\left\{\inf_{t\in B_\rho(s,r^{\frac{1}{\alpha}})\cap I} |X_i(t)-x_i| < r^{\frac{\alpha_i}{\alpha_1}}\right\} \\
\leqslant\ &\mathbb{P}\left\{\inf_{t\in B_\rho(s,r^{\frac{1}{\alpha}})\cap I} |c_i(s,t)(X_i(s)-x_i)| < 2r^{\frac{\alpha_i}{\alpha_1}}\right\} \\
&+\mathbb{P}\left\{2Z_0(s,r) > \inf_{t\in B_\rho(s,r^{\frac{1}{\alpha_1}})\cap I} |c_i(s,t)(X_i(s)-x_i)|\right\},
\end{aligned}\tag{5.2.30}$$

其中 $Z_i(s,r) = \sup_{t\in B_\rho(s,r^{\frac{1}{\alpha_1}})\cap I} |X_i(t)-x_i-c_i(s,t)(X_i(s)-x_i)|$。由条件(C2)和 Cauchy-chwarz 不等式有

$$|1-c_i(s,t)| = \frac{|\mathbb{E}(X_i(s)(X_i(s)-X_i(t)))|}{\mathbb{E}(X_i(s))^2} \leqslant c\rho(s,t)^{2\alpha_i}。\tag{5.2.31}$$

因此从(5.2.31)式可推得，存在正的常数 δ_0 使得对任意的 $r \in (0,\delta_0)$ 和 $t \in B_\rho(s,r^{\frac{1}{\alpha_1}}) \cap I$，有 $1/2 \leqslant c_i(s,t) \leqslant 3/2$。再利用零均值高斯场的单峰性可得

$$\begin{aligned}
&\mathbb{P}\left\{\inf_{t\in B_\rho(s,r^{\frac{1}{\alpha_1}})\cap I} |c_i(s,t)(X_i(s)-x_i)| < 2r^{\frac{\alpha_i}{\alpha_1}}\right\} \\
\leqslant\ &\mathbb{P}\left\{|(X_i(s)-x_i)| < 4r^{\frac{\alpha_i}{\alpha_1}}\right\}
\end{aligned}$$

$$\leqslant \mathbb{P}\{|X_i(s)| < 4r^{\frac{\alpha_i}{\alpha_1}}\} \leqslant cr^{\frac{\alpha_i}{\alpha_1}} \tag{5.2.32}$$

由于 $Z_i(s,r)$ 和 $c_i(s,t)X_i(s)$ 是相互独立的，所以由(5.2.30)式可得

$$\mathbb{P}\{2Z_i(s,r) > \inf_{t\in B_\rho(s,r^{\frac{1}{\alpha_1}})\cap I} |c_i(s,t)(X_i(s)-x_i)|\}$$

$$\leqslant \int_0^\infty \mathbb{P}\{|(X_i(s)-x_i)| < 4y \mid Z_i(s,r)=y\}\mathbb{P}\{Z_i(s,r)\in \mathrm{d}y\}$$

$$\leqslant c\int_0^\infty y\mathbb{P}\{Z_i(s,r)\in \mathrm{d}y\}$$

$$\leqslant c\mathbb{E}(Z_i(s,r))。 \tag{5.2.33}$$

下面估计 $\mathbb{E}(Z_i(s,r))$。令 $Y_i(t)=X_i(t)-x_i-c_i(s,t)(X_i(s)-x_i)$，$t\in B_\rho(s,r^{\frac{1}{\alpha_1}})\cap I$，则 $Y_i(t)$ 是一高斯场且 $Y_i(s)=0$。可定义 $Y_i(t)$ 的标准度量 $d(t,t')=(\mathbb{E}(Y_i(t)-Y_i(t'))^2)^{1/2}$，$\forall t,t'\in B_\rho(s,r^{\frac{1}{\alpha_1}})\cap I$。记 $D=\sup_{t,t'\in B_\rho(s,r^{\frac{1}{\alpha_1}})\cap I} d(t,t')$。在经过基本的计算后可得到

$$d(t,t')\leqslant c\rho(t,t')^{\alpha_i}\leqslant cr^{\frac{\alpha_i}{\alpha_1}} < cr^{\alpha_i}$$

和

$$N_d(B_\rho(s,r^{\frac{1}{\alpha_1}})\cap I,\theta)\leqslant c\left(\frac{r^{\frac{1}{\alpha_1}}}{\theta^{\frac{1}{\alpha_i}}}\right)^Q,$$

其中 $N_d(B_\rho(s,r^{\frac{1}{\alpha_1}})\cap I,\theta)$ 是 $B_\rho(s,r^{\frac{1}{\alpha_1}})\cap I$ 的度量熵。

利用 Dudley 定理有

$$\mathbb{E}(Z_i(s,r))\leqslant c\int_0^D \sqrt{\log N_d(B_\rho(s,r^{\frac{1}{\alpha_1}})\cap I,\theta)}\,\mathrm{d}\theta$$

$$\leqslant c\int_0^{cr^{\frac{\alpha_i}{\alpha_1}}} \sqrt{Q\log\left(\frac{cr^{\frac{1}{\alpha_1}}}{\theta^{\frac{1}{\alpha_i}}}\right)}\,\mathrm{d}\theta$$

$$= c\int_0^{cr^{\frac{1}{\alpha_1}}} \sqrt{\log\left(\frac{cr^{\frac{1}{\alpha_1}}}{u}\right)}\,\mathrm{d}u^{\alpha_i}, \tag{5.2.34}$$

其中最后一个不等式由变量替换可得。现将上式中最后一个积分划分成两部分，则

$$E(Z_i(s,r))\leqslant c\left(\int_0^{\frac{cr^{\frac{1}{\alpha_1}}}{2}} \sqrt{\log\left(\frac{cr^{\frac{1}{\alpha_1}}}{u}\right)}\,\mathrm{d}u^{\alpha_i} + \int_{\frac{cr^{\frac{1}{\alpha_1}}}{2}}^{cr^{\frac{1}{\alpha_1}}} \sqrt{\log\left(\frac{cr^{\frac{1}{\alpha_1}}}{u}\right)}\,\mathrm{d}u^{\alpha_i}\right)$$

$$:=c(K_1+K_2)。 \tag{5.2.35}$$

首先估计 K_2。显然有

$$K_2 = \int_{\frac{cr^{\frac{1}{\alpha_1}}}{2}}^{cr^{\frac{1}{\alpha_1}}} \sqrt{\log\left(\frac{cr^{\frac{1}{\alpha_1}}}{u}\right)} \mathrm{d}u^{\alpha_i} \leqslant cr^{\frac{\alpha_i}{\alpha_1}} \tag{5.2.36}$$

下面估计 K_1。利用分部积分公式和变量替换，可得

$$K_1 = \int_0^{\frac{cr^{\frac{1}{\alpha_1}}}{2}} \sqrt{\log\left(\frac{cr^{\frac{1}{\alpha_1}}}{u}\right)} \mathrm{d}u^{\alpha_i} = cr^{\frac{\alpha_i}{\alpha_1}} + cr\int_0^{\frac{cr^{\frac{1}{\alpha_1}}}{2}} \frac{1}{u\sqrt{\log\left(\frac{cr^{\frac{1}{\alpha_1}}}{u}\right)}} \mathrm{d}u \leqslant cr^{\frac{\alpha_i}{\alpha_1}} \tag{5.2.37}$$

由(5.2.34)—(5.2.37)有

$$\mathbb{E}\left(Z_i(s,r)\right) \leqslant cr^{\frac{\alpha_i}{\alpha_1}} \tag{5.2.38}$$

联合(5.2.30)，(5.2.32)，(5.2.33)和(5.2.38)式，可得

$$\mathbb{P}\left\{\inf_{t\in B_p(s,r^{\frac{1}{\alpha_1}})\cap I} |X_i(t) - x_i| < cr^{\frac{\alpha_i}{\alpha_1}}\right\} \leqslant r^{\frac{\alpha_i}{\alpha_1}} \tag{5.2.39}$$

由于 X 的各个分量过程是相互独立的，所以(5.2.32)式成立。引理 5.2.4 得证。

下面的定理是本章的主要结论，该结论给出了时空各向异性高斯场碰撞概率的上下界，其中上下界分别由度量 τ 下的 Hausdorff 测度和容度表示。

定理 5.2.5 设 $X=\{X(t),t\in\mathbb{R}^N\}$ 是一个 $\mathbb{R}^d$ 值高斯随机场，且满足条件(C1)—(C3)。当 $\Lambda > Q, M > 0$ 时，则存在正常数 $c_{5,2,6}$，$c_{5,2,7}$ 使得对任意的 Borel 集 $F\subseteq[-M,M]^d$，有

$$c_{5,2,6}C_{\Theta}^{\tau}(F) \leqslant \mathbb{P}\{X^{-1}(F)\cap I\neq\varnothing\} \leqslant c_{5,2,7}\mathcal{H}_{\Theta}^{\tau}(F), \tag{5.2.40}$$

其中 $\Theta = \dfrac{1}{\alpha_1}(\Lambda - Q)$。

证明 证明方法是基于 Xiao(2009)定理 7.6 的证明思想。首先证明上界。不妨设 $\mathcal{H}_{\Theta}^{\tau}(F)<\infty$，否则结论显然成立，从而可以选择并固定一个任意常数 $\zeta > \mathcal{H}_{\Theta}^{\tau}(F)$。由 Hausdorff 测度的定义知，存在一列半径 $r_j<\delta_0$ (δ_0 同引理 5.2.4 中定义)的开球 $\{B_\tau(y_j,r_j), j\geqslant 1\}\subseteq\mathbb{R}^d$ 使得

$$F\subseteq\bigcup_{j=1}^{\infty} B_\tau(y_j,r_j) \quad 且 \quad \sum_{j=1}^{\infty}(2r_j)^{\Theta}\leqslant\zeta$$

显然有

$$\{X(I)\cap F\neq\varnothing\}\subseteq\bigcup_{j=1}^{\infty}\{X(I)\cap B_\tau(y_j,r_j)\neq\varnothing\}。 \tag{5.2.41}$$

对每个 $j \geqslant 1$，可将立方体 I 划分成 $cr_j^{-\frac{Q}{\alpha_1}}$ 个边长为 $r_{j1}^{\frac{\alpha_1}{H_i}}(i=1,\cdots,N)$ 的矩形，从而在度量 ρ 下，I 可由至多 $cr_j^{-\frac{Q}{\alpha_1}}$ 个半径为 $r_{j1}^{\frac{1}{\alpha_1}}$ 的球所覆盖。故由引理 5.2.4 有

$$\mathbb{P}\{X(I)\cap B_\tau(y_j,r_j)\neq\varnothing\}\leqslant cr_{j1}^{\frac{\Delta}{\alpha_1}}。\tag{5.2.42}$$

联合(5.2.41)和(5.2.42)式，可得

$$\mathbb{P}\{X(I)\cap F\neq\varnothing\}\leqslant c\sum_{j=1}^{\infty}r_j^{\Theta}\leqslant c\zeta。\tag{5.2.43}$$

又因为 $\zeta>\mathcal{H}_\Theta^\tau(F)$ 是任意给定的常数，所以上界得证。

下面证明碰撞概率的下界。不妨设 $C_\Theta^\tau(F)>0$，否则结论显然成立。由容度的定义(见 § 1.2)知，存在 $\mu\in\mathcal{P}(F)$ 使得

$$\mathcal{E}_\Theta^\tau(\mu)\leqslant\frac{2}{C_\Theta^\tau(F)}。\tag{5.2.44}$$

定义 I 上的一列随机测度 $\{\nu_n\}_{n\geqslant 1}$ 如下：

$$\begin{aligned}\nu_n(\mathrm{d}t)&=\int_{\mathbb{R}^d}(2\pi n)^{\frac{d}{2}}\exp\left\{-\frac{n\|X(t)-x\|^2}{2}\right\}\mu(\mathrm{d}x)\mathrm{d}t\\&=\int_{\mathbb{R}^d}\int_{\mathbb{R}^d}\exp\left\{-\frac{\|\xi\|^2}{2n}+\mathrm{i}\langle\xi,X(t)-x\rangle\right\}\mathrm{d}\xi\mu(\mathrm{d}x)\mathrm{d}t。\end{aligned}\tag{5.2.45}$$

令 $\|\nu_n\|$ 是测度 ν_n 的总质量，即 $\|\nu_n\|=\nu_n(I)$。下面证明

$$\mathbb{E}(\|\nu_n\|)\geqslant c_{5,2,8},\mathbb{E}(\|\nu_n\|^2)\leqslant c_{5,2,9}\mathcal{E}_\Theta^\tau(\mu),\tag{5.2.46}$$

其中正的常数 $c_{5,2,8},c_{5,2,9}$ 不依赖于 n 和 μ。由于 $X_i,i=1,\cdots,d$ 是相互独立的，所以

$$\begin{aligned}\mathbb{E}(\|\nu_n\|)&=\int_I\int_{\mathbb{R}^d}\int_{\mathbb{R}^d}\mathbb{E}\exp\left\{-\frac{\|\xi\|^2}{2n}+\mathrm{i}\langle\xi,X(t)-x\rangle\right\}\mathrm{d}\xi\mu(\mathrm{d}x)\mathrm{d}t\\&=\int_I\int_{\mathbb{R}^d}\prod_{i=1}^d\left[\frac{(2\pi)^{\frac{1}{2}}}{\left(\frac{1}{n}+\sigma_i^2(t)\right)^{\frac{1}{2}}}\exp\left\{-\frac{x_i^2}{2\left(\frac{1}{n}+\sigma_i^2(t)\right)}\right\}\right]\mu(\mathrm{d}x)\mathrm{d}t\\&\geqslant\int_I\int_{\mathbb{R}^d}\prod_{i=1}^d\left(\frac{(2\pi)^{\frac{1}{2}}}{(1+\sigma_i^2(t))^{\frac{1}{2}}}\exp\left\{-\frac{x_i^2}{2\sigma_i^2(t)}\right\}\right)\mu(\mathrm{d}x)\mathrm{d}t\\&\geqslant\int_I\prod_{i=1}^d\left(\frac{(2\pi)^{\frac{1}{2}}}{(1+\sigma_i^2(t))^{\frac{1}{2}}}\exp\left\{-\frac{M^2}{2\sigma_i^2(t)}\right\}\right)\mathrm{d}t:=c_{5,2,9},\end{aligned}\tag{5.2.47}$$

其中 $\sigma_i^2(t)=\mathbb{E}(X_i(t))^2$。这就证明了(5.2.46)式中的第一个不等式。

下面证明(5.2.46)式中的第二个不等式。注意到

$$\mathbb{E}(\|\nu_n\|^2)=\int_{I^2}\int_{\mathbb{R}^{4d}}e^{-\mathrm{i}(\langle\xi,x\rangle+\langle\eta,y\rangle)}\times\exp\left\{-\frac{1}{2}(\xi,\eta)\Gamma_n(s,t)(\xi,\eta)'\right\}$$

$\mathrm{d}\xi\mathrm{d}\eta\mu(\mathrm{d}x)\mu(\mathrm{d}y)\mathrm{d}s\mathrm{d}t$。

从而由引理 5.2.3 有

$$\mathbb{E}(\|\nu_n\|^2)\leqslant c\int_{\mathbb{R}^{2d}}\int_{I^2}\frac{1}{\max\{(\rho(s,t)^{\alpha_1},\tau(x,y)\}^{\frac{\Lambda}{\alpha_1}}}\mathrm{d}s\mathrm{d}t\mu(\mathrm{d}x)\mu(\mathrm{d}y) \tag{5.2.48}$$

接下来将(5.2.48)式中定积分的积分区域划分为 $\{(s,t)\in I^2:\rho(s,t)\leqslant\tau(x,y)^{\frac{1}{\alpha_1}}\}$ 和 $\{(s,t)\in I^2:\rho(s,t)>\tau(x,y)^{\frac{1}{\alpha_1}}\}$，并将在它们上面的定积分分别表示为 $\mathcal{T}_1$ 和 $\mathcal{T}_2$。显然有

$$\mathcal{T}_1\leqslant c\int_I\int_{\{t\in I:\rho(s,t)\leqslant\tau(x,y)^{\frac{1}{\alpha_1}}\}}\tau(x,y)^{-\frac{\Lambda}{\alpha_1}}\mathrm{d}t\mathrm{d}s\leqslant c\tau(x,y)^{-\Theta}。 \tag{5.2.49}$$

其中最后一个不等式利用到如下的事实：对每个 $s\in I$，集合 $\{(s,t)\in I^2:\rho(s,t)\leqslant\tau(x,y)^{\frac{1}{\alpha_1}}\}$ 是包含在一个边长为 $\tau(x,y)^{\frac{1}{\alpha_1 H_i}}(i=1,\cdots,N)$ 的矩形中。另一方面，

$$\begin{aligned}\mathcal{T}_2&\leqslant c\int_I\int_{\{t\in I:\rho(s,t)>\tau(x,y)^{\frac{1}{\alpha_1}}\}}\rho(s,t)^{-\Lambda}\mathrm{d}t\mathrm{d}s\\&\leqslant c\int_I\int_{\{t\in I:\rho(s,t)>\tau(x,y)^{\frac{1}{\alpha_1}},t>s\}}\rho(s,t)^{-\Lambda}\mathrm{d}t\mathrm{d}s\\&\leqslant c\int_{c\tau(x,y)^{\frac{1}{\alpha_1}}}^{\infty}\frac{1}{r^{\Lambda}}r^{Q-1}\mathrm{d}r\\&=c\tau(x,y)^{-\Theta}\end{aligned} \tag{5.2.50}$$

其中最后一个不等式利用到极坐标下的变量替换，并注意到 $\rho(0,t)$ 是一齐次函数(见 Biermé 等人(2007))。联合(5.2.48)—(5.2.50)式，可得

$$\mathbb{E}(\|\nu_n\|^2)\leqslant\int\mathbb{R}^{2d}\frac{c}{\tau(x,y)^{\Theta}}\mu(\mathrm{d}x)\mu(\mathrm{d}y)=c\,\mathcal{E}_{\Theta}^{\tau}(\mu) \tag{5.2.51}$$

这就证明了(5.2.46)式中的第二个不等式(5.2.46)。因此，利用 Kahane (1985)的方法，可以证明如下事实：存在一个支撑集在 $X^{-1}(F)\cap I$ 上的有限正测度 ν 使得 ν_n 弱收敛于 ν，且

$$\mathbb{P}\{X(I)\cap F\neq\varnothing\}\geqslant\mathbb{P}\{\|\nu\|>0\}\geqslant c\frac{(\mathbb{E}\|\nu\|)^2}{\mathbb{E}\|\nu\|^2}\geqslant c/\mathcal{E}_{\Theta}^{\tau}(\mu)\geqslant cC_{\Theta}^{\tau}(F)。$$

这就完成了碰撞概率下界的证明，从而定理得证。

从定理 5.2.5 可以得到下面的推论，该推论给出了 $X(t)$ 能够击中一个 Borel 集的充分条件。

推论 5.2.6 设 $X=\{X(t),t\in\mathbb{R}^N\}$ 是一个 $\mathbb{R}^d$ 值高斯随机场，且满

足条件(C1)—(C3)。当 $\Theta := \frac{1}{\alpha_1}(\Lambda - Q) > 0, M > 0$ 时，则对任意的 Borel 集 $F \subseteq [-M,M]^d$，下面的结论成立：

(i)如果 $\dim_H^\tau F < \Theta$，则 $X^{-1}(F) \cap I = \varnothing$ a. s. 。

(ii)如果 $\dim_H^\tau F > \Theta$，则 $\mathbb{P}\{X^{-1}(F) \cap I \neq \varnothing\} > 0$。

注 5.2.7　当令 $\alpha_1 = \alpha_2 = \cdots = \alpha_d = 1$ 时，由本文的结论可得 Xiao (2009)的结论。事实上，设 $X = \{X(t), t \in \mathbb{R}^N\}$ 是一个 $\mathbb{R}^d$ 值高斯随机场，且满足条件(C1)—(C3)。当 $\alpha_1 = \alpha_2 = \cdots = \alpha_d = 1, d > Q, M > 0$ 时，则存在常数 $c_{5,2,10}, c_{5,2,11} > 0$ 使得对任意的 Borel 集 $F \subseteq [-M,M]^d$，有

$$c_{5,2,10} C_{d-Q}(F) \leqslant \mathbb{P}\{X^{-1}(F) \cap I \neq \varnothing\} \leqslant c_{5,2,11} \mathcal{H}_{d-Q}(F)。 \quad (5.2.52)$$

如果 $\alpha_1 = \alpha_2 = \cdots = \alpha_d < 1$，则(5.2.52)式等价于

$$c_{5,2,12} C_{d-\frac{1}{\alpha_1}Q}(F) \leqslant \mathbb{P}\{X^{-1}(F) \cap I \neq \varnothing\} \leqslant c_{5,2,13} \mathcal{H}_{d-\frac{1}{\alpha_1}Q}(F)， \quad (5.2.53)$$

其中 $c_{5,2,12}$ 和 $c_{5,2,13}$ 是两个正常数。关于这点，可参看 Ni 和 Chen(2016)的例 4.1 或本书例 2.4.1。

5.3　在两个各向异性度量下的维数

本节将确定在度量 τ 和 ρ 下时空各向异性高斯随机场像集和逆向集的维数结果。由于 Borel 集的结构要比闭区间的结构复杂得多，所以为了获得与 Borel 集相关的各向异性随机场像集和逆向集的 Hausdorff 维数，就必须花更大的功夫才能确定(见 Xiao(1995，2009))。为了克服由时间变量和空间变量的各向异性所带来的困难，本节考虑在两个各向异性度量 τ 和 ρ 下像集和逆向集的 Hausdorff 维数。

5.3.1　逆向集的 Hausdorff 维数

首先考虑逆向集的 Hausdorff 维数。

定理 5.3.1　设 $X = \{X(t), t \in \mathbb{R}^N\}$ 是一个零均值，$\mathbb{R}^d$ 值高斯随机场，且满足条件(C1)—(C3)。如果 $F \subseteq \mathbb{R}^d$ 是一个 Borel 集且 $\dim_H^\tau F \geqslant \Theta = \frac{1}{\alpha_1}(\Lambda - Q)$，则下面的结论成立。

(i)几乎必然有

$$\dim_H^\rho (X^{-1}(F) \cap I) \leqslant Q - \Lambda + \alpha_1 \dim_H^\tau F。 \quad (5.3.1)$$

特别地，如果 $\dim_{\mathrm{H}}^{\tau}F=\Theta$，则 $\dim_{\mathrm{H}}^{\rho}(X^{-1}(F)\cap I)=0$ a. s. 。

(ii)如果 $\dim_{\mathrm{H}}^{\tau}F>\Theta$，则对每个 $\varepsilon>0$，在某个正概率事件集(可依赖于 ε)上有

$$\dim_{\mathrm{H}}^{\rho}(X^{-1}(F)\cap I)\geqslant Q-\Lambda+\alpha_1\dim_{\mathrm{H}}^{\tau}F-\varepsilon。\tag{5.3.2}$$

特别地，如果 $\dim_{\mathrm{H}}^{\tau}F=0$，$Q>\Lambda$，则在某个正概率事件集上有

$$\dim_{\mathrm{H}}^{\rho}(X^{-1}(F)\cap I)=Q-\Lambda\tag{5.3.3}$$

证明 首先证明定理的第一部分(i)。由 Hausdorff 维数的 σ-稳定性，不妨假设存在某个常数 $M>0$，使得 $F\subseteq[-M,M]^d$，然后再证明(5.3.1)式几乎必然成立。对任意给定的常数 $\zeta>\dim_{\mathrm{H}}^{\tau}F$，存在一列半径为 $r_j<\delta_0$ (δ_0 在引理 5.2.4 中定义)的开球 $\{B_\tau(y_j,r_j),j\geqslant 1\}\in\mathbb{R}^d$ 使得

$$F\subseteq\bigcup_{j=1}^{\infty}B_\tau(y_j,r_j)\text{ 且 }\sum_{j=1}^{\infty}(2r_j)^{\zeta}\leqslant 1\tag{5.3.4}$$

其中对所有的 $j\geqslant 1$，可设 $y_j\in[-M,M]^d$。因为对每个 $j\geqslant 1$，可以将立方体 I 划分成 $cr_j^{-\frac{Q}{\alpha_1}}$ 个边长为 $r_j^{\frac{1}{\alpha_1 H_i}}(i=1,\cdots,N)$ 的矩形 $C_{j,i}$，所以 I 在度量 ρ 下可被至多 $cr_j^{-\frac{Q}{\alpha_1}}$ 个 半径为 $r_j^{\frac{1}{\alpha_1}}$ 的开球所覆盖。设 N_j 表示满足条件 $C_{j,i}\cap X^{-1}(B_\tau(y_j,r_j))\neq\varnothing$ 的矩形 $C_{j,i}$ 的个数。从而由引理 5.2.4 有

$$\mathbb{E}(N_j)\leqslant cr_j^{-\frac{Q}{\alpha_1}}\cdot r_j^{\sum_{i=1}^{d}\frac{\alpha_i}{\alpha_1}}=cr_j^{\sum_{i=1}^{d}\frac{\alpha_i}{\alpha_1}-\frac{Q}{\alpha_1}}。\tag{5.3.5}$$

又因为 $X^{-1}(F)\subseteq\bigcup_{j=1}^{\infty}X^{-1}(B_\tau(y_j,r_j))$，所以满足条件 $C_{j,i}\cap X^{-1}(B_\tau(y_j,r_j))\neq\varnothing$ 的矩形 $C_{j,i}$ 全体构成 $X^{-1}(F)\cap I$ 的一个覆盖。令

$$\beta=Q-\Lambda+\alpha_1\zeta。$$

联合(5.3.4)和(5.3.5)，可得

$$\mathbb{E}\sum_{j=1}^{\infty}N_j\cdot(2r_j^{\frac{1}{\alpha_1}})^{\beta}\leqslant c\sum_{j=1}^{\infty}(2r_j)^{\zeta}<c。\tag{5.3.6}$$

由此及 Fatou 引理，有 $\mathcal{H}_{\beta}^{\rho}(X^{-1}(F)\cap I)<\infty$ a. s. 。因此 $\dim_{\mathrm{H}}^{\rho}(X^{-1}(F)\cap I)\leqslant\beta$ a. s. 。又因为 $\zeta>\dim_{\mathrm{H}}^{\tau}F$ 是任意给定的，所以当令 ζ 趋于 $\dim_{\mathrm{H}}^{\tau}F$ 时，结论显然成立。

现在证明定理的第二部分(ii)。设 $\gamma\in(\max\{\dim_{\mathrm{H}}^{\tau}F-\varepsilon,\Theta\},\dim_{\mathrm{H}}^{\tau}F)$ 是一个给定的常数，则存在一个紧集 $F_\gamma\subseteq F$ 使得 $\dim_{\mathrm{H}}^{\tau}F_\gamma>\gamma$。由 Frostman 引理(见引理 1.2.6)知，存在支撑集在 F_γ 上的一个 Borel 概率测度 $\mu_{0,\gamma}$ 使得对所有的 $x\in\mathbb{R}^d$，$r>0$ 有

$$\mu_{0,\gamma}(B_\tau(x,r))\leqslant c_{5,3,1}r^{\gamma},\tag{5.3.7}$$

其中 $c_{5,3,1}$ 可能依赖于 γ。

为了获得所要的结论，下面采用 Biermé 等人(2009)中的论证方式。即只要能构造一列支撑在 I 上的随机 Borel 概率测度 $\{\mu_{n,\gamma}, n \geqslant 1\}$ 且满足下面的性质：

(i)存在有限正的常数 $c_{5,3,2}$ 和 $c_{5,3,3}$（有可能依赖于 γ）使得对所有的整数 $n \geqslant 1$，有

$$\mathbb{E}(\|\mu_{n,\gamma}\|) \geqslant c_{5,3,2} \text{ 且 } \mathbb{E}(\|\mu_{n,\gamma}\|^2) \leqslant c_{5,3,3}; \tag{5.3.8}$$

(ii)对常数 $\beta_\varepsilon = Q - \Lambda + \alpha_1 \dim_{\mathrm{H}}^{\tau} F - \varepsilon$，存在一个有限正的常数 $c_{5,3,4}$ 使得对所有的 $n \geqslant 1$ 有

$$\mathbb{E}\int_I \int_I \frac{1}{\rho(s,t)^{\beta_\varepsilon}} \mu_{n,\gamma}(\mathrm{d}s)\mu_{n,\gamma}(\mathrm{d}t) \leqslant c_{5,3,4}, \tag{5.3.9}$$

则定理结论成立。

为此，先构造支撑集在 I 上的一列随机测度 $\{\mu_{n,\gamma}, n \geqslant 1\}$ 如下：

$$\begin{aligned}\mu_{n,\gamma}(\mathrm{d}t) &= \int_{\mathbb{R}^d} (2\pi n)^{\frac{d}{2}} \exp\left\{-\frac{n\|X(t)-x\|^2}{2}\right\}\mu_{0,\gamma}(\mathrm{d}x)\mathrm{d}t \\ &= \int_{\mathbb{R}^d}\int_{\mathbb{R}^d} \exp\left\{-\frac{\|\xi\|^2}{2n} + \mathrm{i}\langle \xi, X(t)-x\rangle\right\}\mathrm{d}\xi\mu_{0,\gamma}(\mathrm{d}x)\mathrm{d}t。\end{aligned} \tag{5.3.10}$$

因为概率测度 $\mu_{0,\gamma}$ 是支撑集在紧集 F_γ 上的，所以(5.3.8) 式的第一个不等式可以采用与(5.2.47)式相类似的方法证明。下面证明(5.3.8)式的第二个不等式。利用与(5.2.48)式相同的处理方法和引理 5.2.3，可以证明

$$\mathbb{E}(\|\mu_{n,\gamma}\|^2) \leqslant c\int_{\mathbb{R}^{2d}}\int_{I^2} \frac{1}{\max\{\rho(s,t)^{\alpha}_1, \tau(x,y)\}^{\frac{1}{\alpha_1}\Lambda}} \mathrm{d}s\mathrm{d}t\mu_{0,\gamma}(\mathrm{d}x)\mu_{0,\gamma}(\mathrm{d}y)。 \tag{5.3.11}$$

下面将(5.3.11)式中内积分的积分区域划分成 $\{(x,y) \in \mathbb{R}^{2d}: \rho(s,t)^{\alpha_1} \leqslant \tau(x,y)\}$ 和 $\{(x,y) \in \mathbb{R}^{2d}: \rho(s,t)^{\alpha_1} > \tau(x,y)\}$，并将在它们上面的定积分分别表示为$\mathcal{T}_1$ 和$\mathcal{T}_2$。对每个固定的 $x \in \mathbb{R}^d$，用 κ_x 表示在 $\mathbb{R}^d$ 到 $\mathbb{R}_+$ 的映射 $S: y \mapsto \tau(x,y)$ 下，测度 $\mu_{0,\gamma}$ 的像测度。显然有

$$\begin{aligned}\mathcal{T}_1 &= \int_{\mathbb{R}^d}\mu_{0,\gamma}(\mathrm{d}x)\int_{\{y\in\mathbb{R}^d: \rho(s,t)^{\alpha}\leqslant\tau(x,y)\}} \tau(x,y)^{-\frac{\Lambda}{\alpha_1}}\mu_{0,\gamma}(\mathrm{d}y) \\ &= \int_{\mathbb{R}^d}\mu_{0,\gamma}(\mathrm{d}x)\int_{\rho(s,t)^{\alpha_1}}^{\infty} r^{-\frac{\Lambda}{\alpha_1}}\kappa_x(\mathrm{d}r) \\ &\leqslant c\int_{\mathbb{R}^d}\mu_{0,\gamma}(\mathrm{d}x)\int_{\rho(s,t)^{\alpha_1}}^{\infty} r^{\gamma-\frac{\Lambda}{\alpha_1}-1}\mathrm{d}r \\ &= c\rho(s,t)^{-(\Lambda-\gamma\alpha_1)},\end{aligned} \tag{5.3.12}$$

其中上面的不等式由(5.3.7)式和分部积分公式可得。

现在来估计$\mathcal{T}_2$，首先有

$$\begin{aligned}\mathcal{T}_2 &= \int_{\mathbb{R}^d}\mu_{0,\gamma}(\mathrm{d}x)\int_{\{y\in\mathbb{R}^d:\rho(s,t)^{\alpha_1}\geqslant\tau(x,y)\}}\rho(s,t)^{-\Lambda}\mu_{0,\gamma}(\mathrm{d}y)\\&=\int_{\mathbb{R}^d}\mu_{0,\gamma}(\mathrm{d}x)\int_0^{\rho(s,t)^{\alpha_1}}\rho(s,t)^{-\Lambda}\kappa_x(\mathrm{d}r)\\&\leqslant c\int_{\mathbb{R}^d}\rho(s,t)^{-(\Lambda-\gamma\alpha_1)}\mu_{0,\gamma}(\mathrm{d}x)\\&=c\rho(s,t)^{-(\Lambda-\gamma\alpha_1)},\end{aligned}\tag{5.3.13}$$

上面的不等式由(5.3.7)式可得。

联合(5.3.11)—(5.3.13)式，可得

$$\mathbb{E}(\|\mu_{n,\gamma}\|^2)\leqslant c\int_I\int_I\rho(s,t)^{-(\Lambda-\gamma\alpha_1)}\mathrm{d}s\mathrm{d}t\tag{5.3.14}$$

又因为$\gamma>\Theta$，所以$\Lambda-\gamma\alpha_1<Q$。因此上面的定积分收敛，这就证明了(5.3.8)式中的第二个不等式。

采用与处理(5.3.11)—(5.3.14)式相类似的方法，可得

$$\begin{aligned}\mathbb{E}\int_I\int_I\frac{1}{\rho(s,t)^{\beta_\varepsilon}}\mu_{n,\gamma}(\mathrm{d}s)\mu_{n,\gamma}(\mathrm{d}t)&\leqslant c\int_I\int_I\frac{1}{\rho(s,t)^{\Lambda-\gamma\alpha_1+\beta_\varepsilon}}\mathrm{d}s\mathrm{d}t\\&=c\int_I\int_I\frac{1}{\rho(s,t)^{Q-\alpha_1(\gamma-\dim_{\mathrm{H}}^{\tau}F+\varepsilon)}}\mathrm{d}s\mathrm{d}t。\end{aligned}\tag{5.3.15}$$

由于$\dim_{\mathrm{H}}^{\tau}F-\varepsilon<\gamma$，所以$Q-\alpha_1(\gamma-\dim_{\mathrm{H}}^{\tau}F+\varepsilon)<Q$。故上面的定积分收敛，这就证明了(5.3.8)式。

因此，利用文献Kahane(1985)中的讨论方法，可以证明：存在一个概率至少为$\frac{c_{5,3,2}^2}{c_{5,3,3}}$的事件集$\Omega_\gamma$，使得对每个$\omega\in\Omega_\gamma$存在$\{\mu_{n,\gamma},n\geqslant 1\}$的子序列$\{\mu_{n_k,\gamma},k\geqslant 1\}$弱收敛于一个正的测度$\mu_\gamma=\mu_\gamma(\omega)$，且该测度支撑集在$X^{-1}(F)\cap I$上。此外，$\{\mu_{n_k,\gamma},k\geqslant 1\}$的$\beta_\varepsilon$-势能是有界的。由此以及单调收敛定理知，在事件集$\Omega_\gamma$上，$\mu_\gamma$的$\beta_\varepsilon$-势能是有限的。故由引理1.2.7可得，在一个概率至少为$\frac{c_{5,3,2}^2}{c_{5,3,3}}$的事件集上，(5.3.2)式是成立的。从而定理5.3.1得证。

由定理5.3.1立得下面的推论，该推论确定了水平集的Hausdorff维数。

推论5.3.2 设$X=\{X(t),t\in\mathbb{R}^N\}$是一个零均值，$\mathbb{R}^d$值高斯随机场，且满足条件(C1)—(C3)。如果$Q>\Lambda$，则对每个$x\in\mathbb{R}^d$，在一个正概率事件集上有

$$\dim_{\mathrm{H}}^{\rho}(X^{-1}(x))=Q-\Lambda。\tag{5.3.16}$$

注 5.3.3　对任意的函数：$\omega\to\xi:\mathbb{R}_+$，$\|\xi\|_{L^\infty(\mathbb{P})}$ 定义为

$$\|\xi\|_{L^\infty(\mathrm{P})}=\sup\{\theta:\text{在一个正概率的事件集上有}\quad\xi\geqslant\theta\}。$$

则联合(5.3.1)和(5.3.2)式，可得，

$$\|\xi\|_{L^\infty(\mathrm{P})}=Q-\Lambda-\alpha_1\dim_{\mathrm{H}}^{\tau}F。$$

下面的条件取自 Biermé 等人(2009)：

(S)存在一个有限的常数 $c_{5,3,5}\geqslant 1$，使得对每个 $\gamma\in(0,\dim_{\mathrm{H}}^{\tau}F)$，存在一个支撑在紧集 F 的概率测度 $\mu_{0,\gamma}$ 使得对任意的 $x\in\mathbb{R}^d$，$r>0$ 有

$$\mu_{0,\gamma}(B_\tau(x,r))\leqslant c_{5,3,5}r^\gamma。$$

利用条件(S)和 Biermé 等人(2009)中相同的处理方式，可得下面的定理。

定理 5.3.4　设 $X=\{X(t),t\in\mathbb{R}^N\}$ 是一个零均值，$\mathbb{R}^d$ 值高斯随机场，且满足条件(C1)—(C3)。如果 $F\subseteq\mathbb{R}^d$ 是一 Borel 集满足 $\dim_{\mathrm{H}}^{\tau}F\geqslant\Theta$，且满足条件(S)，则以正的概率有

$$\dim_{\mathrm{H}}^{\rho}(X^{-1}(F)\cap I)=Q-\Lambda+\alpha_1\dim_{\mathrm{H}}^{\tau}F\tag{5.3.17}$$

5.3.2　像集的 Hausdorff 维数

为了确定像集的 Hausdorff 维度，我们需要下面的引理，该引理给出了时空各向异性高斯随机场的一致连续模。

引理 5.3.5　设 $X=\{X(t),t\in\mathbb{R}^N\}$ 是一个零均值，$\mathbb{R}^d$ 值高斯随机场，且满足条件(C2)。则以概率 1 存在一个依赖于 N,H 和 α 的随机变量 A 使得 A 具有有限的任意阶矩，以及对任意的 $s,t\in[0,1]^N$，$i=1,\cdots,d$，有

$$|X_i(s)-X_i(t)|\leqslant A\rho(s,t)^{\alpha_i}\sqrt{\log(1+\rho(s,t)^{-1})}。\tag{5.3.18}$$

证明　引理的证明是基于 Xiao(2009)中对定理 4.2 的证明方法。利用众所周知的 Garsia-Rodemich-Rumsey 连续性引理的拓展形式(见 Xiao(2009)的定理 4.1)，然后选择 Garsia-Rodemich-Rumsey 连续性引理中所用的两个具体函数 $\Psi(x)=\exp\left(\dfrac{x^2}{4c_{5,1,2}}\right)-1$ 和 $p(x)=x^{\alpha_i}$，其中 $c_{5,1,2}>0$ 是(5.1.2)式中的常数，就可以得到定理的结论。

有了前面的准备后，可以得到关于像集 Hausdorff 维数的定理如下：

定理 5.3.6　设 $X=\{X(t),t\in\mathbb{R}^N\}$ 是一个 $\mathbb{R}^d$ 值高斯随机场，且满足条件(C1) 和(C2)，则对任意的 Borel 集 $E\subset\mathbb{R}^N$，以概率 1 有，

$$\dim_{\mathrm{H}}^{\tau} X(E) = \min\left\{\sum_{i=1}^{d} \frac{\alpha_i}{\alpha_1}, \frac{1}{\alpha_1}\dim_{\mathrm{H}}^{\rho} E\right\}。$$

证明　将定理的证明分成两部分，一部分利用覆盖讨论方法证明上界，另一部分利用容度讨论方法证明下界。

首先证明上界。因为 $X(E) \subseteq \mathbb{R}^d$，所以由(4.2.3)式知

$$\dim_{\mathrm{H}}^{\tau} X(E) \leqslant \sum_{i=1}^{d} \frac{\alpha_i}{\alpha_1}, \quad \text{a. s. 。}$$

因此对于上界，只需证明 $\dim_{\mathrm{H}}^{\tau} X(E) \leqslant \frac{1}{\alpha_1}\dim_{\mathrm{H}}^{\rho} E$, a. s. 。由 Hausdorff 维数的 σ-稳定性，不妨假设 $E \subseteq [0,1]^N$。利用 Hausdorff 测度的定义可得，对任意的 $\gamma > \dim_{\mathrm{H}}^{\rho} E$ 和 $\delta > 0$，存在 E 的一列半径为 r_j 的开球 $\{B_\rho(u_j, r_j)\}$ 覆盖，使得 $r_j \leqslant \delta$ 且 $\sum_{j=1}^{\infty} r_j^{\gamma} \leqslant 1$。由引理 5.3.5 知，对任意的 $\varepsilon > 0$，存在一个具有有限阶矩的随机变量 A 使得对所有的 $i \in \{1, \cdots, d\}$ 有

$$\sup_{s,t \in [0,1]^N} \frac{|X_i(s) - X_i(t)|}{\rho(s,t)^{\alpha_i(1-\varepsilon)}} \leqslant A \quad a. s. 。\tag{5.3.19}$$

由此可得

$$\begin{aligned}\sup_{s,t \in B_\rho(u_j, r_j)} \tau(X(s), X(t)) &= \sup_{s,t \in B_\rho(u_j, r_j)} \sum_{i=1}^{d} |X_i(s) - X_i(t)|^{\frac{\alpha_1}{\alpha_i}} \\ &\leqslant \sum_{i=1}^{d} c \sup_{s,t \in B_\rho(u_j, r_j)} \rho(s,t)^{\alpha_i(1-\varepsilon)\frac{\alpha_1}{\alpha_i}} \\ &\leqslant c r_j^{\alpha_1(1-\varepsilon)}, \quad \text{a. s. 。}\end{aligned}\tag{5.3.20}$$

因此在度量 τ 下，每个 $X(B_\rho(u_j, r_j))$ 可由一个半径为 $c r_j^{\alpha_1(1-\varepsilon)}$ 的球所覆盖。由此以及 $X(E) \subseteq \bigcup_{j=1}^{\infty} X(B_\rho(u_j, r_j))$ 有，$X(E)$ 可由一列半径为 $c r_j^{\alpha_1(1-\varepsilon)}$ 的 τ-球所覆盖。由于

$$\sum_{j=1}^{\infty} (c r_j^{\alpha_1(1-\varepsilon)})^{\frac{\gamma}{\alpha_1(1-\varepsilon)}} \leqslant c \sum_{j=1}^{\infty} r_j^{\gamma} \leqslant c, \tag{5.3.21}$$

所以

$$\dim_{\mathrm{H}}^{\tau} X(E) \leqslant \frac{\gamma}{\alpha_1(1-\varepsilon)}, \quad \text{a. s. 。}$$

又因为 $\varepsilon > 0$ 和 $\gamma > \dim_{\mathrm{H}}^{\rho} E$ 是任意给定的，所以

$$\dim_{\mathrm{H}}^{\tau} X(E) \leqslant \frac{1}{\alpha_1}\dim_{\mathrm{H}}^{\rho} E, \quad \text{a. s. 。}$$

这就证明了定理 5.3.6 的上界。

下面证明下界。为了证明下界，只需证明：对任意的 $\gamma < \min\left\{\sum_{i=1}^{d} \frac{\alpha_i}{\alpha_1},\right.$

$\frac{1}{\alpha_1}\dim_{\mathrm{H}}^{\rho}E\Big\}$，有 $\dim_{\mathrm{H}}^{\tau}X(E)\geqslant\gamma$ a. s.。

因为 $\alpha_1\gamma<\dim_{\mathrm{H}}^{\rho}E$，所以由 Frostman 引理，存在 E 上的一个概率测度 σ 使得

$$\int_E\int_E\frac{\sigma(\mathrm{d}s)\sigma(\mathrm{d}t)}{\rho(s,t)^{\gamma\alpha_1}}<\infty。\tag{5.3.22}$$

设 μ 是在映射 $t\mapsto X(t)$ 下的像测度，则 μ 是 $X(E)$ 上的一个概率测度。为了证明 $\dim_{\mathrm{H}}^{\tau}X(E)\geqslant\gamma$ a. s.，只需证明

$$\int_{\mathbb{R}^d}\int_{\mathbb{R}^d}\frac{\mu(\mathrm{d}x)\mu(\mathrm{d}y)}{\tau(x,y)^{\gamma}}<\infty,\ \text{a. s.}。\tag{5.3.23}$$

为此，注意到

$$\begin{aligned}\mathbb{E}\int_{\mathbb{R}^d}\int_{\mathbb{R}^d}\frac{\mu(\mathrm{d}x)\mu(\mathrm{d}y)}{\tau(x,y)^{\gamma}}&=\mathbb{E}\int_E\int_E\frac{\sigma(\mathrm{d}s)\sigma(\mathrm{d}t)}{\tau(X(s),X(t))^{\gamma}}\\&=\int_E\int_E\mathbb{E}\frac{1}{\Big(\sum_{i=1}^{d}|X_i(s)-X_i(t)|^{\frac{\alpha_1}{\alpha_i}}\Big)^{\gamma}}\sigma(\mathrm{d}s)\sigma(\mathrm{d}t)。\end{aligned}\tag{5.3.24}$$

又因为 $X_1,\cdots,X_d$ 是独立同分布的高斯随机变量，所以它们的标准化变量 $\frac{X_1(s)-X_1(t)}{\sigma_1(s,t)},\cdots,\frac{X_d(s)-X_d(t)}{\sigma_d(s,t)}$ 独立同分布于标准正态分布 $N(0,1)$，其中 $\sigma_i^2(s,t)=\mathbb{E}(X_i(s)-X_i(t))^2$。因此

$$\begin{aligned}&\mathbb{E}\Big(\sum_{i=1}^{d}|X_i(s)-X_i(t)|^{\frac{\alpha_1}{\alpha_i}}\Big)^{-\gamma}\\&\leqslant c\int_{\mathbb{R}_+^d}\Big(\sum_{i=1}^{d}(\sigma_i(s,t)x_i)^{\frac{\alpha_1}{\alpha_i}}\Big)^{-\gamma}\cdot\frac{1}{(2\pi)^d}\exp\Big\{-\sum_{i=1}^{d}\frac{x_i^2}{2}\Big\}\mathrm{d}x_1\cdots\mathrm{d}x_d\\&\leqslant c\int_{\mathbb{R}_+^d}\Big(\sum_{i=1}^{d}\rho(s,t)^{\alpha_1}x_i^{\frac{\alpha_1}{\beta_i}}\Big)^{-\gamma}\exp\Big\{-\sum_{i=1}^{d}\frac{x_i^2}{2}\Big\}\mathrm{d}x_1\cdots\mathrm{d}x_d\\&=c\rho(s,t)^{-\gamma\alpha_1}\int_{\mathbb{R}_+^d}\Big(\sum_{i=1}^{d}x_i^{\frac{\alpha_1}{\beta_i}}\Big)^{-\gamma}\exp\Big\{-\sum_{i=1}^{d}\frac{x_i^2}{2}\Big\}\mathrm{d}x_1\cdots\mathrm{d}x_d,\end{aligned}\tag{5.3.25}$$

其中 $\mathbb{R}_+^d=[0,\infty)^d$，第二个等式由条件(C2)可得。由于 $\gamma<\sum_{i=1}^{d}\frac{\alpha_i}{\alpha_1}$，所以

$$\int_{\mathbb{R}_+^d}\Big(\sum_{i=1}^{d}x_i^{\frac{\alpha_1}{\beta_i}}\Big)^{-\gamma}\exp\Big\{-\sum_{i=1}^{d}\frac{x_i^2}{2}\Big\}\mathrm{d}x_1\cdots\mathrm{d}x_d<\infty。\tag{5.3.26}$$

故联合(5. 3. 24)—(5. 3. 26})式，可得

$$\mathbb{E}\int_{\mathbb{R}^d}\int_{\mathbb{R}^d}\frac{\mu(\mathrm{d}x)\mu(\mathrm{d}y)}{\tau(x,y)^{\gamma}}\leqslant\int_E\int_E\frac{\sigma(\mathrm{d}s)\sigma(\mathrm{d}t)}{\rho(s,t)^{\gamma\alpha_1}}<\infty,\tag{5.3.27}$$

其中最后一个不等式由(5.3.22)式可得。从而(5.3.23)式几乎必然成立。这就完成了定理5.3.6的证明。

注5.3.7 下面是关于像集和逆向集结论的两点注。

(i)由定理5.3.6有，在度量τ下像集$X([0,1]^N)$的Hausdorff维数为

$$\min\left\{\sum_{i=1}^{d}\frac{\alpha_i}{\alpha_1},\frac{1}{\alpha_1}\sum_{j=1}^{N}\frac{1}{H_j}\right\}。$$

(ii)虽然本文获得了在度量τ和ρ下像集和逆向集的Hausdorff维数，但是到目前为止，我们还没找到有效的方法来确定在度量τ和ρ下图集的Hausdorff维数。

5.4 在欧氏度量下的维数结果

由于闭区间的结构要比Borel集的结构简单得多，所以本节考虑闭区间在欧氏度量下的维数结果，由此可以看到，所得的结果与上一节在度量τ和ρ下的维数结果有很大的不同。而且我们也没有办法直接在这两类结果之间进行转换。最后值得一提的是，在度量τ和ρ下的维数结果形式要比在欧氏度量下的维数结果简单得多，这在某种意义上意味着度量τ和ρ能够很好的适应随机场的各向异性性。

到目前为止，像集和图集的Hausdorff维数和填充维数都是分别对时间各向异性随机场或空间各向异性随机场单独考虑的，本书所考虑的维数结果是针对时间和空间都是各向异性的随机场，对该问题，目前还没有人进行这方面的研究。下面的定理是关于时空各向异性高斯随机场在闭区间上像集和图集的Hausdorff维数和填充维数结果。

定理5.4.1 设$X=\{X(t),t\in\mathbb{R}^N\}$是一个$\mathbb{R}^d$值高斯随机场，且在$I=[0,1]^N$上满足条件(C1)和(C2)。则，以概率1有，

$$\begin{aligned}
\dim_{\rm H}X([0,1]^N)&=\dim_{\rm p}X([0,1]^N)\\
&=\min\left\{\frac{Q+\sum_{i=1}^{l}(\alpha_l-\alpha_i)}{\alpha_l},l=1,\cdots,d\right\}\\
&=\begin{cases}d & 当Q\geqslant\Lambda,\\ \dfrac{Q+\sum_{i=1}^{l}(\alpha_l-\alpha_i)}{\alpha_l}, & 当\sum_{i=1}^{l-1}\alpha_i<Q\leqslant\sum_{i=1}^{l}\alpha_i,1\leqslant l\leqslant d\end{cases}
\end{aligned}\tag{5.4.1}$$

和

$$\dim_{\mathrm{H}}\mathrm{Gr}X([0,1]^N)=\dim_{\mathrm{P}}\mathrm{Gr}X([0,1]^N)$$

$$=\min\left\{\sum_{j=1}^{k}\frac{H_k}{H_j}+N-k+d-H_k\Lambda, k=1,\cdots,N;\frac{Q+\sum_{i=1}^{l}(\alpha_l-\alpha_i)}{\alpha_l}, l=1,\cdots,d\right\}$$

$$=\begin{cases}\dfrac{Q+\sum_{i=1}^{l}(\alpha_l-\alpha_i)}{\alpha_l}, 当\sum_{i=1}^{l-1}\alpha_i<Q\leqslant\sum_{i=1}^{l}\alpha_i, 1\leqslant l\leqslant d\\ \sum_{j=1}^{k}\dfrac{H_k}{H_j}+N-k+d-H_k\Lambda, 当\sum_{j=1}^{k-1}\dfrac{1}{H_j}<\Lambda\leqslant\sum_{j=1}^{k}\dfrac{1}{H_j}, 1\leqslant k\leqslant N\end{cases},\tag{5.4.2}$$

其中 $\sum_{j=1}^{0}\frac{1}{H_j}=\sum_{i=1}^{0}\alpha_i:=0$。

证明　首先可以直接验证(5.4.1)和(5.4.2)式中的第三个等式是成立的(见 Xiao(1995)中的引理 2.3 和 Xiao(2009)中的引理 6.2)。为了证明定理其余的结论，由(1.2.19)式，只需证明图集的上盒维数 $\overline{\dim}_{\mathrm{B}}\mathrm{Gr}X([0,1]^N)$ 的上界，像集和图集的 Hausdorff 维数下界成立。

上界的证明　由于 $\dim_{\mathrm{H}}X([0,1]^N)\leqslant d$，$\dim_{\mathrm{H}}X([0,1]^N)\leqslant\dim_{\mathrm{H}}\mathrm{Gr}X([0,1]^N)$，所以只需要证明(5.4.2)式的上界。对任意的 $n\geqslant 2$，将 $[0,1]^N$ 划分成 m_n 个边长为 $n^{-1/H_j}(j=1,\cdots,N)$ 的子矩形 $\{R_{n,i}\}$，则

$$m_n\leqslant cn^Q\ 且\ X([0,1]^N)\subseteq\bigcup_{i=1}^{m_n}X(R_{n,i})。\tag{5.4.3}$$

显然由(5.3.19)式有

$$\sup_{s,t\in R_{n,i}}|X(s)-X(t)|\leqslant c\sum_{i=1}^{d}\rho(s,t)^{\alpha_i(1-\varepsilon)}\leqslant c\sum_{i=1}^{d}n^{-\alpha_i(1-\varepsilon)}。\tag{5.4.4}$$

从而 $X(R_{n,i})$ 能够被边长为 $cn^{-\alpha_i(1-\varepsilon)}(i=1,\cdots,d)$ 的一个矩形 $C_{n,i}$ 所覆盖。因此对每个固定的 $1\leqslant i\leqslant d$，$R_{n,i}\times C_{n,i}$ 能够被 $m_{n,l}=O(n^{\sum_{i=1}^{l}(\alpha_l-\alpha_i)(1-\varepsilon)})$ 个边长为 $cn^{-\alpha_l(1-\varepsilon)}$ 的立方体 $C_{n,i,j}$ 所覆盖。故对每个 $1\leqslant l\leqslant d$，有

$$\overline{\dim}_{\mathrm{B}}\mathrm{Gr}X([0,1]^N)\leqslant\lim_{n\to\infty}\frac{\log(m_n\cdot m_{n,l})}{-\log cn^{-\alpha_l(1-\varepsilon)}}$$

$$\leqslant\frac{Q+\sum_{i=1}^{l}(\alpha_l-\alpha_i)(1-\varepsilon)}{\alpha_l(1-\varepsilon)}。\tag{5.4.5}$$

又因为 $\varepsilon>0$ 是任意给定的，所以

$$\overline{\dim}_{\mathrm{B}}\mathrm{Gr}X([0,1]^N)\leqslant\frac{Q+\sum_{i=1}^{l}(\alpha_l-\alpha_i)}{\alpha_l}。\tag{5.4.6}$$

这就证明了

$$\dim_{\mathrm{H}}\mathrm{Gr}X([0,1]^N)\leqslant \dim_{\mathrm{P}}\mathrm{Gr}X([0,1]^N)$$
$$\leqslant \min\left\{\frac{Q+\sum_{i=1}^{j}(\alpha_j-\alpha_i)}{\alpha_j},j=1,\cdots,d\right\}。\tag{5.4.7}$$

另一方面，对每个固定的 $1\leqslant k\leqslant N$，$R_{n,i}\times C_{n,i}$ 能够被 $m_{n,k}$ 个边长为 cn^{-1/H_k} 的立方体所覆盖(其中 $m_{n,k}=O(n^{\sum_{j=k+1}^{N}(\frac{1}{H_k}-\frac{1}{H_j})}\times n^{\sum_{i=1}^{d}(\frac{1}{H_k}-\alpha_i(1-\varepsilon))})$，从而

$$\overline{\dim}_{\mathrm{B}}\mathrm{Gr}X([0,1]^N)\leqslant \varliminf_{n\to\infty}\frac{\log(m_n\cdot m_{n,k})}{-\log cn^{-1/H_k}}$$
$$=\sum_{j=1}^{k}\frac{H_k}{H_j}+N-k+d-H_k\Lambda(1-\varepsilon)。\tag{5.4.8}$$

又因为 $\varepsilon>0$ 是任意给定的，所以

$$\overline{\dim}_{\mathrm{B}}\mathrm{Gr}X([0,1]^N)\leqslant \sum_{j=1}^{k}\frac{H_k}{H_j}+N-k+d-H_k\Lambda。\tag{5.4.9}$$

这就证明了

$$\dim_{\mathrm{H}}\mathrm{Gr}X([0,1]^N)\leqslant \dim_{\mathrm{P}}\mathrm{Gr}X([0,1]^N)$$
$$\leqslant \min\left\{\sum_{j=1}^{k}\frac{H_k}{H_j}+N-k+d-H_k\Lambda,k=1,\cdots,N\right\}\tag{5.4.10}$$

联合(5.4.7)和(5.4.10)式立得(5.4.2)式的上界。

下界的证明 首先证明(5.4.1)式的下界。对任意的 $0<\gamma<\min\left\{\frac{Q+\sum_{i=1}^{l}(\alpha_l-\alpha_i)}{\alpha_l},l=1,\cdots,d\right\}$，只需证明 $\dim_{\mathrm{H}}X([0,1]^N)>\gamma$ a. s. 。设 μ_X 是在映射 $t\mapsto X(t)$ 下，$[0,1]^N$ 上 Lebesgue 测度的像测度，则测度 μ_X 的阶为 γ 的势能为

$$\int_{\mathbb{R}^d}\int_{\mathbb{R}^d}\frac{\mu_X(\mathrm{d}x)\mu_X(\mathrm{d}y)}{|x-y|^{\gamma}}=\int_{[0,1]^N}\int_{[0,1]^N}\frac{1}{|X(s)-X(t)|^{\gamma}}\mathrm{d}s\mathrm{d}t。\tag{5.4.11}$$

令

$$\kappa=\min\{\frac{Q+\sum_{i=1}^{l}(\alpha_l-\alpha_i)}{\alpha_l},l=1,\cdots,d\}。$$

如果存在一个整数 $1\leqslant l\leqslant d$ 使得 $\sum_{i=1}^{l-1}\alpha_i<Q\leqslant\sum_{i=1}^{l}\alpha_i$，则 $\kappa=\frac{Q+\sum_{i=1}^{l}(\alpha_l-\alpha_i)}{\alpha_l}$ 且 $l-1<\kappa\leqslant l$。因此由 Frostman 引理，只需证明：对任意的 $l-1<\gamma<\kappa$，有

$$\int_{[0,1]^N}\int_{[0,1]^N}\mathbb{E}\left(\frac{1}{|X(s)-X(t)|^{\gamma}}\right)\mathrm{d}s\mathrm{d}t<\infty。\qquad(5.4.12)$$

为了估计(5.4.12)中的积分，我们将借助于文献 Xiao(1995)中关于处理维数结果的思想来求解。因为 $X_1,\cdots,X_d$ 都是高斯随机变量且相互独立，所以标准化变量 $\frac{X_1(s)-X_1(t)}{\sigma_1(s,t)},\cdots,\frac{X_d(s)-X_d(t)}{\sigma_d(s,t)}$ 独立同分布于标准正态分布 $N(0,1)$，其中 $\sigma_i^2(s,t)=\mathbb{E}\,(X_i(s)-X_i(t))^2$。因此

$$\begin{aligned}
\mathbb{E}\left(\frac{1}{|X(s)-X(t)|^{\gamma}}\right)&=\mathbb{E}\left(\sum_{i=1}^{d}|X_i(s)-X_i(t)|^2\right)^{-\gamma/2}\\
&=\int_{\mathbb{R}^d}\left(\sum_{i=1}^{d}\sigma_i(s,t)x_i^2\right)^{-\gamma/2}\cdot\frac{1}{(2\pi)^d}\exp\left\{-\sum_{i=1}^{d}\frac{x_i^2}{2}\right\}\mathrm{d}x_1\cdots\mathrm{d}x_d\\
&\leqslant c\int_{\mathbb{R}^d}\left(\sum_{i=1}^{d}\rho(s,t)^{2\alpha_i}x_i^2\right)^{-\gamma/2}\exp\left\{-\sum_{i=1}^{d}\frac{x_i^2}{2}\right\}\mathrm{d}x_1\cdots\mathrm{d}x_d\\
&=c\rho(s,t)^{-\alpha_1\gamma}\int_{\mathbb{R}_+^d}\left(x_1^2+\sum_{i=2}^{d}\rho(s,t)^{2(\alpha_i-\alpha_1)}x_i^2\right)^{-\gamma/2}\\
&\quad\cdot\exp\left\{-\sum_{i=1}^{d}\frac{|x_i|^2}{2}\right\}\mathrm{d}x_1\cdots\mathrm{d}x_d,
\end{aligned}\qquad(5.4.13)$$

其中 $\mathbb{R}_+^d=[0,\infty)^d$。注意到

$$\int_0^{\infty}(A+x^{\alpha})^{-\gamma}\exp\left\{-\frac{x^2}{2}\right\}\mathrm{d}x\leqslant c_{5,4,1}A^{-(\gamma-\frac{1}{\alpha})},\text{当 }\gamma>\frac{1}{\alpha},\qquad(5.4.14)$$

$$\int_0^{\infty}(A+x^{\alpha})^{-\gamma}\exp\left\{-\frac{x^2}{2}\right\}\mathrm{d}x\leqslant c_{5,4,2}A^{-(\gamma-\frac{1}{\alpha})}+c_{5,4,3},\text{当 }\gamma<\frac{1}{\alpha},\qquad(5.4.15)$$

其中 $c_{5,4,1}$，$c_{5,4,2}$ 和 $c_{5,4,3}$ 是仅依赖于 γ 的常数。由(5.4.14)式，当对(5.4.13)式的最后一个多重积分关于 x_1 先求定积分时，可得(5.4.13)的最后一个表达式小于

$$\begin{aligned}
&c\rho(s,t)^{-\alpha_1\gamma}\int_{\mathbb{R}_+^{d-1}}\left(\sum_{i=2}^{d}\rho(s,t)^{2(\alpha_i-\alpha_1)}x_i^2\right)^{-(\gamma-1)/2}\\
&\quad\times\exp\left\{-\sum_{i=2}^{d}\frac{|x_i|^2}{2}\right\}\mathrm{d}x_2\cdots\mathrm{d}x_d
\end{aligned}\qquad(5.4.16)$$

从而分别对 $\mathrm{d}x_2,\cdots,\mathrm{d}x_{k-1}$ 用类似的讨论，可得(5.4.16)式小于

$$\begin{aligned}
&c\rho(s,t)^{-\alpha_1\gamma-(\alpha_2-\alpha_1)(\gamma-1)-\cdots-(\alpha_k-\alpha_{k-1})(\gamma-k+1)}\\
&\quad\times\int_{\mathbb{R}_+^{d-k+1}}\left(x_k^2+\sum_{i=k+1}^{d}\rho(s,t)^{2(\alpha_i-\alpha_k)}x_i^2\right)^{-(\gamma-k+1)/2}\\
&\quad\times\exp\left\{-\sum_{i=k}^{d}\frac{|x_i|^2}{2}\right\}\mathrm{d}x_k\cdots\mathrm{d}x_d
\end{aligned}$$

$$\leqslant c\rho(s,t)^{-\alpha_k\gamma+\sum_{i=1}^{k}(\alpha_k-\alpha_i)}\int_{\mathbb{R}_+^{d-k}}\Big(\sum_{i=k+1}^{d}\rho(s,t)^{2(\alpha_i-\alpha_k)}x_i^2\Big)^{-(\gamma-k)/2}$$

$$\times\exp\Big\{-\sum_{i=k+1}^{d}\frac{|x_i|^2}{2}\Big\}\mathrm{d}x_{k+1}\cdots\mathrm{d}x_d$$

$$\leqslant c\rho(s,t)^{-\alpha_k\gamma+\sum_{i=1}^{k}(\alpha_k-\alpha_i)}。\tag{5.4.17}$$

由 $\gamma<\kappa$ 有

$$\alpha_k\gamma-\sum_{i=1}^{k}(\alpha_k-\alpha_i)<Q。\tag{5.4.18}$$

因为对任意的 $\varepsilon>0$，有

$$\int_{[0,1]^N}\int_{[0,1]^N}\frac{\mathrm{d}s\mathrm{d}t}{\rho(s,t)^{Q-\varepsilon}}<\infty,$$

所以由此及(5.4.18)式有

$$\int_{[0,1]^N}\int_{[0,1]^N}\mathbb{E}\Big(\frac{1}{|X(s)-X(t)|^\gamma}\Big)\mathrm{d}s\mathrm{d}t$$

$$\leqslant c\int_{[0,1]^N}\int_{[0,1]^N}\frac{\mathrm{d}s\mathrm{d}t}{\rho(s,t)^{\alpha_k\gamma-\sum_{i=1}^{k}(\alpha_k-\alpha_i)}}$$

$$\leqslant c\int_{[0,1]^{2N}\cap\{(s,t):\rho(s,t)<1\}}\frac{\mathrm{d}s\mathrm{d}t}{\rho(s,t)^Q}+c\int_{[0,1]^{2N}\cap\{(s,t):\rho(s,t)\geqslant1\}}\mathrm{d}s\mathrm{d}t<\infty。\tag{5.4.19}$$

另一方面时，当 $d-1<\gamma<d$ 时，相似的讨论可得到相同的结果。这就证明了(5.4.1)式的下界。

下面转向证明(5.4.2)式的下界。如果 $Q\leqslant\Lambda$，则由 $\dim_{\mathrm{H}}\mathrm{Gr}X([0,1]^N)\geqslant\dim_{\mathrm{H}}X([0,1]^N)$，(5.4.1)和(5.4.7)式，可得

$$\dim_{\mathrm{H}}\mathrm{Gr}X([0,1]^N)=\dim_{\mathrm{H}}X([0,1]^N)$$

$$=\min\Big\{\frac{Q+\sum_{i=1}^{j}(\alpha_j-\alpha_i)}{\alpha_j},j=1,\cdots,d\Big\}\ \text{a. s.}。$$

如果 $Q>\Lambda$，则 $\dim_{\mathrm{H}}X([0,1]^N)=d$。因此

$$\min\Big\{\sum_{j=1}^{k}\frac{H_k}{H_j}+N-k+d-H_k\Lambda,k=1,\cdots,N\Big\}\geqslant d。$$

令 $\lambda=\min\Big\{\sum_{j=1}^{k}\frac{H_k}{H_j}+N-k+d-H_k\Lambda,k=1,\cdots,N\Big\}$。如果存在一个整数 k 使得 $\sum_{j=1}^{k-1}\frac{1}{H_j}<\Lambda\leqslant\sum_{j=1}^{k}\frac{1}{H_j}$ 则 $\lambda=\sum_{j=1}^{k}\frac{H_k}{H_j}+N-k+d-H_k\Lambda$。显然有 $d+N-k<\lambda\leqslant d+N-k+1$。为了证明(5.4.2)式的下界，只需证明：对任意的 $0<\gamma<\lambda$ 有，

$$\int_{[0,1]^N}\int_{[0,1]^N} \mathbb{E}\left(\frac{1}{(|s-t|^2+|X(s)-X(t)|^2)^{\gamma/2}}\right)\mathrm{d}s\mathrm{d}t<\infty。\tag{5.4.20}$$

采用与(5.4.12)式类似的讨论可得

$$\begin{aligned}&\int_{[0,1]^N}\int_{[0,1]^N} \mathbb{E}\left(\frac{1}{(|s-t|^2+|X(s)-X(t)|^2)^{\gamma/2}}\right)\mathrm{d}s\mathrm{d}t\\ &<c\int_{[0,1]^N}\int_{[0,1]^N}\frac{1}{\rho(s,t)^{\Lambda}|s-t|^{(\gamma-d)}}\mathrm{d}s\mathrm{d}t。\end{aligned}\tag{5.4.21}$$

因为 $\sum_{j=1}^{k-1}\frac{1}{H_j}<\Lambda\leqslant\sum_{j=1}^{k}\frac{1}{H_j}$，所以由文献 Xiao(2009)中的引理 6.4 和一些简单的计算，可得(5.4.20)式是成立的。这就完成了对(5.4.2)式下界的证明。故定理 5.4.1 得证。

下面的结论是关于水平集的 Hausdorff 维数和填充维数结果。

定理 5.4.2　设 $X=\{X(t),t\in\mathbb{R}^N\}$ 是一个 $\mathbb{R}^d$ 值高斯随机场，且在 $I=[0,1]^N$ 上满足条件(C1) 和(C2)。如果 $Q>\Lambda$，则对每个 $x\in\mathbb{R}^d$，在一个正概率事件集上有

$$\begin{aligned}\dim_{\mathrm{H}}X^{-1}(x)&=\dim_{\mathrm{p}}X^{-1}(x)\\ &=\min\left\{\sum_{j=1}^{k}\frac{H_k}{H_j}+N-k-H_k\Lambda,k=1,\cdots,N\right\}\\ &=\sum_{j=1}^{k}\frac{H_k}{H_j}+N-k-H_k\Lambda,\text{当}\sum_{j=1}^{k-1}\frac{1}{H_j}<\Lambda\leqslant\sum_{j=1}^{k}\frac{1}{H_j},\\ &\quad k=1,\cdots N。\end{aligned}\tag{5.4.22}$$

证明　首先证明上界，证明方法类似于 Xiao(2009)关于水平集维数的讨论。将 $I=[\varepsilon_0,1]^N$ 划分成 2^{nQ} 个边长为 $2^{-n/H_i}(i=1,\cdots,N)$ 的矩形 $B_{n,q}$。如果 $x\in X(B_{n,q})$，则令 $E_{n,q}=B_{n,q}$，否则令 $E_{n,q}=\varnothing$。显然，对给定的 n，$E_{n,q}$ 全体构成 L_x 的一个覆盖。由(1.2.19)式，只需证明

$$\overline{\dim}_{\mathrm{B}}L_x\leqslant\min\left\{\sum_{j=1}^{k}\frac{H_k}{H_j}+N-k-H_k\Lambda,k=1,\cdots,N\right\}。\tag{5.4.23}$$

事实上，对每个 $k\in\{1,2,\cdots,N\}$，$E_{n,q}$ 能够被 $2^{n\sum_{j=k}^{N}(\frac{1}{H_k}-\frac{1}{H_j})}$ 个边长为 $2^{-\frac{n}{H_k}}$ 的立方体所覆盖。从而 L_x 能够被 $M_{n,k}$ 个边长 $2^{-\frac{n}{H_k}}$ 的立方体所覆盖。注意，$M_{n,k}$ 显然是一个随机变量，下面计算 $M_{n,k}$ 数学期望。

给定 $\delta\in(0,1)$，令 $t_{n,q}$ 是矩形 $E_{n,q}$ 的左下角点，则由文献 Talagrand(1995)的引理 2.1 和一些初等计算后有，

$$\mathbb{P}\{x\in X(E_{n,q})\}\leqslant\mathbb{P}\{\sup_{s,t\in E_{n,q}}\tau(X(s)-X(t))\leqslant 2^{-n\alpha_1(1-\delta)},x\in X(E_{n,q})\}$$

$$
\begin{aligned}
&+\mathbb{P}\left\{\sup_{s,t\in E_{n,q}}\tau(X(s)-X(t))\geqslant 2^{-n\alpha_1(1-\delta)}\right\}\\
&\leqslant\mathbb{P}\left\{\tau(X(t_{n,q})-x)\leqslant 2^{-n\alpha_1(1-\delta)}\right\}+e^{-2^{2n\delta}}\\
&\leqslant c2^{-n(1-\delta)\Lambda}。
\end{aligned}\tag{5.4.24}
$$

由(5.4.24)式知，

$$
\begin{aligned}
\mathbb{E}(M_{n,k})&\leqslant c2^{nQ}\cdot 2^{-n(1-\delta)\Lambda}\cdot 2^{n\sum_{j=k}^{N}\left(\frac{1}{H_k}-\frac{1}{H_j}\right)}\\
&\leqslant c2^{n\left[(N-k)H_k^{-1}+\sum_{j=1}^{k}H_j^{-1}-(1-\delta)\Lambda\right]}。
\end{aligned}\tag{5.4.25}
$$

令 $\eta=(N-k)H_k^{-1}+\sum_{j=1}^{k}H_j^{-1}-(1-2\delta)\Lambda$，则由(5.4.25)式，Markov 不等式和 Borel-Cantelli 引理知，当 n 充分大时，$M_{n,k}\leqslant c2^{n\eta}$ a. s. 。从而 $\overline{\dim}_{\mathrm{B}}L_x\leqslant H_k\eta$ a. s. 。令 δ 沿着有理数趋于 0，则

$$
\overline{\dim}_{\mathrm{B}}L_x\leqslant\sum_{j=1}^{k}\frac{H_k}{H_j}+N-k-H_k\Lambda \text{ a. s. 。}\tag{5.4.26}
$$

又因为 $k\in\{1,2,\cdots,N\}$ 是任意给定的，所以对(5.4.26)式两边取最小值可得(5.4.23)式，即

$$
\dim_{\mathrm{H}}X^{-1}(x)\leqslant\sum_{j=1}^{k}\frac{H_k}{H_j}+N-k-H_k\Lambda。
$$

这就完成上界的证明。

下面证明下界。设 $\sum_{j=1}^{k-1}\frac{1}{H_j}<\Lambda\leqslant\sum_{j=1}^{k}\frac{1}{H_j}$，则

$$
\min\left\{\sum_{j=1}^{k}\frac{H_k}{H_j}+N-k-H_k\Lambda, k=1,\cdots,N\right\}=\sum_{j=1}^{k}\frac{H_k}{H_j}+N-k-H_k\Lambda。
$$

将上式的右边记为 γ。剩下的只需证明：存在常数 $c_{5,4,4}>0$ 使得

$$
\mathbb{P}\{\dim_{\mathrm{H}}X^{-1}(x)\geqslant\gamma\}\geqslant c_{5,4,4}。\tag{5.4.27}
$$

为了证明(5.4.27)式，我们将基于文献 Xiao(2009)中定理 7.1 的证明方法。先构造一列 Borel 集 $C\subseteq[0,1]^N$ 上的随机正测度 σ_n 如下：

$$
\begin{aligned}
\sigma_n(\mathrm{d}t)&=\int_C(2\pi n)^{\frac{d}{2}}\exp\left\{-\frac{n\|X(t)-x\|^2}{2}\right\}\mathrm{d}t\\
&=\int_C\int_{\mathbb{R}^d}\exp\left\{-\frac{\|\xi\|^2}{2n}+\mathrm{i}\langle\xi,X(t)-x\rangle\right\}\mathrm{d}\xi\mathrm{d}t。
\end{aligned}\tag{5.4.28}
$$

设 $\|\sigma_n\|_\gamma$ 是测度 σ_n 的 γ-势能，即

$$
\|\sigma_n\|_\gamma=\int_{\mathbb{R}^N}\int_{\mathbb{R}^N}\frac{\sigma_n(\mathrm{d}s)\sigma_n(\mathrm{d}t)}{|s-t|^\gamma}。\tag{5.4.29}
$$

如果能证明存在有限正的常数 $c_{5,4,5}$，$c_{5,4,6}$ 和 $c_{5,4,7}$ 使得

$$
\mathbb{E}(\|\sigma_n\|)\geqslant c_{5,4,5},\ \mathbb{E}(\|\sigma_n\|^2)\leqslant c_{5,4,6}\tag{5.4.30}
$$

$$\mathbb{E}(\|\sigma_n\|_\gamma) \leqslant c_{5,4,7}, \tag{5.4.31}$$

则(5.4.27)式成立且 $c_{5,4,4} = c_{5,4,5}^2/(2c_{5,4,6})$。

下面验证(5.4.30)和(5.4.31)式。由于 X 的各个分量是相互独立的，所以由 Fubini 定理有，

$$\begin{aligned}\mathbb{E}(\|\sigma_n\|) &= \int_{[0,1]^N}\int_{\mathbb{R}^d} \mathbb{E}\exp\left\{-\frac{\|\xi\|^2}{2n} + \mathrm{i}\langle \xi, X(t) - x\rangle\right\} \mathrm{d}\xi \mathrm{d}t \\ &= \int_{[0,1]^N}\prod_{i=1}^d \left[\frac{(2\pi)^{\frac{1}{2}}}{\left(\frac{1}{n} + \sigma_i^2(t)\right)^{\frac{1}{2}}}\exp\left\{-\frac{x_i^2}{2\left(\frac{1}{n} + \sigma_i^2(t)\right)}\right\}\right]\mathrm{d}t \\ &\geqslant \int_{[0,1]^N}\prod_{i=1}^d \left(\frac{(2\pi)^{\frac{1}{2}}}{(1 + \sigma_i^2(t))^{\frac{1}{2}}}\exp\left\{-\frac{x_i^2}{2\sigma_i^2(t)}\right\}\right)\mathrm{d}t := c_{5,4,5},\end{aligned}$$

其中 $\sigma_i^2(t) = \mathbb{E}(X_i(t))^2$。这就证明了(5.4.30)式中的第一个不等式。

下面证明(5.4.30)式中的第二个不等式。再次利用 X 各个分量的独立性和 Fubini 定理,可得

$$\begin{aligned}\mathbb{E}(\|\sigma_n\|^2) &= \int_{[0,1]^{2N}}\int_{\mathbb{R}^{2d}} \exp\left\{-\mathrm{i}(\langle \xi, x\rangle + \langle \eta, x\rangle) - \frac{\|\xi\|^2 + \|\eta\|^2}{2n}\right\} \\ &\quad\times \mathbb{E}\exp\{\mathrm{i}\langle \xi, X(s)\rangle + \mathrm{i}\langle \eta, X(t)\rangle\}\mathrm{d}\xi\mathrm{d}\eta\mathrm{d}s\mathrm{d}t \\ &= \int_{[0,1]^{2N}}\prod_{l=1}^d\int_{\mathbb{R}} e^{-\mathrm{i}\langle(\xi_l,\eta_l),(x_l,x_l)\rangle} \\ &\quad\times \mathbb{E}\exp\left\{-\frac{1}{2}(\xi_l,\eta_l)\left(\frac{1}{n}I_2 + \mathrm{Cov}(X_l(s), X_l(t))\right)\right. \\ &\quad\left.(\xi_l,\eta_l)'\right\}\mathrm{d}\xi_l\mathrm{d}\eta_l\mathrm{d}s\mathrm{d}t \\ &= \int_{[0,1]^{2N}}\prod_{l=1}^d \frac{2\pi}{\sqrt{\det \Gamma_l(s,t)}}\mathbb{E}\exp\left\{-\frac{1}{2}(x_l, x_l)\right. \\ &\quad\left.\Gamma_l(s,t)^{-1}(x_l,x_l)'\right\}\mathrm{d}s\mathrm{d}t \\ &\leqslant c\int_{[0,1]^{2N}}\prod_{l=1}^d \frac{1}{\sqrt{\det \mathrm{Cov}(X_l(s), X_l(t))}}\mathrm{d}s\mathrm{d}t,\end{aligned} \tag{5.4.32}$$

其中 $\Gamma_l(s,t) = \frac{1}{n}I_2 + \mathrm{Cov}(X_l(s), X_l(t))$。由公式 $\mathrm{detCov}(X_l(s), X_l(t)) = \mathrm{Var}(X_l(s)) \cdot \mathrm{Var}(X_l(t) \mid X_l(s))$ 和条件(C3)有，

$$\mathrm{detCov}(X_l(s), X_l(t)) \geqslant c\rho(s,t)^{\alpha_l} (l = 1, \cdots, d)。$$

由此和(5.4.32)式知，

$$\mathbb{E}(\|\sigma_n\|^2) \leqslant c\int_{[0,1]^{2N}} \frac{1}{\rho(s,t)^A}\mathrm{d}s\mathrm{d}t := c_{5,4,6} < \infty,$$

其中最后一个不等式由条件 $\Lambda < Q$ 可得。

与(5.4.32)类似地可以得到，

$$\mathbb{E}(\|\sigma_n\|_\gamma) \leqslant \int_{[0,1]^{2N}} \frac{1}{|s-t|^\gamma}$$

$$\times \prod_{l=1}^{d} \frac{2\pi}{\sqrt{\det \Gamma_l(s,t)}} \mathbb{E}\exp\left\{-\frac{1}{2}(x_l,x_l)\Gamma_l(s,t)^{-1}(x_l,x_l)'\right\} \mathrm{d}s\mathrm{d}t$$

$$\leqslant c\int_{[0,1]^{2N}} \frac{1}{|s-t|^\gamma \rho(s,t)^\Lambda} \mathrm{d}s\mathrm{d}t。$$

因为对任意的 $s,t\in[0,1]^N$，有 $|s-t| > c\rho(s,t)$，所以

$$\mathbb{E}(\|\sigma_n\|_\gamma) \leqslant c\int_{[0,1]^{2N}} \frac{1}{\rho(s,t)^{\gamma+\Lambda}} \mathrm{d}s\mathrm{d}t。 \tag{5.4.33}$$

又由于 $\gamma = \sum_{j=1}^{k} \frac{H_k}{H_j} + N - k - H_k\Lambda$ 和 $\sum_{j=1}^{k-1} \frac{1}{H_j} < \Lambda \leqslant \sum_{j=1}^{k} \frac{1}{H_j}$，所以

$$\gamma + \Lambda < Q。$$

由此和(5.4.33)式可得，

$$\mathbb{E}(\|\sigma_n\|_\gamma) \leqslant c\int_{[0,1]^{2N}} \frac{1}{\rho(s,t)^{\gamma+\Lambda}} \mathrm{d}s\mathrm{d}t := c_{5,4,7} < \infty。$$

这就证明了(5.4.32)式，从而定理 5.4.2 得证。

第 6 章　局部不确定性和时空各向异性高斯随机场的测度

6.1　引言

为了更好的模拟自然现象，学者们构造越来越多的多参数模型，例如多参数分数布朗运动、布朗单，以及一些各向异性随机场等。但是由于这些随机场相依结构的复杂性，人们必须开发新的工具用于研究这些随机场的概率性质，分析性质和统计性质等。这些新工具之一就是局部不确定性。本书的第二到五章都用到了局部不确定性这一工具。局部不确定性这一概念首先由 Berman(1973)引进，主要是为了统一和推广研究高斯过程局部时的存在性和联合连续性方法。从那时起，许多概率学者将 Berman 关于局部不确定的定义推广到更一般的情形。比如，Pitt(1978) 和 Cuzick (1982) 得到高斯随机场的局部不确定性；对任意的正函数 ϕ，Cuzick(1978) 得到了局部 ϕ-不确定。关于局部不确定很好的综述见 Xiao(2006)，其对各种局部不确定性的定义和应用都进行详述。最近 Lee 和 Xiao(2019)研究随机波动方程解的一致连续模时给出了一种积分形式的局部不确定性，因此对不同的随机场有着各种不同形式的局部不确定性。

到目前，强局部不确定性确实更适合于研究高斯随机场轨道精细的规则性(见 Xiao(2006))。因此考虑高斯随机过程或高斯随机场存在强局部不确定性存在的谱条件就变得相当重要。Cuzick 和 DuPreez(1982)利用谱测度给出平稳高斯过程存在强局部 ϕ-不确定性的一个充分条件。Xiao (2009)将这类充分的谱条件推广到近似各向同性的平稳高斯随机场。最近，Luan 和 Xiao(2012)研究了当 $\phi(r) = r$ 时各向异性平稳高斯随机场的强局部 ϕ-不确定的谱条件。本章的主要目的是：当 ϕ 满足某些一般性条件时，给出各向异性平稳实值高斯随机场存在强局部 ϕ-不确定的谱条件，该条件可由谱测度和某个矩阵 E 表示(见 § 6.2)。

在得到强局部 ϕ-不确定的谱条件后，本章先设所要研究的具有平稳增量时空各向异性高斯随机场的各个分量都是强局部 ϕ-不确定的（其中 $\phi_i(r)=r^{2\alpha_i},0<\alpha_i<1,i=1,\cdots,d$），然后研究该时空各向异性高斯随机场像集的确切 Hausdorff 测度。许多概率学者研究了 Markov 过程和高斯随机场像集的确切 Hausdorff 测度。例如，Taylor(1986)和 Xiao(2004)对 Markov 像集的确切 Hausdorff 测度做了相当好的综述；Kahane(1985)研究了高斯随机场像集的 Hausdorff 测度。最近，Luan 和 Xiao(2012)确定了一类具有平稳增量高斯随机场像集的确切 Hausdorff 测度，注意他们所研究的随机场的相空间是各向同性的。本章也将把他们的结果推广到时空各向异性高斯随机场。

下面对本章所要研究的具有平稳增量高斯随机场做基本介绍，主要是针对其随机积分表示做介绍。设 $X_0=\{X_0(t),t\in\mathbb{R}^N\}$ 是一零均值、实值的高斯随机场，且 $X_0(0)=0$。假设 X_0 具有平稳增量和连续的协方差函数 $C(s,t)=\mathbb{E}(X_0(s)X_0(t))$。由 Yaglom(1957)知，$C(s,t)$ 可表示为

$$C(s,t)=\int_{\mathbb{R}^N}(e^{\mathrm{i}\langle s,\lambda\rangle}-1)(e^{-\mathrm{i}\langle t,\lambda\rangle}-1)\Delta(\mathrm{d}\lambda)+\langle s,Rt\rangle, \quad (6.1.1)$$

其中 R 是一个 $N\times N$ 的非负定矩阵，$\Delta(\mathrm{d}\lambda)$（称为 X_0 的谱测度）是 $\mathbb{R}^N$ 上一非负对称测度且满足

$$\int_{\mathbb{R}^N}(1\wedge|\lambda|^2)\Delta(\mathrm{d}\lambda)<\infty。\quad (6.1.2)$$

众所周知，X_0 具有如下的随机积分表示：

$$X_0(t)=\int_{\mathbb{R}^N}(e^{\mathrm{i}\langle t,\lambda\rangle}-1)W(\mathrm{d}\lambda)+\langle\vec{\xi},t\rangle, \quad (6.1.3)$$

其中 $\vec{\xi}$ 是一 N-维零均值高斯随机向量，$W(\mathrm{d}\lambda)$ 是一与 $\vec{\xi}$ 独立的零均值、复值高斯随机测度且满足：对任意的 Borel 集 $A,B\subseteq\mathbb{R}^N$ 有，

$$\mathbb{E}(W(A)\overline{W(B)})=\Delta(A\cap B) \text{ 和 } W(-A)=\overline{W(A)}。$$

由中于(6.1.3)式中的线性项 $\langle\vec{\xi},t\rangle$ 并不会影响本章所考虑问题，所以在本章中恒假设 $\vec{\xi}=0$，即假设(6.1.1)的 $R=0$。因此，对任意的 $t\in\mathbb{R}^N$，可得

$$\begin{aligned}\sigma^2(h)&=\mathbb{E}((X_0(t+h)-X_0(t))^2)\\&=2\int_{\mathbb{R}^N}(1-\cos\langle h,\lambda\rangle)\Delta(\mathrm{d}\lambda)。\end{aligned} \quad (6.1.4)$$

注意到 $\sigma^2(h)$ 是由谱测度 Δ 唯一确定的。

本章部分内容取自 Ni 和 Chen(2020)，其结构如下：第 2 节给出了具有平稳增量高斯随机场存在强局部 ϕ-不确定性的谱条件，该条件可由 X_0 的谱测度和某个矩阵 E 表示。第 3 节研究了一类具有平稳增量高斯过程像集的确切 Hausdorff 测度。

6.2 强局部不确定性的谱条件

在给出本章的主要结果之前,先做一些准备。设 E 是一 $N \times N$ 矩阵,且 E 所有特征值的实部都是大于或等于 1。将全部特征值的实部记为 a_1,$\cdots$,$a_p(p \leqslant n)$,且不妨设 a_1 和 a_p 分别是这 p 个值中的最小和最大值。由§1.2 的第 4 小节,可定义矩阵 E 的迹和关于矩阵 E 的极坐标 $(\tau_E(x), l_E(x))$,且引理 1.2.8 和引理 1.2.9 仍然成立。

由(6.1.4)式,如果 $\sigma^2(h)$ 仅依赖于 $|h|$,则称 X_0 是各向同性高斯随机场。Xiao(2007)研究了近似各向同性高斯随机场具有强局部不确定的谱条件,所谓近似各向同性是指对某非降函数 ϕ,在 $h=0$ 的某个邻域有 $\sigma^2(h) \asymp \phi(|h|)$。如果 $\sigma^2(h)$ 仅依赖于各向异性度量 $\rho(0,h)$,则称是各向异性高斯随机场,其中对 $s,t \in \mathbb{R}^N, H_1,\cdots,H_N \in (0,1))$,定义各向异性度量 ρ 如下

$$\rho(s,t)=\sum_{j=1}^{N}|s_j-t_j|^{H_j}。\tag{6.2.1}$$

Luan 和 Xiao(2012)研究了当 $\phi(r)=r$ 时各向异性高斯随机场具有强局部 ϕ-不确定性的谱条件。

对某个非降函数 ϕ(显然 $\phi(r)=r$ 是非降函数),本节研究各向异性高斯随机场的强局部 ϕ-不确定性的谱条件,主要结论是下面的定理 6.2.1 和定理 6.2.5。证明的思想是基于 Xiao(2007)关于近似各向同性高斯场谱条件的处理方法,也可见 Kahane(1985),Pitt(1975,1978)和 Berman (1988, 1991)。

下面是本节的第一个主要结论。

定理 6.2.1 设 $X_0=\{X_0(t), t\in\mathbb{R}^N\}$ 是一具有平稳增量的零均值、实值高斯随机场,且 $X_0(0)=0$。用 Δ_c 表示 X_0 的谱测度 Δ 的绝对连续部分,从而 Δ_c 关于 Lebesgue 测度的密度函数存在,记为 f。设 E 是一 $N\times N$ 矩阵,且 E 的所有特征值的实部都大于或等于 1。假设存在两个局部有界函数 $\phi(r):\mathbb{R}_+\to\mathbb{R}_+$ 和 $h(\lambda):\mathbb{R}^N\to\mathbb{R}_+$ 满足下面条件:

(i) $\phi(0)=0$,且对任意的 $r>0$,有 $\phi(r)>0$;

(ii)对任意的 $r\in(0,1]$,$\lambda\in\mathbb{R}^N$ 有

$$\frac{f(r^{-E}\lambda)}{\phi(r)}\geqslant\frac{r^q}{h(\lambda)};\tag{6.2.2}$$

(iii)存在一个正的有限常数 η，使得对任意的 $\lambda \in \mathbb{R}^N$ 且 $\tau_E(\lambda)$ 充分大时有

$$h(\lambda) \leqslant \tau_E(\lambda)^{\eta}。 \tag{6.2.3}$$

对任给的 $T > 0$，令 $J = J(T) = [-T, T]^N$，则存在一个正的常数 $c_{6,2,1}$，使得对任意的 $t \in J \backslash \{0\}, 0 < r < \min\{1, \tau_E(t)\}$ 有

$$\operatorname{Var}(X_0(t) \mid X_0(s): s \in J, \tau_E(s-t) \geqslant r) \geqslant c_{6,2,1}\phi(r) \tag{6.2.4}$$

特别地，X_0 在超立方体 $[-T, T]^N$ 上是强局部 ϕ-不确定的。

为了证明定理 6.2.1，需要用到下面的引理 6.2.2。该引理是 Xiao (2007)中引理 2.2 的一个直接结论。事实上，由(6.2.2)和(6.2.3)式可得，存在正的常数 K, η' 使得 $f(\lambda) \geqslant \frac{K}{|\lambda|^{\eta'}}$ 成立，从而由 Xiao (2007)中引理 2.2 的证明方法可得。

引理 6.2.2 设 Δ_c 的密度函数 f 满足条件(i)—(iii)，则对任意给定的常数 $T > 0$ 和 $c_{6,2,2} > 0$，当 $|\lambda| < c_{6,2,2}$ 时，存在一个正的常数 $c_{6,2,3}$ 使得对所有形如下式

$$g(\lambda) = \sum_{k=1}^{n} b_k (e^{i\langle s^k, \lambda\rangle} - 1),$$

(这里 $b_k \in \mathbb{R}, s^k \in [-T, T]^N$) 的函数 g，可得

$$g(\lambda) = c_{6,2,3} |\lambda| \left(\int_{\mathbb{R}^N} |g(\xi)|^2 f(\xi) \mathrm{d}\xi \right)^{1/2}$$

定理 6.2.1 的证明如下：

因为(6.2.4)中的条件方差是 $X_0(t)$ 与 $\{X_0(s): s \in I, \tau_E(s-t) \geqslant r\}$ 所生成子空间的 $L^2(\mathbb{P})$-距离，所以只需证明对任意的 $t \in [-T, T]^N \backslash \{0\}, 0 < r < \min\{1, \tau_E(t)\}$，存在一个正的常数 $c_{6,2,1}$，使得对任意的整数 $n \geqslant 1$，以及所有 $b_k \in \mathbb{R}$ 和满足条件 $\tau_E(s^k - t) \geqslant r (k = 1, 2, \cdots, n)$ 的所有 $s^k \in [-T, T]^N$ 有

$$\mathbb{E}\left(X_0(t) - \sum_{k=1}^{n} b_k X_0(s^k)\right)^2 \geqslant c_{6,2,1}\phi(r) \tag{6.2.5}$$

成立即可。利用(6.1.3)和(6.1.4)式，可得

$$\begin{aligned} \mathbb{E}\left(X_0(t) - \sum_{k=1}^{n} b_k X_0(s^k)\right)^2 &= \int_{\mathbb{R}^N} \left| e^{i\langle t, \lambda\rangle} - \sum_{k=0}^{n} b_k e^{i\langle s^k, \lambda\rangle} \right|^2 \Delta(\mathrm{d}\lambda) \\ &\geqslant \int_{\mathbb{R}^N} \left| e^{i\langle t, \lambda\rangle} - \sum_{l=0}^{n} b_k e^{i\langle s^k, \lambda\rangle} \right|^2 f(\lambda) \mathrm{d}\lambda, \end{aligned} \tag{6.2.6}$$

其中令 $s^0=0, b_0=1-\sum_{k=1}^{n} b_k$。

下面选择一个取值于[0,1]上的凸函数 $\delta(\cdot)\in \mathbf{C}^{\infty}(\mathbb{R}^N)$，使其满足 $\delta(0)=1$，以及当 $x\notin B=\{x:\tau_E(x)<1\}$ 时，有 $\delta(x)=0$。设 $\hat{\delta}(t)$ 是 $\delta(\cdot)$ 的 Fourier 变换，则 $\hat{\delta}(t)\in \mathbf{C}^{\infty}(\mathbb{R}^N)$，且当 $t\to\infty$ 时，$\hat{\delta}(t)$ 是快速递减的，即当 $x\to\infty$ 时，对任意的 $l\geqslant 1$，有 $|x|^l|\hat{\delta}(x)|\to 0$。由此及引理1.2.8知，对任意的 $l\geqslant 1$，

$$\tau_E(x)^l|\hat{\delta}(x)|\to 0 \text{ 当 } x\to\infty。\tag{6.2.7}$$

利用变量替换 $u=r^{E'}\lambda$ 和逆 Fourier 变换，可得

$$\begin{aligned}\mathcal{J}:&=\int_{\mathbb{R}^N}\Big(e^{\mathrm{i}\langle t,\lambda\rangle}-\sum_{k=0}^{n} b_k e^{\mathrm{i}\langle s^k,\lambda\rangle}\Big)e^{-\mathrm{i}\langle t,\lambda\rangle}\hat{\delta}(r^{E'}\lambda)\mathrm{d}\lambda\\&=\int_{\mathbb{R}^N}\Big(\hat{\delta}(r^{E'}\lambda)-\sum_{k=0}^{n} b_k e^{\mathrm{i}\langle s^k-t,\lambda\rangle}\hat{\delta}(r^{E'}\lambda)\Big)\mathrm{d}\lambda\\&=\int_{\mathbb{R}^N}\Big(\hat{\delta}(u)-\sum_{k=0}^{n} b_k e^{\mathrm{i}\langle r^{-E}(s^k-t),u\rangle}\hat{\delta}(u)\Big)r^{-q}\mathrm{d}\lambda\\&=r^{-q}(2\pi)^N\Big(\delta(0)-\sum_{k=0}^{n} b_k\delta(r^{-E}(s^k-t))\Big),\end{aligned}\tag{6.2.8}$$

其中 E' 表示矩阵 E 的转置。因为对所有的 $k=0,1,\cdots,n$，$\tau_E(s^k-t)\geqslant r$，所以由 $\tau_E(x)$ 的齐次性：$\tau_E(r^E x)=r\tau_E(x)$ 有 $\tau_E(r^{-E}(s^k-t))=\tau_E(s^k-t)/r\geqslant 1$，从而对所有的 $k=0,1,\cdots,n$ 可得 $\delta(r^{-E}(s^k-t))=0$。因此由(6.2.8)式，可得

$$\mathcal{J}=r^{-q}(2\pi)^N。\tag{6.2.9}$$

设 $b_k\in\mathbb{R}, s^k\in[-T,T]^N$，定义

$$g(\lambda)=\sum_{k=1}^{n} b_k(e^{\mathrm{i}\langle s^k,\lambda\rangle}-1)。$$

由引理6.2.2和引理1.2.8可推得，对任意给定的常数 $T>0$ 和 $c_{6,2,4}>1$，存在一个正常数 $c_{6,2,5}$ 使得对形如 $g(\lambda)$ 的任意函数，在条件 $\tau_E(\lambda)\leqslant 1$ 下，有

$$g(\lambda)\leqslant c_{6,2,5}\tau_E(\lambda)^{\frac{a_1}{1+\delta}}\Big(\int_{\mathbb{R}^N}|g(\xi)|^2 f(\xi)\mathrm{d}\xi\Big)^{1/2},\tag{6.2.10}$$

以及在条件 $1<\tau_E(\lambda)\leqslant c_{6,2,4}$ 下，有

$$g(\lambda)\leqslant c_{6,2,4}\tau_E(\lambda)^{\frac{a_p}{1-\delta}}\Big(\int_{\mathbb{R}^N}|g(\xi)|^2 f(\xi)\mathrm{d}\xi\Big)^{1/2},\tag{6.2.11}$$

其中 $\delta>0$ 是一个充分小的常数。现在选择上面的常数 $c_{6,2,4}>1$ 使得对任意满足条件 $\tau_E(\lambda)\geqslant c_{6,2,4}$ 的 λ，(6.2.3)式成立。由此可证明(6.2.8)中第

一个积分的上界。事实上,先将(6.2.8)式中的第一个积分的积分区域划分成三个区域$\{\lambda:\tau_E(\lambda)\leqslant 1\}$,$\{\lambda:1<\tau_E(\lambda)\leqslant c_{6,2,4}\}$和$\{\lambda:\tau_E(\lambda)>c_{6,2,4}\}$,并将三个积分分别记为$\mathcal{T}_1$,$\mathcal{T}_2$和$\mathcal{T}_3$。

由(6.2.10)和(6.2.6)式有,

$$
\begin{aligned}
|\mathcal{T}_1| &\leqslant \int_{\{\lambda:\tau_E(\lambda)\leqslant 1\}} \left|\left(e^{i\langle t,\lambda\rangle}-\sum_{k=0}^{n} b_k e^{i\langle s^k,\lambda\rangle}\right)\right| \, |\hat{\delta}(r^{E'}\lambda)|\, d\lambda \\
&\leqslant \int_{\{\lambda:\tau_E(\lambda)\leqslant 1\}} \tau_E(\lambda)^{\frac{a_1}{1+\delta}} |\hat{\delta}(r^{E'}\lambda)|\, d\lambda \\
&\quad \cdot \left(\int_{\{\lambda:\tau_E(\lambda)\leqslant 1\}} \left|e^{i\langle t,\lambda\rangle}-\sum_{k=0}^{n} b_k e^{i\langle s^k-t,\lambda\rangle}\right|^2 f(\lambda)\, d\lambda\right)^{1/2} \\
&\leqslant c\mathbb{E}\left(X_0(t)-\sum_{k=1}^{n} b_k X_0(s^k)\right)^2。
\end{aligned}
\tag{6.2.12}
$$

同理,由(6.2.11)和(6.2.6)式有,

$$
|\mathcal{T}_2| \leqslant c\mathbb{E}\left(X_0(t)-\sum_{k=1}^{n} b_k X_0(s^k)\right)^2。 \tag{6.2.13}
$$

注意(6.2.12)和(6.2.13)式中的正常数c仅依赖于T和$c_{6,2,4}$。利用Cauchy-Schwartz 不等式,可得

$$
\begin{aligned}
|\mathcal{T}_3|^2 &\leqslant \int_{\{\lambda:\tau_E(\lambda)\geqslant c_{6,2,4}\}} \left|e^{i\langle t,\lambda\rangle}-\sum_{k=0}^{n} b_k e^{i\langle s^k-t,\lambda\rangle}\right|^2 f(\lambda)\, d\lambda \\
&\quad \cdot \int_{\{\lambda:\tau_E(\lambda)\geqslant c_{6,2,4}\}} \frac{1}{f(\lambda)} |\hat{\delta}(r^{E'}\lambda)|^2 d\lambda \\
&\leqslant \mathbb{E}\left(X_0(t)-\sum_{k=1}^{n} b_k X_0(s^k)\right)^2 \cdot r^{-q}\int_{\{\lambda:\tau_E(\lambda)\geqslant c_{6,2,4}r\}} \frac{1}{f(r^{-E'}\lambda)} |\hat{\delta}(\lambda)|^2 d\lambda,
\end{aligned}
\tag{6.2.14}
$$

其中不等式由(6.2.6)式和极坐标变量替换保证。由(6.2.2)和(6.2.3)式有,

$$
\begin{aligned}
\int_{\{\lambda:\tau_E(\lambda)\geqslant c_{6,2,4}r\}} \frac{|\hat{\delta}(\lambda)|^2}{f(r^{-E'}\lambda)} d\lambda &\leqslant \int_{\{\lambda:\tau_E(\lambda)\geqslant c_{6,2,4}r\}} r^{-q}\phi(r)^{-1} h(\lambda) |\hat{\delta}(\lambda)|^2 d\lambda \\
&\leqslant c r^{-q}\phi(r)^{-1}\left(\int_{\{\lambda:\tau_E(\lambda)\leqslant c_{6,2,4}\}} h(\lambda)|\hat{\delta}(\lambda)|^2 d\lambda \right.\\
&\quad \left. +\int_{\{\lambda:\tau_E(\lambda)\geqslant c_{6,2,4}\}} \tau_E(\lambda)^{\eta} |\hat{\delta}(\lambda)|^2 d\lambda\right) \\
&\leqslant c r^{-q}(\phi(r))^{-1}
\end{aligned}
\tag{6.2.15}
$$

联合(6.2.12)—(6.2.15)式,可得

$$
\mathcal{J}^2 \leqslant c r^{-2q}(\phi(r))^{-1}\, \mathbb{E}\left(X_0(t)-\sum_{k=1}^{n} b_k X_0(s^k)\right)^2。 \tag{6.2.16}
$$

由此和(6.2.9)式，可得

$$(2\pi)^{2N}r^{-2q} \leqslant cr^{-2q}(\phi(r))^{-1}\,\mathbb{E}\left(X_0(t)-\sum_{k=1}^{n}b_kX_0(s^k)\right)^2。\qquad(6.2.17)$$

这就证明了(6.2.5)式是成立的。因此本定理证毕。

注 6.2.3　当 J 是由有限个元素构成的集合时，由定理 6.2.1 的证明知，定理 6.2.1 的结论仍然成立。

同 Xiao(2007)类似，需要研究 $\phi(\tau_E(b))$ 和 $\sigma(b)$ 之间的关系，该关系可用来研究高斯随机场 X_0 的样本轨道性质。本章将证明，在一个与 Xiao(2007)(也可见 Berman (1988,1991))类似的条件下，存在一个非降函数 ϕ 使得 X_0 是 SLϕND，且函数 $\phi(\tau_E(b))$ 和 $\sigma(b)$ 是可比较的。下面先做一些符号说明。在本节剩余部分，恒设 $\phi(r)=\Delta\left\{\xi:\tau_E(\xi)\geqslant\frac{1}{r}\right\}$ 且 $\phi(0)=0$，则 ϕ 是$[0,\infty)$上是非降且连续的函数。令 $G(r)=\Delta\{\xi:\tau_E(\xi)\geqslant r\}$。假设谱测度 Δ 的密度函数 $f(\lambda)$满足条件：

$$\begin{aligned}0<\underline{\alpha_E}&=\frac{1}{2}\liminf_{\lambda\to\infty}\frac{\beta_N\tau_E(\lambda)^q f(\lambda)}{G(\tau_E(\lambda))}\\&\leqslant\frac{1}{2}\limsup_{\lambda\to\infty}\frac{\beta_N\tau_E(\lambda)^q f(\lambda)}{G(\tau_E(\lambda))}=\overline{\alpha_E}<1\end{aligned}\qquad(6.2.18)$$

其中 $\beta_N=\mu(S_N)$。这里 μ,S_N 如引理 1.2.9 所定义。

首先可得如下引理。

引理 6.2.4　若(6.2.18)式成立，则对任意的 $\epsilon\in(0,2\min\{\underline{\alpha_E},1-\overline{\alpha_E}\})$，存在一个常数 $r_0>0$ 使得对所有的 $0<x\leqslant y\leqslant r_0$，有

$$\left(\frac{x}{y}\right)^{2\overline{\alpha_E}+\epsilon}\leqslant\frac{\phi(x)}{\phi(y)}\leqslant\left(\frac{x}{y}\right)^{2\underline{\alpha_E}-\epsilon}。\qquad(6.2.19)$$

更进一步地，

(i)当 δ 充分小时，$\lim\limits_{r\to0}\frac{\phi(r)}{r^{2(1-\delta)}}=\infty$。

(ii)函数 ϕ 具有坐标伸缩性质。即，存在一个正常数 $c_{6,2,6}$ 使得对所有的 $0<r<r_0/2$，有

$$\phi(2r)\leqslant c_{6,2,6}\,\phi(r)。\qquad(6.2.20)$$

证明　因为 $G(r)=\Delta\{\xi:\tau_E(\xi)\geqslant r\}=\int_{\tau_E(\xi)\geqslant r}f(\xi)\mathrm{d}\xi$，所以由引理 1.2.9 知，

$$G(r)=\int_r^{\infty}\rho^{q-1}\int_{S_N}f(\rho^E\theta)\mu(\mathrm{d}\theta)\mathrm{d}\rho。\qquad(6.2.21)$$

从而采用 Xiao(2007)的处理方法可得(6.2.19)式。下面证明结论(i)和

(ii)成立。

(i)利用(6.2.19)式左边的不等式可得，

$$\frac{\phi(x)}{x^{2\overline{\alpha_E}+\epsilon}} \geqslant \frac{\phi(y)}{y^{2\overline{\alpha_E}+\epsilon}}。\tag{6.2.22}$$

注意到 $0 < x \leqslant y \leqslant r_0$，则 $\frac{\phi(x)}{x^{2\overline{\alpha_E}+\epsilon}}$ 是 $(0, r_0]$ 上的非增函数。故

$$\frac{\phi(x)}{x^{2\overline{\alpha_E}+\epsilon}} \geqslant \frac{\phi(r_0)}{r_0^{2\overline{\alpha_E}+\epsilon}} := C。\tag{6.2.23}$$

从而

$$\begin{aligned}\frac{\phi(x)}{x^{2(1-\delta)}} &= \frac{\phi(x)}{x^{2\overline{\alpha_E}+\epsilon}} \cdot \frac{x^{2\overline{\alpha_E}+\epsilon}}{x^{2(1-\delta)}} \\ &\geqslant Cx^{2(\overline{\alpha_E}-1)+\epsilon+2\delta} \to \infty \quad 当\ x \to 0\end{aligned}\tag{6.2.24}$$

由于 δ 可选得充分小使得 $2(\overline{\alpha_E}-1)+\epsilon+2\delta < 0$ 成立，所以(i)成立。

(ii)令 $y = 2x$，则结论由(6.2.18)式立得。引理6.2.4证毕。

下面的定理证明了，在条件(6.2.18)式下，当 $\tau_E(b)$ 在原点0附近时，X_0 是SLϕND且 $\phi(\tau_E(b))$ 与 $\sigma^2(b)$ 是可比较的。

定理6.2.5 设 $X_0 = \{X_0(t), t \in \mathbb{R}^N\}$ 是一初值为0，且具有平稳增量的零均值实值高斯随机场，f 是随机场 X_0 的谱测度 Δ 的密度函数，以及 E 是一所有的特征值实部都大于或等于1的 $N \times N$ 矩阵。假设 f 满足条件(6.2.18)，则

$$0 < \liminf_{b \to 0} \frac{\sigma^2(b)}{\phi(\tau_E(b))} \leqslant \limsup_{b \to 0} \frac{\sigma^2(b)}{\phi(\tau_E(b))} < \infty。\tag{6.2.25}$$

此外，对每个 $T > 0$，X_0 在立体 $[-T, T]^N$ 上满足SLϕND。

证明 本定理的证明将借助于Xiao(2007)中定理2.5的证明思想。由条件(6.2.18)可得，对任意的 $\epsilon \in (0, 2\min\{\underline{\alpha_E}, 1-\overline{\alpha_E}\})$，存在常数 $\omega_0 \in (0, r_0]$（此处的 r_0 由引理6.2.4所定义，也不妨设 $r_0 \leqslant 1$）使得对满足 $\tau_E(\lambda) \geqslant \frac{1}{\omega_0} \geqslant 1$ 的所有 $\lambda \in \mathbb{R}^N$ 有下式成立：

$$2\underline{\alpha_E} - \epsilon \leqslant \frac{\beta_N \tau_E(\lambda)^q f(\lambda)}{G(\tau_E(\lambda))} \leqslant 2\overline{\alpha_E} + \epsilon。\tag{6.2.26}$$

为了证明(6.2.25)式成立，只要证明当 $b \in \mathbb{R}^N$ 且 $\tau_E(b)$ 充分小时，$\frac{\sigma^2(b)}{\phi(\tau_E(b))}$ 是介于两个正的常数之间即可。由于 $\tau_E(b)$ 充分小，不妨设 $\tau_E(b) < \omega_0 \leqslant 1$。令 $T > 0$ 是满足 $T\tau_E(b) < 1$ 的任一常数。将(6.1.4)式的积分区域划分为 $\{\lambda : \tau_E(\lambda) \leqslant T\}$，$\left\{\lambda : T < \tau_E(\lambda) \leqslant \frac{1}{\tau_E(b)}\right\}$ 和 $\left\{\lambda : \tau_E(\lambda) >\right.$

$\left.\frac{1}{\tau_E(b)}\right\}$ 三部分，并将在它们上面的积分分别表示为 J_1, J_2 和 J_3。

先证明(6.2.25)式中的左边不等式。利用引理 6.2.4，(6.2.26)式和变量替换 $u=\tau_E(b)^E\lambda$ 可得，对满 $\tau_E(b)<\omega_0\leqslant 1$ 任意的 $b\in\mathbb{R}^N$ 有

$$\begin{aligned}\frac{J_3}{\phi(\tau_E(b))} &\geqslant \frac{2\alpha_E-\varepsilon}{\beta_N}\int_{\left\{\lambda:\tau_E(\lambda)>\frac{1}{\tau_E(b)}\right\}}(1-\cos\langle b,\lambda\rangle)\frac{\phi(\tau_E(\lambda)^{-1})}{\phi(\tau_E(b))}\cdot\frac{\mathrm{d}\lambda}{\tau_E(\lambda)^q}\\ &\geqslant \frac{2\alpha_E-\varepsilon}{\beta_N}\int_{\{\lambda:\tau_E(\lambda)\tau_E(b)>1\}}(1-\cos\langle b,\lambda\rangle)\left(\frac{\tau_E(\lambda)^{-1}}{\tau_E(b)}\right)^{2\underline{\alpha}_E+\epsilon}\cdot\frac{\mathrm{d}\lambda}{\tau_E(\lambda)^q}\\ &=\frac{2\alpha_E-\varepsilon}{\beta_N}\int_{\{u:\tau_E(u)>1\}}(1-\cos\langle\tau_E(b)^{-E'}b,u\rangle)\frac{\mathrm{d}u}{\tau_E(u)^{q+2\underline{\alpha}_E+\epsilon}}。\end{aligned}\tag{6.2.27}$$

令 $\xi=\tau_E(b)^{-E'}b$，则 $\tau_E(\xi)=1$。因此 $\xi\in\mathbb{R}^N\backslash\{0\}$。由引理 1.2.8 知

$$\begin{aligned}&\int_{\{u:\tau_E(u)>1\}}(1-\cos\langle\xi,u\rangle)\frac{\mathrm{d}\lambda}{\tau_E(u)^{q+2\underline{\alpha}_E+\epsilon}}\\ &\geqslant\int_{\left\{u:|u|^{\frac{1-\delta}{a_p}}>1\right\}}(1-\cos\langle\xi,u\rangle)\frac{\mathrm{d}u}{|u|^{(1+\delta)(q+2\underline{\alpha}_E+\epsilon)/a_1}}\\ &=\int_{\{u:|u|>1\}}(1-\cos\langle\xi,u\rangle)\frac{\mathrm{d}u}{|u|^{(1+\delta)(q+2\underline{\alpha}_E+\epsilon)/a_1}}。\end{aligned}\tag{6.2.28}$$

因为对任意的 $\delta>0$，有 $N<(1+\delta)(q+2\underline{\alpha}_E+\epsilon)/a_1$，所以

$$\int_{\{u:|u|>1\}}(1-\cos\langle\xi,u\rangle)\frac{\mathrm{d}u}{|u|^{(1+\delta)(q+2\underline{\alpha}_E+\epsilon)/a_1}}<\infty。\tag{6.2.29}$$

从而由 Xiao (2003)中引理 3.3 知，(6.2.29)式中的积分大于或等于一个正常数。由此并结合(6.1.4)和(6.2.27)—(6.2.28)式，可得(6.2.25)式中左边不等式成立。

下面证明(6.2.25)式右边不等式成立，这只需要证明对所有的 $l=1,2,3$，存在一个正的常数 $c_{6,2,7}$ 使得 $\frac{J_l}{\phi(\tau_E(b))}<c_{6,2,7}$ 成立即可。因为 $\tau_E(\lambda)$ 是关于 λ 的连续函数，所以集合 $\{\lambda\in\mathbb{R}^N:\tau_E(\lambda)\leqslant T\}$ 是一个闭集。因此存在一个常数 $K>0$ 使得 $\{\lambda\in\mathbb{R}^N:\tau_E(\lambda)\leqslant T\}\subseteq\{\lambda\in\mathbb{R}^N:|\lambda|\leqslant K\}$。由此及(6.1.2)式，可得

$$\begin{aligned}\frac{J_1}{\phi(\tau_E(b))}&=\int_{\{\lambda:\tau_E(\lambda)\leqslant T\}}(1-\cos\langle b,\lambda\rangle)\frac{f(\lambda)}{\phi(\tau_E(b))}\mathrm{d}\lambda\\ &\leqslant c\int_{\{\lambda:|\lambda|\leqslant K\}}|b|^2\cdot|\lambda|^2\frac{f(\lambda)}{\phi(\tau_E(b))}\mathrm{d}\lambda\\ &\leqslant c\frac{|b|^2}{\phi(\tau_E(b))},\end{aligned}\tag{6.2.30}$$

其中在第一个不等式中用到了不等式：$1-\cos\langle b,\lambda\rangle\leqslant\frac{1}{2}|b|^2\cdot|\lambda|^2$。利用(6.2.30)式，引理1.2.8和引理6.2.4可得，当δ充分小时有

$$\frac{J_1}{\phi(\tau_E(b))}\leqslant c\frac{\tau_E(b)^{2(a_1-\delta)}}{\phi(\tau_E(b))}$$

$$\leqslant c\frac{\tau_E(b)^{2(1-\delta)}}{\phi(\tau_E(b))}\cdot\tau_E(b)^{2(a_1-1)}\to 0,\text{当 } b\to 0,\tag{6.2.31}$$

上式中最后一个极限成立是由于$2(a_1-1)\geqslant 0$。由(6.2.26)成立的条件，可以选择一个常数$T>\frac{1}{\omega_0}$，使得当$\lambda\in\mathbb{R}^N$满足$\tau_E(\lambda)>T$时，有(6.2.26)式成立，从而由(6.2.26)式，引理6.2.4，以及条件$\tau_E(b)<\omega_0$知，

$$\frac{J_2}{\phi(\tau_E(b))}\leqslant\frac{2\overline{\alpha_E}+\epsilon}{\beta_N}\int_{\left\{\lambda:T<\tau_E(\lambda)<\frac{1}{\tau_E(b)}\right\}}(1-\cos\langle b,\lambda\rangle)\frac{\phi(\tau_E(\lambda)^{-1})}{\phi(\tau_E(b))}\cdot\frac{d\lambda}{\tau_E(\lambda)^q}$$

$$\leqslant\frac{2\overline{\alpha_E}+\epsilon}{\beta_N}\int_{\left\{\lambda:T<\tau_E(\lambda)<\frac{1}{\tau_E(b)}\right\}}(1-\cos\langle b,\lambda\rangle)\frac{1}{(\tau_E(\lambda)\tau_E(b))^{2\overline{\alpha_E}+\epsilon}}\cdot\frac{d\lambda}{\tau_E(\lambda)^q}。\tag{6.2.32}$$

故利用引理1.2.9和不等式$1-\cos\langle b,\lambda\rangle\leqslant\frac{1}{2}|b|^2|\lambda|^2$可得，

$$\begin{aligned}\frac{J_2}{\phi(\tau_E(b))}&\leqslant\frac{2\overline{\alpha_E}+\epsilon}{2\beta_N}\int_{\{\lambda:\tau_E(\lambda)\leqslant 1\}}\frac{|\tau_E(b)^{-E}b|^2|\lambda|^2}{(\tau_E(\lambda))^{q+2\overline{\alpha_E}+\epsilon}}d\lambda\\&\leqslant c\int_{\{\lambda:\tau_E(\lambda)\leqslant 1\}}\frac{\tau_E(\tau_E(b)^{-E}b)^{2(a_1-\delta)}\tau_E(\lambda)^{2(a_1-\delta)}}{(\tau_E(\lambda))^{q+2\overline{\alpha_E}+\epsilon}}d\lambda\\&=c\int_{\{\lambda:\tau_E(\lambda)\leqslant 1\}}\frac{1}{(\tau_E(\lambda))^{q+2\overline{\alpha_E}-2a_1-2\delta+\epsilon}}d\lambda\\&=c\int_0^1\frac{1}{r^{1+2\overline{\alpha_E}-2a_1-2\delta+\epsilon}}dr<\infty,\end{aligned}\tag{6.2.33}$$

上面第二个不等式由引理1.2.8可得，最后一个等式由引理1.2.9可得，而最后一个不等式成立是因为当δ和ϵ充分小时，有$2\overline{\alpha_E}-2a_1-2\delta+\epsilon<0$成立。同理可得

$$\begin{aligned}\frac{J_3}{\phi(\tau_E(b))}&\leqslant\frac{2\overline{\alpha_E}+\epsilon}{\beta_N}\int_{\left\{\lambda:\tau_E(\lambda)>\frac{1}{\tau_E(b)}\right\}}(1-\cos\langle b,\lambda\rangle)\frac{\phi(\tau_E(\lambda)^{-1})}{\phi(\tau_E(b))}\cdot\frac{d\lambda}{\tau_E(\lambda)^q}\\&\leqslant 2\frac{2\overline{\alpha_E}+\epsilon}{\beta_N}\int_{\left\{\lambda:\tau_E(\lambda)>\frac{1}{\tau_E(b)}\right\}}\frac{1}{(\tau_E(\lambda)\tau_E(b))^{2\underline{\alpha_E}-\epsilon}}\cdot\frac{d\lambda}{\tau_E(\lambda)^q}\\&=c\int_{\{\lambda:\tau_E(\lambda)\geqslant 1\}}\frac{1}{(\tau_E(\lambda))^{q+2\underline{\alpha_E}-\epsilon}}d\lambda\end{aligned}$$

$$= c\int_1^{\infty} \frac{1}{r^{1+2\underline{\alpha_E}-\epsilon}} \mathrm{d}r < \infty。 \tag{6.2.34}$$

由(6.2.30)—(6.2.34)式知,对所有的 $l=1,2,3$,存在正的常数 $c_{6,2,7}$ 使得 $\frac{J_l}{\phi(\tau_E(b))} < c_{6,2,7}$ 成立。这就意味着(6.2.25)式右边不等式是成立的,从而(6.2.25)式成立。

最后,令 $h(\lambda) = \frac{\tau_E(\lambda)^{q+2\overline{\alpha_E}+\epsilon}}{2\underline{\alpha_E}-\epsilon}$,则由(6.2.26)式和引理 6.2.4 知,条件(6.2.2)和(6.2.3)式成立。因此利用定理 6.2.1 可得,对所有的 $T>0$,X_0 在 $[-T,T]^N$ 上是强局部 ϕ 不确定的。定理证毕。

下面是关于定理 6.2.5 的两点注。

注 6.2.6　(i)令 $E = \mathrm{diag}(1/H_1,\cdots,1/H_N)$,即,

$$E = \begin{pmatrix} \frac{1}{H_1} & & & \\ & \frac{1}{H_2} & & \\ & & \ddots & \\ & & & \frac{1}{H_N} \end{pmatrix},$$

则由 Biermé 和 Lacaux (2009)中推论 3.4,以及 Li 等人(2015)中的引理 2.2 有

$$\tau_E(s) \asymp \rho(0,s) = \sum_{j=1}^{N} |s_j|^{H_j},$$

其中 ρ 由(6.2.1)式所定义。此外,利用引理 6.2.4(ii)和定理 6.2.5,可得对任意的 $T>0$,存在一个正的常数 $c_{6,2,8}$ 使得对所有的 $t\in[-T,T]^N\backslash\{0\}$ 和 $0<r<\min\{1,\rho(0,t)\}$,有

$$\mathrm{Var}(X_0(t) \mid X_0(s): s\in J, \rho(s,t)\geqslant r) \geqslant c_{6,2,8}\phi(r)。$$

即,X_0 在闭区间 $[-T,T]^N$ 上和度量 ρ 下是强局部 ϕ-不确定的。在下一节,将构造一类满足 $\phi(r)=r^{2\alpha}$ 的强局部 ϕ-不确定的且具有平稳增量的高斯随机场,并研究其像集的确切 Hausdorff 测度。

(ii)若 E 是单位矩阵,则

$$\tau_E(s) \asymp |s|。$$

因此本节结论在某种意义上拓展了 Xiao (2009) 的结论。

6.3 像集的确切 Hausdorff 测度

Xiao(2009)确定了一类时间各向异性高斯随机场像集的 Hausdorff 维数。随后，Luan 和 Xiao(2012)确定了该随机场像集的确切 Hausdorff 测度。在 5.4 中已经得到了一类时空各向异性高斯随机场像集的 Hausdorff 维数，也可见 Ni 和 Chen(2018)。本节将确定该类时空各向异性平稳增量高斯随机场像集的确切 Hausdorff 测度。关于 Hausdorff 维数和 Hausdorff 测度的定义见 §1.2。

为了便于后面的讨论，先介绍一些符号。在本小节中，恒假定 $H=(H_1,\cdots,H_N)\in(0,1)^N$ 和 $\alpha=(\alpha_1,\cdots,\alpha_d)\in(0,1]^d$ 是两个固定的向量，而 $I=[0,1]^N$ 是一时间域中的立方体。令 $Q=\sum_{j=1}^{N}\frac{1}{H_j}$。

下面给出本节将讨论的随机场。设 $X=\{X(t)\in\mathbb{R}^d,t\in\mathbb{R}^N\}$ 是概率空间 $(\Omega,\mathcal{F},\mathbb{P})$ 上一具有平稳增量的零均值高斯随机场，定义如下：

$$X(t)=(X_1(t),\cdots,X_d(t))。\tag{6.3.1}$$

为了方便起见，按 Adler (1981) 的方式称 X 为 (N,d)-高斯随机场。本节还假定 X 满足下面 3 个条件：

(C1) X 的各个分量是相互独立的。

(C2)存在正的常数 $c_{6,3,1}$ 和 $c_{6,3,2}$ 使得对所有的 $1\leqslant i\leqslant d$ 有

$$c_{6,3,1}\rho(s,t)^{2\alpha_i}\leqslant\mathbb{E}\,(X_i(t)-X_i(s))^2\leqslant c_{6,3,2}\rho(s,t)^{2\alpha_i},\ \forall\, s,t\in I\tag{6.3.2}$$

成立。

(C3)存在常数 $c_{6,3,3}>0$ 使得对所有的 $1\leqslant i\leqslant d$，任意的整数 $n\geqslant1$ 和所有的 $t,s^1,\cdots,s^n\in I$ 有

$$\mathrm{Var}(X_i(t)\mid X_i(s^1),\cdots,X_i(s^n))\geqslant c_{6,3,3}\min_{0\leqslant l\leqslant n}\rho(s^l,t)^{2\alpha_i},\tag{6.3.3}$$

其中 $s^0=0$。

下面是关于所定义随机场的两点注。

注 6.3.1 (i)如果 X 的各个分量 X_i 都是具有平稳增量的，且谱密度满足(6.2.18) 式，则条件(C2)和(C3)成立。这是因为利用(6.2.25)式可得条件(C2)，而由注 6.2.3 和(6.2.25)式，以及 $\phi_i(r)=r^{2\alpha_i}$ 的单调性可得条件(C3)。由于这里所定义的随机场并没有对它的谱测度进行限制，所以条件(C2)和(C3) 显然要比上一节中的条件也更一般。

(ii)由条件(C2)知，X 在 I 上具有一个样本轨道几乎处处连续的版本。因此，本节中总是假定 X 具有连续的样本轨道。

6.3.1　一些引理

为了确定随机场 X 像集的确切 Hausdorff 测度，先给出一些引理。在本章的剩余部分，恒假定 $0 < H_1 \leqslant H_2 \leqslant \cdots \leqslant H_N < 1$ 和 $0 < \alpha_1 \leqslant \alpha_2 \leqslant \cdots \leqslant \alpha_d \leqslant 1$，值得注意的是，这两个假定是非本质的，仅仅是为了符号上的方便。

设 ψ 是一个单调非降函数，满足 $\psi(0^+) = 0$ 和坐标伸缩性质(见 6.2.20)。对任意的 $\mathbb{R}^d$ 上 Borel 测度 μ，定义 μ 在 $x \in \mathbb{R}^d$ 处的上 ψ 密度如下：

$$\overline{D}_{\mu}^{\psi}(x) = \limsup_{r \to 0} \frac{\mu(B(x,r))}{\psi(2r)}。$$

下面的引理取自 Roger(1970)。该引理用于确定 Hausdorff 测度 $\psi - m(E)$ 的下界。

引理 6.3.2　设 ψ 是一非降函数，且满足 $\psi(0^+) = 0$ 和坐标伸缩性质，则存在一个正的常数 K，使得对任意的 $\mathbb{R}^d$ 上 Borel 测度 μ，以及每个 Borel 集 $E \subseteq \mathbb{R}^d$ 都有

$$\psi - m(E) \geqslant K\mu(E) \inf_{x \in E} \{\overline{D}_{\mu}^{\psi}(x)\}^{-1}。\tag{6.3.4}$$

引理 6.3.3　设 $X = \{X(t), t \in \mathbb{R}^N\}$ 是一 (N,d)-高斯随机场，且满足条件(C2)。则对所有的 $1 \leqslant i \leqslant d$，以及任意的 $r > 0, u > cr_i^{\alpha}$，存在一个常数 $c_{6,3,4} > 0$ 使得

$$\mathbb{P}\{\sup_{\rho(0,t) \leqslant r} |X_i(t)| \geqslant u\} \leqslant \exp\left\{-\frac{c_{6,3,4}u^2}{r^{2\alpha_i}}\right\}。\tag{6.3.5}$$

证明　令 $S = \{t: \rho(0,t) \leqslant r\}$，并定义 $\mathbb{R}^N$ 上的一个伪度量

$$d(s,t) = (\mathbb{E}|X_i(s) - X_i(t)|^2)^{\frac{1}{2}}。$$

则由条件(C2)可得

$$N_d(S,\epsilon) \leqslant \prod_{j=1}^{N} \frac{r^{\frac{1}{H_j}}}{\left(\frac{\varepsilon}{c}\right)^{\frac{1}{\alpha_i} \cdot \frac{1}{H_j}}} = c\left(\frac{r}{\epsilon^{\frac{1}{\alpha_i}}}\right)^Q,$$

且

$$D = \sup\{d(s,t): s,t \in S\} \leqslant cr^{\alpha_i}。$$

通过基本的计算可得

$$\int_0^D \sqrt{\log N_d(S,\epsilon)}\,\mathrm{d}\epsilon \leqslant cr^{\alpha_i}。$$

如果 $u > cr_i^{\alpha}$，则由 Talagrand(1995)的引理 2.1 知

$$
\begin{aligned}
&\mathbb{P}\{\sup_{\rho(0,t)\leqslant r}|X_i(t)|\geqslant 2cu\} \\
\leqslant &\mathbb{P}\left\{\sup_{\rho(0,t)\leqslant r}|X_i(t)|\geqslant c\left(u+\int_0^D\sqrt{\log N_d(S,\epsilon)}\,d\epsilon\right)\right\} \\
\leqslant &\exp\left\{-c\frac{u^2}{r^{2\alpha_i}}\right\}。
\end{aligned}
$$

因此

$$
\mathbb{P}\{\sup_{\rho(0,t)\leqslant r}|X_i(t)|\geqslant 2cu\}\leqslant \exp\left\{-c\frac{u^2}{r^{2\alpha_i}}\right\}。
$$

对任意的 $0 < a < b < \infty$，记

$$
Y_i(a,b,t)-\int_{a\leqslant\rho(0,\lambda)\leqslant b}(e^{i\langle t,\lambda\rangle}-1)W(d\lambda),
$$

其中 $W(\cdot)$ 表示 $\mathbb{R}^N$ 上的高斯随机测度(见(6.1.3)式)。

引理 6.3.4 对所有的 $1\leqslant i\leqslant d$ 和任意的 $0<a<b<\infty, 0<\epsilon<r^{\alpha_i}$，存在一个仅依赖于 d 和 Q 的正常数 $c_{6,3,5}$ 使得

$$
\mathbb{P}\{\sup_{t\in I;\rho(0,t)\leqslant r}|Y_i(a,b,t)|\leqslant \varepsilon\}\geqslant \exp\left\{-c_{6,3,5}\left(\frac{r}{\varepsilon^{1/\alpha_i}}\right)^Q\right\}。\quad(6.3.6)
$$

证明 令 $S=\{t:\rho(0,t)\leqslant r\}$ 并定义 $\mathbb{R}^N$ 上的一个伪度量

$$
d_i(s,t)=(\mathbb{E}|Y_i(a,b,s)-Y_i(a,b,t)|^2)^{\frac{1}{2}}。
$$

则由 $Y_i(a,b,t)$ 的定义和条件(C2)知，对任意的 $s,t\in I$，有

$$
d_i(s,t)\leqslant c\rho(s,t)^{\alpha_i}。
$$

进一步地有，

$$
N_{d_i}(S,\epsilon)\leqslant c\left(\frac{r}{\epsilon^{\frac{1}{\alpha_i}}}\right)^Q。
$$

如果记 $\psi(\varepsilon)=\left(\frac{r}{\epsilon^{\frac{1}{\alpha_i}}}\right)^Q$，则存在正常数 $c_{6,3,6}, c_{6,3,7}$ 使得

$$
c_{6,3,6}\psi(\epsilon)\leqslant\psi(2\epsilon)\leqslant c_{6,3,7}\psi(\epsilon)。
$$

因此由 Talagrand(1995)的引理 2.1 知，

$$
\mathbb{P}\{\sup_{t\in I;\rho(0,t)\leqslant r}|Y_i(a,b,t)|\leqslant\epsilon\}\geqslant\exp\left\{-c_{6,3,5}\left(\frac{r}{\epsilon^{1/\alpha_i}}\right)^Q\right\}。
$$

下面给出本小节的主要引理。证明方法是基于 Talagrand(1995)命题 4.1 的证明思想。

引理 6.3.5 存在常数 $\delta_1>0, c_{6,3,8}>0$ 使得对任意的 $0<r_0<\delta_1$，有

$$
\mathbb{P}\left\{\exists r\in[r_0^2,r_0],\text{使得}\sup_{t\in I;\rho(0,t)\leqslant r}|Y_i(t)|\leqslant c_{6,3,8}r^{\alpha_i}\left(\log\log\frac{1}{r}\right)^{-\alpha_i/Q},i=1,\cdots d\right\}
$$

$$\geqslant 1-\exp\left\{-\left(\log\frac{1}{r_0}\right)^{-1/2}\right\}。\tag{6.3.7}$$

证明　设 $U>e$ 是一常数，其值后面确定。令 $r_k=r_0U^{-2k}$，$k_0=\left\lceil\frac{\log\frac{1}{r_0}}{2\log U}\right\rceil$，则对任意的 $k\leqslant k_0$ 有

$$r_0^2\leqslant r_k\leqslant r_0。$$

因此只需证明

$$\mathbb{P}\left\{\exists k\leqslant k_0,\text{使得}\sup_{t\in I:\rho(0,t)\leqslant r_k}|Y_i(t)|\leqslant c_{6,3,8}r_k^{\alpha_i}\left(\log\log\frac{1}{r_k}\right)^{-\alpha_i/Q},i=1,\cdots,d\right\}$$

$$\geqslant 1-\exp\left\{-\left(\log\frac{1}{r_0}\right)^{-1/2}\right\}。\tag{6.3.8}$$

设 $i=1,\cdots,d,k=0,1,\cdots$，令 $a_k=r_0^{-1}U^{2k-1}$，$Y_{ik}=Y_i(a_k,a_{k+1},t)$。显然对任意的 $i=1,\cdots,d,k=0,1,\cdots$，$\{Y_{ik}\}$ 是相互独立的。由引理 6.3.4，存在一个正常数 $c_{6,3,9}$ 使得对任意充分小的 r_0 和任意的 $k\geqslant 0$，有

$$\mathbb{P}\left\{\sup_{t\in I:\rho(0,t)\leqslant r_k}|Y_{ik}(t)|\leqslant c_{6,3,9}r_k^{\alpha_i}\left(\log\log\frac{1}{r_k}\right)^{-\alpha_i/Q},i=1,\cdots,d\right\}$$

$$\geqslant\exp\left\{-\sum_{i=1}^{d}\frac{c_{6,3,5}r_k^Q}{\left(c_{6,3,9}r_k^{\alpha_i}\left(\log\log\frac{1}{r_k}\right)^{-\alpha_i/Q}\right)^{Q/\alpha_i}}\right\}$$

$$\geqslant\exp\left\{-\sum_{i=1}^{d}\frac{c_{6,3,5}}{(c_{6,3,9})^{Q/\alpha_i}}\left(\log\log\frac{1}{r_k}\right)\right\}。$$

对所有的 $i=1,\cdots,d$，可以选择常数 $c_{6,3,9}$ 满足 $\frac{c_{6,3,5}}{(c_{6,3,9})^{Q/\alpha_i}}\leqslant\frac{1}{4d}$。故

$$\mathbb{P}\left\{\sup_{t\in I:\rho(0,t)\leqslant r_k}|Y_{ik}(t)|\leqslant c_{6,3,9}r_k^{\alpha_i}\left(\log\log\frac{1}{r_k}\right)^{-\alpha_i/Q},i=1,\cdots,d\right\}$$

$$\geqslant\exp\left\{-\frac{1}{4}\left(\log\log\frac{1}{r_k}\right)\right\}=\left(\log\frac{1}{r_k}\right)^{-\frac{1}{4}}$$

$$\geqslant\left(\log\frac{1}{r_0^2}\right)^{-\frac{1}{4}}=\left(2\log\frac{1}{r_0}\right)^{-\frac{1}{4}}。$$

再由 $\{Y_{ik}\}$ 的独立性知，

$$\mathbb{P}\left\{\exists k\leqslant k_0,\text{使得}\sup_{t\in I:\rho(0,t)\leqslant r_k}|Y_{ik}(t)|\leqslant c_{6,3,9}r_k^{\alpha_i}\left(\log\log\frac{1}{r_k}\right)^{-\alpha_i/Q},i=1,\cdots,d\right\}$$

$$\geqslant 1-\left(1-\left(2\log\frac{1}{r_0}\right)^{-\frac{1}{4}}\right)^{k_0}$$

$$\geqslant 1-\exp\left\{-k_0\left(2\log\frac{1}{r_0}\right)^{-\frac{1}{4}}\right\}。\tag{6.3.9}$$

对每个 $i=1,\cdots,d$，记 $\beta_i=\min\{\frac{1}{H_N}-\alpha_i,2\}$，下面证明对任意的 $i=1,\cdots,d$ 和 $u_i\geqslant cr_k^{\alpha_i}U^{-\frac{\beta_i}{2}}(\log U)^{1/2}$，有

$$\mathbb{P}\{\sup_{t\in I:\rho(0,t)\leqslant r_k}|Y_i(t)-Y_{ik}(t)|\geqslant u_i\}\leqslant\exp\left\{-\frac{u^2}{cr_k^{\alpha_i}U^{-\beta_i}}\right\}。\tag{6.3.10}$$

为了证明(6.3.10)式，令 $S=\{t\in I:\rho(0,t)\leqslant r_k\}$，并定义 $\mathbb{R}^N$ 上的一个伪度量

$$d_i(s,t)=(\mathbb{E}|Y_i(s)-Y_{ik}(s)-(Y_i(t)-Y_{ik}(t))|^2)^{\frac{1}{2}}。$$

则经过一些初等计算和条件(C2)，可得对任意的 $s,t\in I$ 有

$$d_i(s,t)\leqslant c\rho(s,t)^{\alpha_i}。$$

更进一步地有，

$$N_{d_i}(S,\epsilon)\leqslant c\frac{r_k^Q}{\epsilon^{Q/\alpha_i}}。$$

下面先考虑 S 在度量 d_i 下的直径 D。因为

$$d_i^2(s,t)\leqslant 2|Y_i(s)-Y_{ik}(s)|^2+2|Y_i(t)-Y_{ik}(t)|^2,\tag{6.3.11}$$

所以只要确定 $|Y_i(s)-Y_{ik}(s)|^2$ 的上界即可。注意到

$$\begin{aligned}\mathbb{E}|Y_i(s)-Y_{ik}(s)|^2&=2\int_{\rho(0,t)\leqslant a_k}(1-\cos\langle s,\lambda\rangle)\Delta_i(\mathrm{d}\lambda)\\&\quad+2\int_{\rho(0,t)\geqslant a_{k+1}}(1-\cos\langle s,\lambda\rangle)\Delta_i(\mathrm{d}\lambda),\end{aligned}\tag{6.3.12}$$

其中 Δ_i 是 Y_i 的谱测度。为了方便，将上式两个积分分别记为 $\mathcal{T}_1$ 和 $\mathcal{T}_2$。由 Luan 和 Xiao(2012)的引理 3.5(ii)有

$$\mathcal{T}_2=\int_{\rho(0,t)\geqslant a_{k+1}}(1-\cos\langle s,\lambda\rangle)\Delta_i(\mathrm{d}\lambda)\leqslant 2\int_{\rho(0,t)\geqslant a_{k+1}}\Delta_i(\mathrm{d}\lambda)\leqslant ca_{k+1}^{-2}\tag{6.3.13}$$

再由 Luan 和 Xiao(2012)的引理 3.5 (i)可得

$$\begin{aligned}\mathcal{T}_1&\leqslant\int_{\rho(0,t)\leqslant a_k}\frac{\langle s,\lambda\rangle^2}{2}\Delta_i(\mathrm{d}\lambda)\\&\leqslant\frac{N^{2/H_1}U^{-1/H_N}}{2}\int_{\rho(0,t)\leqslant a_k}\frac{\langle\frac{U^{-1/H_N}}{N^{1/H_1}}s,\lambda\rangle^2}{2}\Delta_i(\mathrm{d}\lambda)\\&\leqslant cU^{-1/H_N}\rho\left(0,\frac{U^{-1/H_N}}{N^{1/H_1}}s\right)^{2\alpha_i}\\&\leqslant c\frac{U^{\alpha_i-\frac{1}{H_N}}}{N^{2\alpha_i}}\rho(0,s)^{2\alpha_i}\\&\leqslant cr_k^{2\alpha_i}U^{-(\frac{1}{H_N}-\alpha_i)}\end{aligned}\tag{6.3.14}$$

联合(6.3.11)—(6.3.14)式可得，

$$D^2 \leqslant c\left(r_k^{2\alpha_i} U^{-\left(\frac{1}{H_N}-\alpha_i\right)} + a_{k+1}^{-2}\right)$$
$$\leqslant c r_k^{2\alpha_i} U^{-\beta_i} \text{。}$$

故经过一些简单的计算，有

$$\int_0^D \sqrt{\log N_{d_i}(S,\epsilon)}\,\mathrm{d}\epsilon \leqslant \int_0^{c r_k^{\alpha_i} U^{-\frac{\beta_i}{2}}} \sqrt{\log\left(\frac{c r_k^Q}{\epsilon^{Q/\alpha_i}}\right)}\,\mathrm{d}\epsilon$$
$$\leqslant c r_k^{\alpha_i} U^{-\beta_i/2} \sqrt{\log U} \text{。}$$

因此对任意的 $i=1,\cdots,d$，以及 $u_i > c r_k^{\alpha_i} U^{-\beta_i/2} \sqrt{\log U}$ 可得

$$\mathbb{P}\left\{\sup_{t\in I:\rho(0,t)\leqslant r_k} |Y_i(t)-Y_{ik}(t)| \geqslant u_i\right\} \leqslant \exp\left\{-\frac{u^2}{c r_k^{2\alpha_i} U^{-\beta_i}}\right\}\text{。} \quad (6.3.15)$$

令 $U=\left(\log \frac{1}{r_0}\right)^{\frac{1}{\beta_i}}$，则对充分小的 $r_0>0$，可得

$$U^{\beta_i/2}(\log U)^{-\frac{1}{2}} \geqslant \left(\log\log \frac{1}{r_0}\right)^{\alpha_i/Q}\text{。}$$

对每个 $i=1,\cdots,d$，令 $u_i = c r_k^{\alpha_i}\left(\log\log\frac{1}{r_0}\right)^{-\alpha_i/Q}$ 并利用 (6.3.15)式，可得

$$\mathbb{P}\left\{\sup_{t\in I:\rho(0,t)\leqslant r_k} |Y_i(t)-Y_{ik}(t)| \geqslant u\right\} \leqslant \exp\left\{-\frac{c U^{\beta_i}}{\left(\log\log\frac{1}{r_0}\right)^{2\alpha_i/Q}}\right\}\text{。} \quad (6.3.16)$$

由此及(6.3.9)式可得，

$$\mathbb{P}\left\{\exists k \leqslant k_0\text{，使得} \sup_{t\in I:\rho(0,t)\leqslant r_k} |Y_i(t)| \leqslant 2u_i, i=1,\cdots,d\right\}$$
$$\geqslant \mathbb{P}\left\{\bigcap_{i=1}^{d}\bigcup_{k=1}^{k_0}\left\{\sup_{t\in I:\rho(0,t)\leqslant r_k}|Y_i(t)| \leqslant 2u_i\right\}\right\}$$
$$\geqslant \mathbb{P}\left\{\bigcap_{i=1}^{d}\bigcup_{k=1}^{k_0}\left\{\sup_{t\in I:\rho(0,t)\leqslant r_k}|Y_i(t)-Y_{ik}(t)| + \sup_{t\in I:\rho(0,t)\leqslant r_k}|Y_{ik}(t)| \leqslant 2u_i\right\}\right\}$$
$$=1-\mathbb{P}\left\{\bigcup_{i=1}^{d}\bigcap_{k=1}^{k_0}\left\{\sup_{t\in I:\rho(0,t)\leqslant r_k}|Y_i(t)-Y_{ik}(t)| + \sup_{t\in I:\rho(0,t)\leqslant r_k}|Y_{ik}(t)| \geqslant 2u_i\right\}\right\}$$
$$\geqslant 1-\mathbb{P}\left\{\bigcup_{i=1}^{d}\bigcap_{k=1}^{k_0}\left\{\sup_{t\in I:\rho(0,t)\leqslant r_k}|Y_{ik}(t)| \geqslant u_i\right\}\right\}$$
$$-\mathbb{P}\left\{\bigcup_{i=1}^{d}\bigcap_{k=1}^{k_0}\left\{\sup_{t\in I:\rho(0,t)\leqslant r_k}|Y_i(t)-Y_{ik}(t)| \geqslant u_i\right\}\right.$$
$$\geqslant \mathbb{P}\left\{\bigcap_{i=1}^{d}\bigcup_{k=1}^{k_0}\left\{\sup_{t\in I:\rho(0,t)\leqslant r_k}|Y_{ik}(t)| \leqslant u_i\right\}\right\}$$
$$-\mathbb{P}\left\{\bigcup_{i=1}^{d}\bigcap_{k=1}^{k_0}\left\{\sup_{t\in I:\rho(0,t)\leqslant r_k}|Y_i(t)-Y_{ik}(t)| \geqslant u_i\right\}\right.$$

$$\geqslant 1-\exp\left\{-k_0\left(2\log\frac{1}{r_0}\right)^{-\frac{1}{4}}\right\}-\sum_{i=1}^{d}k_0\exp\left\{-\frac{cU^{\beta_i}}{\left(\log\log\frac{1}{r_0}\right)^{2\alpha_i/Q}}\right\}$$

$$\geqslant 1-\exp\left\{-k_0\left(2\log\frac{1}{r_0}\right)^{-\frac{1}{4}}\right\}-dk_0\exp\left\{-\frac{cU^{\beta_d}}{\left(\log\log\frac{1}{r_0}\right)^{2\alpha_d/Q}}\right\}, \qquad (6.3.17)$$

其中最后一个不等式是基于如下的一些事实：r_0 充分小，$U>e$，$\log\log\frac{1}{r_0}>1$，以及 $\alpha_1\leqslant\alpha_2\leqslant\cdots\leqslant\alpha_d$ 和 $\beta_d\leqslant\beta_{d-1}\leqslant\cdots\leqslant\beta_1$。注意到 $k_0=\left\lceil\frac{\log\frac{1}{r_0}}{2\log U}\right\rceil$，当 r_0 充分小时，有

$$\frac{\log\frac{1}{r_0}}{4\log U}\leqslant k_0\leqslant\log\frac{1}{r_0}。$$

因此可选择充分小的 r_0 使得

$$\exp\left\{-k_0\left(2\log\frac{1}{r_0}\right)^{-\frac{1}{4}}\right\}+dk_0\exp\left\{-\frac{cU^{\beta_d}}{\left(\log\log\frac{1}{r_0}\right)^{2\alpha_d/Q}}\right\}\leqslant\exp\left\{-\left(\log\frac{1}{r_0}\right)^{\frac{1}{2}}\right\}。 \qquad (6.3.18)$$

联合(6.3.17)和(6.3.18)式可得，

$$\mathbb{P}\left\{\exists k\leqslant k_0,\text{使得}\sup_{t\in I:\rho(0,t)\leqslant r_k}|Y_i(t)|\leqslant 2cr_k^{\alpha_i}\left(\log\log\frac{1}{r_0}\right)^{-\alpha_i/Q},i=1,\cdots,d\right\}$$

$$\geqslant 1-\exp\left\{-\left(\log\frac{1}{r_0}\right)^{-\frac{1}{2}}\right\}。$$

引理得证。

6.3.2 主要结论

本小节主要确定随机场 X 像集的 Hausdorff 测度。下面的定理是本节的主要结论，其证明方法是基于 Talagrand(1995)对类似问题的处理思想，也可参见 Xiao(1997)和 Luan 和 Xiao(2012)。

定理 6.3.6 设 $X=\{X(t),t\in\mathbb{R}^N\}$ 是一(N,d)-高斯随机场，且满足条件(C1)—(C3)。如果对某个 $1\leqslant k\leqslant d$，

$$\sum_{i=0}^{k-1}\alpha_i<Q<\sum_{i=0}^{k}\alpha_i \text{ 或 } Q=\sum_{i=0}^{k-1}\alpha_i \text{ 且 } \alpha_{k-1}=\alpha_k, \qquad (6.3.19)$$

则其中 $\alpha_0=0$，则存在常数 $c_{6,3,10}>0$，$c_{6,3,11}>0$ 使得

$$c_{6,3,10} \leqslant \psi - m(X([0,1]^N)) \leqslant c_{6,3,11},$$

其中 $\psi(s) = s^{\frac{Q+\sum_{i=0}^{k}(\alpha_k-\alpha_i)}{\alpha_k}} \log\log \frac{1}{s}$。

为了不使定理的证明过于冗长，先给出几个引理和命题。对任意的 $r > 0, y \in \mathbb{R}^d$，定义 $X(t)$ 在球 $B(y,r)$ 内的逗留时如下：

$$T_y(r) = \int_I 1_{\{|X(t)-y| \leqslant r\}} \mathrm{d}t。$$

如果 $y = 0$，则把 $T_0(r)$ 简写为 $T(r)$。

引理 6.3.7　如果(6.3.19)式成立，则存在一个正常数 $c_{6,3,12}$ 使得

$$\mathbb{E}(T(r))^n \leqslant c_{6,3,12}^n n! r^{\beta n},$$

其中 $\beta = \left(Q + \sum_{i=1}^{k}(\alpha_k - \alpha_i)\right)/\alpha_k$。

证明　当 $n = 1$ 时，由 Fubini 定理，极坐标变换和条件(C1)—(C3)可得

$$\begin{aligned}\mathbb{E}(T(r)) &= \int_I \mathbb{P}\{|X(t)| \leqslant r\}\mathrm{d}t \\ &\leqslant \int_I \prod_{i=1}^{d} \mathbb{P}\{|X_i(t)| \leqslant r\}\mathrm{d}t \\ &\leqslant c\int_0^\infty \rho^{Q-1} \prod_{i=1}^{d}\left(1 \wedge \frac{r}{\rho^{\alpha_i}}\right)\mathrm{d}\rho。\end{aligned} \tag{6.3.20}$$

将(6.3.20)式中最后一个积分记为$\mathcal{J}$，并将其积分区间$(0,\infty)$划分为 $(0, r^{1/\alpha_1})$，$[r^{1/\alpha_{i-1}}, r^{1/\alpha_i})$，$(i = 1,\cdots,d)$，$[r^{1/\alpha_d},\infty)$，则

$$\begin{aligned}\mathcal{J} &= \int_0^{r^{1/\alpha_1}} \rho^{Q-1}\mathrm{d}\rho + \sum_{i=2}^{d}\int_{r^{1/\alpha_{i-1}}}^{r^{1/\alpha_i}} \frac{r^{i-1}}{\rho^{\sum_{j=1}^{i-1}\alpha_j}}\rho^{Q-1}\mathrm{d}\rho + \int_{r^{1/\alpha_d}}^{\infty} \frac{r^d}{\rho^{\sum_{j=1}^{d}\alpha_j}}\rho^{Q-1}\mathrm{d}\rho \\ &= \frac{1}{Q}r^{\frac{Q}{\alpha_1}} + \sum_{i=2}^{d}\frac{r^{i-1}}{Q-\sum_{j=1}^{i-1}\alpha_j}\left(r^{\frac{Q-\sum_{j=1}^{i-1}\alpha_j}{\alpha_i}} - r^{\frac{Q-\sum_{j=1}^{i-1}\alpha_j}{\alpha_{i-1}}}\right) \\ &\quad + \frac{r^d}{Q-\sum_{j=1}^{d}\alpha_j} r^{\frac{Q-\sum_{j=1}^{d}\alpha_j}{\alpha_d}}。\end{aligned} \tag{6.3.21}$$

当 $\sum_{i=0}^{k-1}\alpha_i < Q < \sum_{i=0}^{k}\alpha_i$ 时，可得

$$\begin{aligned}\mathcal{J} &= \frac{1}{Q}r^{\frac{Q}{\alpha_1}} + \sum_{i=2}^{k}\frac{r^{i-1}}{Q-\sum_{j=1}^{i-1}\alpha_j}\left(r^{\frac{Q-\sum_{j=1}^{i-1}\alpha_j}{\alpha_i}} - r^{\frac{Q-\sum_{j=1}^{i-1}\alpha_j}{\alpha_{i-1}}}\right) \\ &\quad + \sum_{i=k+1}^{d}\frac{r^{i-1}}{Q-\sum_{j=1}^{i-1}\alpha_j}\left(r^{\frac{Q-\sum_{j=1}^{i-1}\alpha_j}{\alpha_i}} - r^{\frac{Q-\sum_{j=1}^{i-1}\alpha_j}{\alpha_{i-1}}}\right) + \frac{r^d}{Q-\sum_{j=1}^{d}\alpha_j}r^{\frac{Q-\sum_{j=1}^{d}\alpha_j}{\alpha_d}}\end{aligned}$$

$$\leqslant c_{6,3,13} r^{\frac{Q+\sum_{j=1}^{k}(\alpha_k-\alpha_j)}{\alpha_k}} + c_{6,3,14} r^{\frac{Q+\sum_{j=1}^{k}(\alpha_k-\alpha_j)}{\alpha_k}}$$

$$= cr^{\frac{Q-\sum_{j=1}^{k}\alpha_j}{\alpha_k}}。 \quad (6.3.22)$$

当 $Q=\sum_{i=0}^{k-1}\alpha_i$ 且 $\alpha_{k-1}=\alpha_k$ 时，可得

$$\mathcal{J}=\frac{1}{Q}r^{\frac{Q}{\alpha_1}}+\sum_{i=2}^{k-1}\frac{r^{i-1}}{Q-\sum_{j=1}^{i-1}\alpha_j}\left(r^{\frac{Q-\sum_{j=1}^{i-1}\alpha_j}{\alpha_i}}-r^{\frac{Q-\sum_{j=1}^{i-1}\alpha_j}{\alpha_{i-1}}}\right)$$

$$+\frac{r^{k-1}}{Q-\sum_{j=1}^{k-1}\alpha_j}\left(r^{\frac{Q-\sum_{j=1}^{k-1}\alpha_j}{\alpha_i}}-r^{\frac{Q-\sum_{j=1}^{k-1}\alpha_j}{\alpha_{k-1}}}\right)$$

$$+\sum_{i=k+1}^{d}\frac{r^{i-1}}{Q-\sum_{j=1}^{i-1}\alpha_j}\left(r^{\frac{Q-\sum_{j=1}^{i-1}\alpha_j}{\alpha_i}}-r^{\frac{Q-\sum_{j=1}^{i-1}\alpha_j}{\alpha_{i-1}}}\right)+\frac{r^d}{Q-\sum_{j=1}^{d}\alpha_j}r^{\frac{Q-\sum_{j=1}^{d}\alpha_j}{\alpha_d}}。$$

(6.3.23)

因为 r 充分小，所以 $\mathcal{J}\leqslant c_{6,3,15} r^{\frac{Q+\sum_{j=1}^{k}(\alpha_k-\alpha_j)}{\alpha_k}}+0+c_{6,3,16} r^{\frac{Q+\sum_{j=1}^{k}(\alpha_k-\alpha_j)}{\alpha_k}}=cr^{\frac{Q+\sum_{j=1}^{k}(\alpha_k-\alpha_j)}{\alpha_k}}$。

由此及(6.3.20)—(6.3.22)式，有 $\mathbb{E}(T(r))\leqslant cr^{\frac{Q+\sum_{j=1}^{k}(\alpha_k-\alpha_j)}{\alpha_k}}$。

当 $n\geqslant 2$ 时，利用全期望公式计算 $\mathbb{E}(T(r)^n)$。

$$\mathbb{E}(T(r)^n)=\int_I \mathbb{P}\{|X_i(t^j)|\leqslant r, 1\leqslant j\leqslant n, 1\leqslant i\leqslant d\}\mathrm{d}t^1\cdots\mathrm{d}t^n$$

$$=\int_I\prod_{i=1}^{d}\mathbb{P}\{|X_i(t^j)|\leqslant r, 1\leqslant j\leqslant n\}\mathrm{d}t^1\cdots\mathrm{d}t^n。 \quad (6.3.24)$$

由于当 $j=1,\cdots,n$ 时，$t^1,\cdots,t^n\in I$，而当 $j\neq k$ 时，$t^j\neq t^k$，所以

$$\mathrm{Var}(X_i(t^n)\mid X_i(t^1),\cdots X_i(t^{n-1}))\geqslant c\min_{0\leqslant k\leqslant n-1}\rho(t^n,t^k)^{2\alpha_i}, i=1,\cdots,d, \quad (6.3.25)$$

其中 $t^0=0$。因此

$$\prod_{i=1}^{d}\mathbb{P}\{|X_i(t^n)|\leqslant r \mid X_i(t^1),\cdots,X_i(t^{n-1})\}$$

$$\leqslant c\prod_{i=1}^{d}\left(1\wedge\frac{r}{\min_{0\leqslant k\leqslant n-1}\rho(t^n,t^k)^{\alpha_i}}\right) \quad (6.3.26)$$

$$\leqslant c\sum_{k=1}^{n-1}\prod_{i=1}^{d}\left(1\wedge\frac{r}{\rho(t^n,t^k)^{\alpha_i}}\right)。$$

从而

$$\int_I \prod_{i=1}^{d} \mathbb{P}\{|X_i(t^n)| \leqslant r \mid X_i(t^1), \cdots X_i(t^{n-1})\} dt^n$$
$$\leqslant c \sum_{k=1}^{n-1} \int_I \prod_{i=1}^{d} \left(1 \wedge \frac{r}{\rho(t^n, t^k)^{\alpha_i}}\right) dt^n \tag{6.3.27}$$
$$\leqslant cnr^{\beta}$$

故可得

$$\mathbb{E}(T(r)^n) = \int_I \prod_{i=1}^{d} \mathbb{P}\{|X_i(t^n)| \leqslant r \mid X_i(t^1), \cdots X_i(t^{n-1})\}$$
$$\times \mathbb{P}\{X_i(t^1) \leqslant r, \cdots X_i(t^{n-1}) \leqslant r\} dt^n \cdots dt^1$$
$$\leqslant cnr^{\beta} \int_I \prod_{i=1}^{d} \mathbb{P}\{X_i(t^1) \leqslant r, \cdots X_i(t^{n-1}) \leqslant r\} dt^{n-1} \cdots dt^1$$
$$\leqslant c^n n! r^{n\beta}。 \tag{6.3.28}$$

这就证明了引理 6.3.7。

注 6.3.8　在证明引理 6.3.7 时，利用了条件(6.3.19)。现在考察另一种情况，即 $Q = \sum_{i=0}^{k-1} \alpha_i$ 且 $\alpha_{k-1} < \alpha_k$。在这种情形下，上述方法可得到 $\mathbb{E}(T(r)^n) \leqslant c^n n! r^{n\beta} \left(\log \frac{1}{r}\right)^n$。从而可证

$$\limsup_{r \to 0} \frac{T(r)}{\psi_1(r)} \leqslant \infty,$$

其中 $\psi_1(r) = r^{\frac{Q + \sum_{i=1}^{k}(\alpha_k - \alpha_i)}{\alpha_k}} \log \frac{1}{r} \log\log \frac{1}{r}$。但是由此还无法确定函数 $\psi_1(r)$ 是否是 X 像集的确切 Hausdorff 测定函数(见 Pruitt 和 Taylor(1969)或 Xiao(1997)的论述)。

命题 6.3.9　如果(6.3.19)式成立，则存在常数 $b \in (0, 1/c_{6,3,12})$（常数 $c_{6,3,12}$ 如引理 6.3.7 中所定义）使得

$$\limsup_{r \to 0} \frac{T(r)}{\psi(r)} \leqslant \frac{1}{b}, \tag{6.3.29}$$

其中 $\psi(r) = r^{\frac{Q + \sum\limits_{i=1}^{k}(\alpha_k - \alpha_i)}{\alpha_k}} \log\log \frac{1}{r}$。

证明　由 Fubini 定理、泰勒展开式和引理 6.3.7 可得，存在正常数 $c_{6,3,12}$，使得对任意的 $0 < b < 1/c_{6,3,12}$ 有

$$\mathbb{E} e^{br^{-\beta} T(r)} = \mathbb{E}\left(\sum_{n=0}^{\infty} \frac{b^n r^{-n\beta} (T(r))^n}{n!}\right)$$
$$\leqslant \sum_{n=0}^{\infty} \frac{b^n r^{-n\beta} \mathbb{E}(T(r)^n)}{n!} \leqslant \infty。 \tag{6.3.30}$$

利用 Chybeshev 不等式和(6.3.30)式有，对任意的 $\epsilon > 0$，

$$\begin{aligned}
&\mathbb{P}\left\{T(r) \geqslant \left(\frac{1}{b}+\epsilon\right) r^{\beta} \log\log \frac{1}{r}\right\} \\
&= \mathbb{P}\left\{b r^{-\beta} T(r) \geqslant (1+b\epsilon) \log\log \frac{1}{r}\right\} \\
&\leqslant \frac{\mathbb{E}\exp\{b r^{-\beta} T(r)\}}{\exp\left\{(1+\varepsilon)\log\log \frac{1}{r}\right\}} \\
&\leqslant c\left(\log \frac{1}{r}\right)^{-(1+b\epsilon)}。
\end{aligned} \tag{6.3.31}$$

现在令 $r_n = e^{-n/\log n}$，则对每个 $0 < \delta < 1$，以及 n 充分大有，

$$\mathbb{P}\left\{T(r_n) \geqslant \left(\frac{1}{b}+\epsilon\right) r_n{}^{\beta} \log\log \frac{1}{r_n}\right\} \leqslant c\left(\frac{1}{n}\right)^{\frac{1+b\epsilon}{1-\delta}}。 \tag{6.3.32}$$

由 Borel-Cantelli 引理和事实 $\dfrac{1+b\epsilon}{1-\delta} > 1$ 知

$$\limsup_{r\to 0} \frac{T(r)}{\psi(r)} \leqslant \frac{1}{b} + \epsilon。 \tag{6.3.33}$$

由于 r 充分小时，$\psi(r)$ 是单调非降的，以及当 $n \to \infty$ 时，$\psi(r_n)/\psi(r_{n-1}) \to 1$，所以

$$\limsup_{r\to 0} \frac{T(r)}{\psi(r)} \leqslant \frac{1}{b}。 \tag{6.3.34}$$

这就证明的命题 6.3.9。

下面将证明本节的主要定理(定理 6.3.6)。证明分为两部分，一部分证明下界，另一部分证明上界。

下界的证明

由于 $X(t), t \in \mathbb{R}^N$ 具有平稳增量，所以由命题 6.3.9 可得，对固定的 $t_0 \in I$ 有

$$\limsup_{r\to 0} \frac{T_{X(t_0)}(r)}{\psi(r)} \leqslant \frac{1}{b} \text{ a.s.}。 \tag{6.3.35}$$

下面定义像集 $X(I)$ 上的一个测度 μ。对任意的 Borel 集 $B \subseteq \mathbb{R}^d$，令

$$\mu(B) = \mathcal{L}_N\{t \in I, X(t) \in B\}。 \tag{6.3.36}$$

则 $\mu(\mathbb{R}^d) = \mu(X(I)) = \mathcal{L}_N(I)$ 且

$$\limsup_{r\to 0} \frac{\mu(B(X(t_0), r))}{\psi(r)} = \limsup_{r\to 0} \frac{T_{X(t_0)}(r)}{\psi(r)} \leqslant \frac{1}{b} \text{ a.s.}。 \tag{6.3.37}$$

设 $E = \{X(t_0): t_0 \in I$ 且(6.3.37)式成立$\}$，则由 Fubini 定理知 $E \subseteq X(I)$ 且 $\mu(E) = 1$ a.s.。

由此及引理 6.3.2,可得 $\psi - m(E) \geqslant cb > 0$ a. s. 。

上界的证明 当 $l \geqslant 1$ 时,令

$$R_l = \{t \in [0,1]^N : \exists r \in [2^{-2l}, 2^{-l}] 使得$$

$$\sup_{s \in I: \rho(s,t) \leqslant r} |X_i(t)| \leqslant c r^{\alpha_i} \left(\log\log \frac{1}{r}\right)^{-\alpha_i/Q}, i = 1, \cdots, d\}$$

则由引理 6.3.5 得

$$\mathbb{P}\{t \in R_l\} \geqslant 1 - e^{-\sqrt{l/2}}。$$

令 $A_l = \{\omega : \mathcal{L}_N(R_l) \geqslant 1 - e^{-\sqrt{l}/2}\}$,$\Omega_0 = \bigcap_{n=1}^{\infty} \bigcup_{l=n}^{\infty} A_l$,其中 $\mathcal{L}_N$ 是 $\mathbb{R}^N$ 上的 Lebesgue 测度。下面证明 $\mathbb{P}(\Omega_0) = 1$。因为 $\{\mathcal{L}_N(R_l) \leqslant 1 - e^{-\sqrt{l}/2}\} = \{\mathcal{L}_N([0,1]^N \setminus R_l) \geqslant e^{-\sqrt{l}/2}\}$,所以由 Chebyshev 不等式和 Fubini 定理有

$$\begin{aligned}
\mathbb{P}(A_l^c) &\leqslant \frac{\mathbb{E}\,\mathcal{L}_N([0,1]^N \setminus R_l)}{e^{-\sqrt{l}/2}} \\
&= \frac{\int_{[0,1]^N} \mathbb{P}\{t \notin R_l\} \mathrm{d}\,\mathcal{L}_N}{e^{-\sqrt{e}/2}} \\
&\leqslant e^{-\sqrt{l}\left(\frac{1}{\sqrt{2}} - \frac{1}{2}\right)}
\end{aligned}$$

显然 $\sum_{l=1}^{\infty} \mathbb{P}\{A_l^c\} < \infty$,因此由 Borel-Cantelli 引理可得 $\mathbb{P}(\Omega_0^c) = 0$,即,$\mathbb{P}(\Omega_0) = 1$。

另一方面,由引理 5.3.5 知,存在一个事件 Ω_1 满足 $\mathbb{P}(\Omega_1) = 1$ 且对任意的 $\omega \in \Omega_1$,存在 $n_1 = n_1(\omega)$ 充分大,使得对所有的 $n \geqslant n_1$ 和任意与 $[0,1]^N$ 相交、边长为 $2^{-\frac{n}{H_j}} (j = 1, 2, \cdots, N)$ 的矩形 I_n,都有

$$\sup_{s,t \in I_n} |X_i(s) - X_i(t)| \leqslant c 2^{-n\alpha_i} \sqrt{\log(1 + (N2^{-n}))} \leqslant c 2^{-n\alpha_i} \sqrt{n}$$

对所有的 $i = 1, \cdots, d$ 成立。

设 $l \geqslant 1$ 且

$$\mathcal{L}_N(R_l) \geqslant 1 - e^{-\sqrt{l}/2} \quad \text{a. s. 。}$$

对任意的 $n \geqslant 1$,将 $[0,1]^N$ 划分成 2^{nQ} 个边长为 $2^{-\frac{n}{H_j}} (j = 1, 2, \cdots, N)$ 的矩形 I_n,并将包含点 x 的矩形记为 $I_n(x)$。对任意的 $x \in R_l$,可以找到满足 $l \leqslant n \leqslant 2l + l_0$(其中 l_0 仅依赖于 N)的最小正整数 n 使得

$$\sup_{s,t \in I_n} |X_i(s) - X_i(t)| \leqslant c 2^{-n\alpha_i} (\log\log 2^n)^{-\frac{\alpha_i}{Q}}, i = 1, \cdots, d \quad \text{a. s. 。} \tag{6.3.38}$$

从而

$$R_l \subseteq V = \bigcup_{n=l}^{2l+l_0} V_n \text{ a. s. },$$

其中 V_n 是满足(6.3.38)式 $I_n(x)$ 的并集。显然 $X(I_n(x))$ 几乎必然能够被边长为 $c2^{-n\alpha_i}(\log\log 2^n)^{-\frac{\alpha_i}{Q}}(i=1,\cdots,d)$ 的矩形所覆盖。因此 $X(I_n(x))$ 几乎必然能够被 $m_n := \prod_{i=1}^{k} c2^{n(\alpha_k-\alpha_i)}(\log\log 2^n)^{\frac{\alpha_k-\alpha_i}{Q}}$ 个边长为 $c2^{-n\alpha_k}(\log\log 2^n)^{-\frac{\alpha_k}{Q}}$ 的立方体所覆盖。故

$$\begin{aligned}
&\sum_{n=l}^{2l+l_0}\sum_{I_n\in V_n} m_n\psi\left(c\sqrt{d}\,2^{-n\alpha_k}(\log\log 2^n)^{-\frac{\alpha_k}{Q}}\right)\\
&\leqslant \sum_{n}\sum_{I_n\in V_n}\left(\prod_{i-1}^{k} c2^{n(\alpha_k-\alpha_i)}(\log\log 2^n)^{\frac{\alpha_k-\alpha_i}{Q}}\right)\\
&\quad\cdot\left(c\sqrt{d}\,2^{-n\alpha_k}(\log\log 2^n)^{-\frac{\alpha_k}{Q}}\right)^{\frac{Q+\sum_{i=0}^{k}(\alpha_k-\alpha_i)}{\alpha_k}}\log\log\left(c2^{n\alpha_k}(\log\log 2^n)^{\frac{\alpha_k}{Q}}\right)\\
&\leqslant c\sum_{n}\sum_{I_n\in V_n} 2^{-nQ} \leqslant c\sum_{n}\sum_{I_n\in V_n}\mathcal{L}_N(I_n) = c\,\mathcal{L}_N(V)\leqslant c \quad \text{a. s. 。}
\end{aligned} \tag{6.3.39}$$

另一方面，$[0,1]^N\backslash V$ 包含在边长为 $2^{-q/H_j}(j=1,\cdots,d)$（这里 $q=2l+l_0$）矩形 C_{qp} 的并集里，这些矩形中任何一个都不与 R_l 相交。因此这种矩形的数目至多为

$$2^{qQ}\,\mathcal{L}_N([0,1]^N\backslash V)\leqslant c2^{qQ}e^{-\sqrt{l}/2}。$$

由于 $X(C_{qp})$ 能够被边长为 $2^{q\alpha_i}\sqrt{q}(i=1,\cdots,d)$ 的矩形所覆盖，从而能够被 $2^{q\sum_{i=1}^{k}(\alpha_k-\alpha_1)}$ 个边长为 $r_n=2^{-q\alpha_k}\sqrt{q}$ 的立体所覆盖。故当 l 充分大时，

$$\begin{aligned}
\sum\psi(c\sqrt{d}\,2^{-q\alpha_k\sqrt{q}}) &\leqslant c2^{qQ}e^{-\sqrt{l}/2}\cdot 2^{q\sum_{i=1}^{k}(\alpha_k-\alpha_1)}\\
&\quad\cdot\left(2^{-q\alpha_k}\sqrt{q}\right)^{\frac{Q+\sum_{i=0}^{k}(\alpha_k-\alpha_i)}{\alpha_k}}\left(\log\log(2^{q\alpha_k}/\sqrt{q})\right)\\
&\leqslant ce^{-\sqrt{l}/2}q^{\frac{Q+\sum_{i=0}^{k}(\alpha_k-\alpha_i)}{2\alpha_k}}\left(\log\log(2^{q\alpha_k}/\sqrt{q})\right)\leqslant 1,
\end{aligned} \tag{6.3.40}$$

其中第一和号是对所有边长为 r_n 且与 R_l 不相交立方体求和。由于可选择 l 任意大，所以由(6.3.9)和(6.3.40)式可得定理的上界。定理得证。

第 7 章　可调和算子尺度 stable 随机场的局部不确定性和局部时的联合连续性

7.1　引言

前面各章考虑的随机场都是高斯随机场，高斯随机场的很多性质主要由协方差函数确定，相对而言性质较好，而对于非高斯随机场的性质往往不容易确定，需要借助于其他工具进行研究。本章将考虑一类非高斯随机场—可调和算子尺度 stable 随机场。

设 $\alpha \in (0,2)$，$H \in (0,1)$ 定义 Hurst 指数为 H 的实值可调和算子尺度 stable 随机场(简记为 HOSSRFs) $X = \{X(t), t \in \mathbb{R}^N\}$ 为

$$X(t) = \mathrm{Re}\int_{\mathbb{R}^N} \frac{e^{\mathrm{i}\langle t,\xi\rangle} - 1}{\psi(\xi)^{H+q/\alpha}} W_\alpha(\mathrm{d}\xi), \tag{7.1.1}$$

其中 $\langle t,\xi\rangle$ 是在 $\mathbb{R}^n$ 中 t 和 ξ 的内积；$\psi: \mathbb{R}^N \to [0,\infty)$ 是连续 E-齐次函数(这里 E 是一个所有特征值实部为正的 $N \times N$ 矩阵)，且满足当 $x \neq 0$ 时，$\psi(x) \neq 0$；$q = \mathrm{trace}(E)$；W_α 是 $\mathbb{R}^N$ 上一个由 Lebesgue 测度 $\mathcal{L}_N$ 控制的各向同性、独立分散和对称的 α-stable(SαS)随机测度。关于 E-齐次函数的定义见 Biermé 等人(2007)，而独立分散和对称 α-stable(SαS)随机测度的定义见 § 1.2。

HOSSRFs 是算子尺度 stable 随机场的一种调和表示方式，该种表示方式首先由 Biermé 等人(2007)得到，即他们证明了由(7.1.1)式定义的随机场 $X(t)$有意义且随机连续的充分必要条件是 $H \in (0, a_1)$，其中 a_1 是矩阵 E 所有特征值实部的最小者。他们还证明了该随机场 $X(t)$是算子尺度的，且具有平稳增量。当设 $\psi(\xi) = |\xi|$，E 为单位矩阵时，HOSSRFs 简化为调和分数 stable 随机场(简记为 HFSFs)，即 HOSSRFs 是 HFSFs 的推广。

HOSSRFs 作为 HFSFs 的自然推广，很多学者研究了它与 HFSFs 相对应的各种样本轨道性质，例如 Hölder 规则性(Biermé 和 Lacaux(2009))，确

切的连续模(Li 等人(2015)),以及不变原理(Biermé 等人(2017))等。最近,Ayache 和 Xiao(2016)研究了 HFSFs 的局部不确定性和局部时的联合连续性。局部不确定性可以用来克服随机场相依结构的复杂性,该概念首先由 Berman(1973)对高斯随机过程的情形引入,随后 Pitt(1978)将它推广到高斯随机场的情形,Nolan(1989)将它推广到 stable 随机过程和随机场的情形。关于局部不确定性的很好综述参见 Xiao(2006,2011)。当局部不确定性被建立时,就可以使用它来研究过程或随机场局部时的联合连续性。本文的主要目标就是通过 Fourier 变换方法来确定 HOSSRFs 的局部不确定性和局部时的联合连续性。

本章内容取自倪文清和陈振龙(2021),其结构如下:第 2 节给出了一些准备工作,主要是关于 Nolan(1989)对 stable 过程所定义的局部不确定性概念,并给出一些基本引理。第 3 节给出了本章的主要结论,即 HOSSRFs 的局部不确定性。在最后一节中,利用第 3 节的局部不确定性来研究 HOSSRFs 局部时的联合连续性。

7.2 Stable 型局部不确定性和引理

关于某个矩阵 E 的极坐标变换在本章是一个重要工具,关于这方面的知识可参阅§1.2。设 E 是一个 $N\times N$ 的矩阵,其所有特征值的实部都是正数,并将它们记为 $a_1,\cdots,a_p(p\leqslant N)$,同时不妨设 $a_1<a_2<\cdots<a_p$(该假设只是为了后面处理的方便,而并非本质的)。关于矩阵 E 的极坐标表示为 $(\tau_E(s),l_E(s))$,即对任给的 $s\in\mathbb{R}^N$,s 可表示为 $\tau_E(s)l_E(s)$,也就是 $s=\tau_E(s)l_E(s)$。

下面的引理给出与算子 r^E 相关的一个估计。

引理 7.2.1 设 E 是一个 $N\times N$ 矩阵,其所有特征值的实部为 $a_1,\cdots,a_p(p\leqslant N)$,且设 $0<a_1<\cdots<a_p$。则对任意充分小的 $\delta>0$ 和任意的 $\theta\in S_N:=\{s:\tau_E(s)=1\}$,存在一个正的常数 $C_{7,2,1}$ 使得

$$|r^E\theta|\geqslant c_{7,2,1}r^{a_1-\delta},\quad \forall r\geqslant 1。$$

证明 由于 $\tau_E(\cdot)$ 是关于矩阵 E 对齐次函数,所以 $\tau_E(r^E\theta)=r$,故结论容易由引理 1.2.8 得到。

下面介绍随机场 Y 局部不确定性的定义(参见 Nolan(1989))。对任意的整数 $n\geqslant 0$ 和 $s^0,\cdots,s^n\in\mathbb{R}^N$,用符号 $\mathrm{span}\{f(s^1,\cdot),\cdots,f(s^n,\cdot)\}$ 表示由函数集 $\{f(s^1,\cdot),\cdots,f(s^n,\cdot)\}\subseteq L^\alpha(\mathbb{R}^N)$ 所生成的 $L^\alpha(\mathbb{R}^N)$ 的子

空间。$f(s^0,\cdot)$ 和 $\text{span}\{f(s^1,\cdot),\cdots,f(s^n,\cdot)\}$ 的距离记为

$$\begin{aligned}&\|f(s^0,\cdot)-\text{span}\{f(s^1,\cdot),\cdots,f(s^n,\cdot)\}\|_{L^\alpha(\mathbb{R}^N)}^\alpha\\&=\inf\{\|f(s^0,\cdot)-g(\cdot)\|_{L^\alpha(\mathbb{R}^N)}^\alpha:g(\cdot)\in\text{span}\{f(s^1,\cdot),\cdots,f(s^n,\cdot)\}\},\end{aligned}\tag{7.2.1}$$

这等价于(见 Ayache 和 Xiao(2016))。

$$\begin{aligned}&\|f(s^0,\cdot)-\text{span}\{f(s^1,\cdot),\cdots,f(s^n,\cdot)\}\|_{L^\alpha(\mathbb{R}^N)}^\alpha\\&=\inf\left\{\|f(s^0,\cdot)-\sum_{j=1}^n b_jf(s^j,\cdot)\|_{L^\alpha(\mathbb{R}^N)}^\alpha:\forall b_1,\cdots,b_n\in\mathbb{R}\right\},\end{aligned}\tag{7.2.2}$$

其中范数 $\|\cdot\|_{L^\alpha(\mathbb{R}^N)}^\alpha$ 由(1.2.5)式定义。由(1.2.6)和(1.2.7)式可得

$$\begin{aligned}&\|Y(s^0)-\text{span}\{Y(s^1),\cdots,Y(s^n)\}\|_\alpha\\&=\|f(s^0,\cdot)-\text{span}\{f(s^1,\cdot),\cdots,f(s^n,\cdot)\}\|_{L^\alpha(\mathbb{R}^N)},\end{aligned}\tag{7.2.3}$$

其中 $\text{span}\{Y(s^1),\cdots,Y(s^n)\}$ 表示由 $\{Y(s^1),\cdots,Y(s^n)\}$ 张成的 $L^\alpha(\Omega)$ 的子空间。

下面关于局部不确定性的定义取自 Nolan(1989)。

定义 7.2.2　设随机场 $Y=\{Y(t),t\in\mathbb{R}^N\}$ 由(1.2.3)式所定义，$I\subset\mathbb{R}^N$ 是一个闭矩形，如果 Y 满足下面三个条件，则称 Y 在 I 上是 $\|\cdot\|_\alpha$ 局部不确定性的(LND)：

(i)对任意的 $t\in I$，$\|Y(t)\|_\alpha>0$。

(ii)对所有充分接近的、不同的 $s,t\in I$，$\|Y(s)-Y(t)\|_\alpha>0$。

(iii)对任意的 $n>1$，

$$\liminf\frac{\|Y(s^n)-\text{span}\{Y(s^1),\cdots,Y(s^{n-1})\}\|_\alpha}{\|Y(s^n)-Y(s^{n-1})\|_\alpha}>0,\tag{7.2.4}$$

其中下极限 liminf 是对所有满足 $s^1\leqslant s^2\leqslant\cdots\leqslant s^n$ 且 $|s^n-s^{n-1}|\to0$ 的 $s^1,\cdots,s^n\in I$ 取定的。

注意这里的符号 $s^1\leqslant s^2\leqslant\cdots\leqslant s^n$ 表示

$$|s^j-s^{j-1}|\leqslant|s^j-s^k|\text{ 对任意的 }1\leqslant k<j\leqslant n\text{ 成立。}\tag{7.2.5}$$

显然对任意的 n 个点 $s^1,\cdots,s^n\in I$，存在一个 $\{1,\cdots,n\}$ 的置换 σ 使得 $s^{\sigma(1)},\cdots,s^{\sigma(n)}$ 满足(7.2.5)式(见 Nolan (1989))。

7.3　随机场的局部不确定性

本节将考虑(7.1.1)式所定义随机场 X 的局部不确定性。为了简单起见，本章剩余部分恒假定 $I=[\epsilon,1]^N$，其中 ϵ 是一个任意小于 1 的正数。下

面的定理是本章的主要结论之一。

定理 7.3.1 设 $\alpha \in (0,2)$，$H \in (0,1)$，φ 是一个 E -齐次函数，则可调和算子尺度 stable 随机场 $X = \{X(t), t \in \mathbb{R}^N\}$ 在 I 上是局部不确定性的。此外，对任意整数 $n \geqslant 2$，存在一个仅依赖于 α, H, N, n, ϕ 和 I 正的常数 $c_{7,3,1}$，使得对所有充分接近且满足(7.2.5)式的 $s^1, \cdots, s^n \in I$，下面的不等式对所有的 $b_j \in \mathbb{R} (j = 1, \cdots, n)$ 成立：

$$\left\| b_1 X(s^1) + \sum_{j=2}^{n} b_j (X(s^j) - X(s^{j-1})) \right\|_\alpha$$

$$\geqslant c_{7,3,1} \left(\| b_1 X(s^1) \|_\alpha + \left\| \sum_{j=2}^{n} b_j (X(s^j) - X(s^{j-1})) \right\|_\alpha \right)。 \tag{7.3.1}$$

为了证明定理 7.3.1，需要下面两个引理。

引理 7.3.2 设 $X = \{X(t), t \in \mathbb{R}^N\}$ 是一个如(7.1.1)式所定义的可调和算子尺度 stable 随机场，则存在两个正的常数 $c_{7,3,2}, c_{7,3,3}$ 使得

$$c_{7,3,2} \tau_E(s-t)^H \leqslant \| X(s) - X(t) \|_\alpha \leqslant c_{7,3,3} \tau_E(s-t)^H \tag{7.3.2}$$

证明 由(7.1.1)和(1.2.5)式可得

$$\| X(s) - X(t) \|_\alpha = \int_{\mathbb{R}^N} | e^{i\langle s-t, \xi \rangle} - 1 |^\alpha \psi(\xi)^{-\alpha H - q} d\xi。 \tag{7.3.3}$$

利用引理 1.2.9，并令 $t - s = \tau_E(s-t)^E \theta$，再做变量替换 $x = \tau_E(s-t)^{E'} \xi$（这里 E' 表示矩阵 E 的转置），可得

$$\begin{aligned}
\| X(s) - X(t) \|_\alpha &= \int_{\mathbb{R}^N} | e^{i\langle \theta, \tau_E(s-t)^{E'} \xi \rangle} - 1 |^\alpha \psi(\xi)^{-\alpha H - q} d\xi \\
&= \int_{\mathbb{R}^N} | e^{i\langle \theta, x \rangle} - 1 |^\alpha \psi(\tau_E(s-t)^{-E'} x)^{-\alpha H - q} \tau_E(s-t)^{-q} dx \\
&= \tau_E(s-t)^{\alpha H} \int_{\mathbb{R}^N} | e^{i\langle \theta, x \rangle} - 1 |^\alpha \psi(x)^{-\alpha H - q} dx，
\end{aligned} \tag{7.3.4}$$

其中在最后一个不等式中利用到函数 ψ 的齐次性。由于函数 $\theta \mapsto \int_{\mathbb{R}^N} | e^{i\langle \theta, x \rangle} - 1 |^\alpha \psi(x)^{-\alpha H - q} dx$ 在紧集 $S_0 := \{x : \tau_E(x) = 1\}$ 上是连续的，且该紧集不包含 0 点，所以存在正的常数 $c_{7,3,2}, c_{7,3,3}$ 使得

$$c_{7,3,2} \leqslant \int_{\mathbb{R}^N} | e^{i\langle \theta, x \rangle} - 1 |^\alpha \psi(x)^{-\alpha H - q} dx \leqslant c_{7,3,3}。 \tag{7.3.5}$$

从而结论由(7.3.4)和(7.3.5)式可得。

下面的引理是 Ayache 和 Xiao(2016)中引理 3.3 的一个直接结论，因为引理中的 q_0 是一个固定的常数，而且可替换为任意大于等于 1 的常数。

引理 7.3.3 设 $q_0 := \lfloor (H + q/\alpha + q/2)/(a_1 - \delta) \rfloor + 1$，$L_0 := 2q_0 \sqrt{N}$，这里 a_1 是矩阵 E 所有特征值实部的最小值，δ 是一个充分小的任意常数，

而符号$\lfloor . \rfloor$表示向下取整。设 G 是定义在 $\mathbb{R}^N$ 上具有紧支撑的连续实值函数，其具体形式由如下的张量积给出：

$$G(s):=\prod_{n=1}^{N}\tau_{q_0}(L_0 s_n),\ \forall s=(s_1,\cdots,s_N)\in\mathbb{R}^N, \tag{7.3.6}$$

其中函数 $\tau_{q_0}(s)$ 是 $\mathbb{R}$ 上具有紧支撑为 $[-2q_0,2q_0]$ 的函数，其 Fourier 变换是 $\hat{\tau}_{q_0}(v)=v^{-2q_0}\sin^{4q_0}v,\ \forall v\in\{0\}$，且满足 $\hat{\tau}_{q_0}(0)=0,\tau_{q_0}(0)>0$。则下面的论述成立。

(i) G 的支撑包含在矩形 $[-q_0^{-1/2},q_0^{-1/2}]$ 内，且 $G(0)>0$。

(ii) G 的 Fourier 变换 $\hat{G}$ 取值于$[0,1]$。此外，存在一个仅依赖于 q,H 和 α 的正常数 $c_{7,3,4}$ 使得

$$\hat{G}(v)\leqslant c_{7,3,4}\min\{|v|^{2q_0},|v|^{-2q_0}\},\ \forall v\in\mathbb{R}^N。 \tag{7.3.7}$$

下面开始定理 7.3.1 的证明。

证明　证明方法是基于 Ayache 和 Xiao(2016)命题 3.1 的证明思想。如果能够证明对任意给定的 $n\geqslant 2$ 和 任意 $b_1,\cdots,b_{n-1}\in\mathbb{R}$ 有

$$\left\|X(s^n,\cdot)-\sum_{j=1}^{n-1}b_jX(s^j,\cdot)\right\|_\alpha^\alpha\geqslant c_{7,3,5}\min\{\tau_E(s^n-s^j)^{\alpha H}:0\leqslant j\leqslant n-1\}, \tag{7.3.8}$$

其中 $s^0=0$，$c_{7,3,5}$ 是一个仅依赖于 α,H,N,n,ψ 和 I 的常数，则由(7.2.2)和(7.2.3)式可得

$$\begin{aligned}&\|X(s^n,\cdot)-\mathrm{span}\{X(s^1),\cdots,X(s^{n-1})\}\|_\alpha\\ &\geqslant c_{7,3,5}\min\{\tau_E(s^n-t^j)^H:0\leqslant j\leqslant n-1\}。\end{aligned} \tag{7.3.9}$$

由引理 7.3.2 知，定义 7.2.2 中的条件(i)和(ii)显然得到满足。由此及(7.3.8)式可得对任意满足(7.2.5)式和 $|s^n-s^{n-1}|\to 0$ 的序列 $s^1,\cdots,s^n\in\mathbb{R}^N$，定义 7.2.2 的条件(iii)也得到满足。因此 X 在 I 上，在范数 $\|\cdot\|_\alpha$ 下是局部不确定性的。由本定理的第一个结论和 Nolan(1989)中定理 3.2 可得本定理的第二个结论。

下面分两种情形证明(7.3.8)式成立。

情形一：当

$$\max\{|b_j|:1\leqslant j\leqslant n-1\}>2$$

时。对于这种情形，可通过与 Ayache 和 Xiao(2016)相同的讨论得到，这里略去。

情形二：当

$$\max\{|b_j|:1\leqslant j\leqslant n-1\}\leqslant 2 \tag{7.3.10}$$

时。首先由(7.1.1)和(7.2.3)可得

$$\left\|X(s^n,\cdot)-\sum_{j=1}^{n-1}b_jX(s^j,\cdot)\right\|_\alpha^\alpha$$
$$=\int_{\mathbb{R}^N}\left|\left(e^{i\langle s^n,\xi\rangle}-1-\sum_{i=1}^{n-1}b_j(e^{i\langle s^j,\xi\rangle}-1)\right)\right|^\alpha\psi(\xi)^{-\alpha H-q}\mathrm{d}\xi$$
$$=\int_{\mathbb{R}^N}\left|\left(1-\sum_{j=1}^{n-1}b_je^{-i\langle s^n-s^j,\xi\rangle}-\left(1-\sum_{j=1}^{n-1}b_j\right)e^{-i\langle s^n,\xi\rangle}\right)\right|^\alpha\psi(\xi)^{-\alpha H-q}\mathrm{d}\xi。\tag{7.3.11}$$

为了简便起见，令 $\bar{s}:=(s^1,\cdots,s^n)\in\mathbb{R}^{nN}$。对任意的 $(\bar{s},b,\xi)\in\mathbb{R}^{nN}\times\mathbb{R}^n\times\mathbb{R}^N$，定义

$$F(\bar{s},b,\xi)=1-\sum_{j=1}^{n-1}b_je^{-i\langle s^n-s^j,\xi\rangle}-\left(1-\sum_{j=1}^{n-1}b_j\right)e^{-i\langle s^n,\xi\rangle},\tag{7.3.12}$$

其中 $b_1,\cdots,b_n$ 是点 $b\in\mathbb{R}^n$ 的坐标分量。利用(7.3.11)和(7.3.12)式可得

$$\left\|X(s^n,\cdot)-\sum_{j=1}^{n-1}b_jX(s^j,\cdot)\right\|_\alpha^\alpha=\int_{\mathbb{R}^N}|F(\bar{s},b,\xi)|^\alpha\psi(\xi)^{-\alpha H-q}\mathrm{d}\xi。\tag{7.3.13}$$

显然有

$$|F(\bar{s},b,\xi)|\leqslant 4n-2。\tag{7.3.14}$$

为了证明(7.3.8)式，不妨假设 $\min\{\tau_E(s^n-s^j):0\leqslant j\leqslant n-1\}>0$，否则结论显然成立。设 γ 由下面式子定义：

$$\gamma^{-1}:=\epsilon\min\{\tau_E(s^n-s^j):0\leqslant j\leqslant n-1\},\tag{7.3.15}$$

其中 ϵ 是一满足 $0<\epsilon\leqslant 1$ 的任意常数。注意 γ^{-1} 是由 $\bar{s},\epsilon$ 所确定的。利用变量替换 $\eta=(\gamma^{-1})^E\xi$ 可得

$$\begin{aligned}(7.3.13)\text{ 的右边}&=\int_{\mathbb{R}^N}|F(\bar{s},b,\gamma^E\eta)|^\alpha\psi(\gamma^E\eta)^{-\alpha H-q}\gamma^q\mathrm{d}\eta\\&=\gamma^{-\alpha H}\int_{\mathbb{R}^N}|F(\gamma^{E'}\bar{s},b,\eta)|^\alpha\psi(\eta)^{-\alpha H-q}\mathrm{d}\eta,\end{aligned}\tag{7.3.16}$$

其中最后一个等式由 ψ 的齐次性可得。因此为了证明(7.3.8)式，只需证明存在仅依赖于 α,H,N,n,ψ 和 ϵ 的常数 $c^*>0$ 使得

$$\int_{\mathbb{R}^N}|F(\gamma^{E'}\bar{s},b,\eta)|^\alpha\psi(\eta)^{-\alpha H-q}\mathrm{d}\eta\geqslant c^*。\tag{7.3.17}$$

对所有的 $b\in A:=[-2,2]^n$ 成立。由引理 7.3.3 有

$$\int_{\mathbb{R}^N}|F(\gamma^{E'}\bar{s},b,\eta)|^\alpha\psi(\eta)^{-\alpha H-q}\mathrm{d}\eta\geqslant\int_{\mathbb{R}^N}\left(|F(\gamma^{E'}\bar{s},b,\eta)|\psi(\eta)^{-H-q/\alpha}\sqrt{G(\eta)}\right)^\alpha\mathrm{d}\eta。\tag{7.3.18}$$

由(7.3.14)式可得

$$|F(\gamma^{E'}\bar{s},b,\eta)|\psi(\eta)^{-H-q/\alpha}\sqrt{G(\eta)}\leqslant(4n-2)\psi(\eta)^{-H-q/\alpha}\sqrt{G(\eta)}。\tag{7.3.19}$$

因为 $\psi(\eta)^{-H-q/\alpha}\sqrt{G(\eta)}$ 是关于 η 的连续函数,所以其在闭区域 $\{\eta:0<c_1\leqslant|\eta|\leqslant c_2<\infty\}$ 上有界。因此只需考虑 $|\eta|$ 在 0 附近和 $|\eta|$ 在接近于∞两种情形。由 ψ 的齐次性和(7.3.18)式知

$$|F(\gamma^{E'}\bar{s},b,\eta)|\psi(\eta)^{-H-q/\alpha}\sqrt{G(\eta)}\leqslant(4n-2)\tau_E(\eta)^{-H-q/\alpha}\psi(l_E(\eta))^{-H-q/\alpha}\sqrt{G(\eta)}。\tag{7.3.20}$$

由于 ψ 是一个齐次的连续函数,且 $l_E(\eta)\in S_0=\{x:\tau_E(x)=1\}$,所以存在正的常数 m,M 使得 $m\leqslant\psi(l_E(\eta))\leqslant M$。由此可得,

$$\text{RHS of}(7.3.20)\leqslant c\tau_E(\eta)^{-H-q/\alpha}\sqrt{G(\eta)}。\tag{7.3.21}$$

由引理 7.3.3 和引理 7.2.8 有

$$\begin{aligned}(7.3.20)\text{ 的右边}&\leqslant c|\eta|^{-\left(H+\frac{q}{\alpha}\right)/(a_1-\delta)}|\eta|^{q_0}\\&=c|\eta|^{q_0-\left(H+\frac{q}{\alpha}\right)/(a_1-\delta)}\\&\leqslant c|\eta|^{\frac{q}{2(a_1-\delta)}+1},\text{当 }\eta\text{ 在 0 附近},\end{aligned}\tag{7.3.22}$$

以及

$$\begin{aligned}(7.3.20)\text{ 的右边}&\leqslant c|\eta|^{-\left(H+\frac{q}{\alpha}\right)/(a_1-\delta)}|\eta|^{-2q_0}\\&=c|\eta|^{-\left(2q_0+H+\frac{q}{\alpha}\right)/(a_1-\delta)},\text{当 }\eta\text{ 在 }\infty\text{ 附近},\end{aligned}\tag{7.3.23}$$

在(7.3.22)式中约定 $|0|^{-H-q/\alpha}\sqrt{G(0)}=0$。由上面的讨论知,(7.3.20)式的右边是从上有界的,即对任意的 $(\bar{s},b,\eta)\in\mathbb{R}^{nN}\times A\times\mathbb{R}^N$,

$$|F(\bar{s},b,\eta)|\psi(\eta)^{-H-q/\alpha}\sqrt{G(\eta)}<\infty。\tag{7.3.24}$$

为了记号的简洁,令 $c_{7,3,6}=\sup\{|F(\bar{s},b,\eta)|\psi(\eta)^{-H-q/\alpha}\sqrt{G(\eta)}:(\bar{s},b,\eta)\in\mathbb{R}^{nN}\times A\times\mathbb{R}^N\}$,则由(7.3.24)式,显然有 $0<c_{7,3,6}<\infty$。因此对任意的 $(\bar{s},b,\eta)\in\mathbb{R}^{nN}\times A\times\mathbb{R}^N$,

$$0\leqslant c_{7,3,6}^{-1}|F(\bar{s},b,\eta)|\psi(\eta)^{-H-q/\alpha}\sqrt{G(\eta)}\leqslant 1。\tag{7.3.25}$$

由此可得

$$\begin{aligned}&\int_{\mathbb{R}^N}\left(|F(\gamma^{E'}\bar{s},b,\eta)|\psi(\eta)^{-H-q/\alpha}\sqrt{G(\eta)}\right)^{\alpha}\mathrm{d}\eta\\&\geqslant c_{7,3,6}^{\alpha-2}\int_{\mathbb{R}^N}\left(|F(\gamma^{E'}\bar{s},b,\eta)|\psi(\eta)^{-H-q/\alpha}\sqrt{G(\eta)}\right)^2\mathrm{d}\eta。\end{aligned}\tag{7.3.26}$$

利用 Cauchy-Schwarz 不等式有

$$\begin{aligned}&\left|\int\left|F(\gamma^{E'}\bar{s},b,\eta)\right|\hat{G}(\eta)\mathrm{d}\eta\right|^2\\&=\left|\int_{\mathbb{R}^N}\left|F(\gamma^{E'}\bar{s},b,\eta)\right|\psi(\eta)^{-H-q/\alpha}\sqrt{G(\eta)}\cdot\psi(\eta)^{H+q/\alpha}\sqrt{G(\eta)}\mathrm{d}\eta\right|^2\end{aligned}$$

$$\leqslant \int_{\mathbb{R}^N} (|F(\gamma^{E'}\bar{s},b,\eta)|\psi(\eta)^{-H-q/\alpha}\sqrt{\hat{G}(\eta)})^2 \mathrm{d}\eta \cdot \int_{\mathbb{R}^N} \psi(\eta)^{2H+2q/\alpha}\hat{G}(\eta)\mathrm{d}\eta。 \tag{7.3.27}$$

下面证明

$$\int_{\mathbb{R}^N} \psi(\eta)^{2H+2q/\alpha}\hat{G}(\eta)\mathrm{d}\eta < \infty。 \tag{7.3.28}$$

事实上，首先将上面积分的积分区域划分成两部分：$\{\eta:\tau_E(\eta) \geqslant 1\}$ 和 $\{\eta:\tau_E(\eta) < 1\}$，并将在它们上面的定积分分别记为 J_1 和 J_2。由 $\phi(\eta)$ 和 $\hat{G}(\eta)$ 的连续性，显然有 $J_2 < \infty$。利用引理 7.3.3 和齐次性可得

$$\begin{aligned} J_1 &= \int_{S_N} \mu(\mathrm{d}\theta)\int_1^\infty \psi(\theta)^{2H+2q/\alpha}\hat{G}(r^E\theta) r^{2H+2q/\alpha+q-1}\mathrm{d}r \\ &\leqslant c\int_{S_N}\mu(\mathrm{d}\theta)\int_1^\infty |r^E\theta|^{-2q_0} r^{2H+2q/\alpha+q-1}\mathrm{d}r \\ &\leqslant c\int_1^\infty r^{-2q_0(a_1-\delta)} r^{2H+2q/\alpha+q-1}\mathrm{d}r, \end{aligned} \tag{7.3.29}$$

其中倒数第二个不等式由引理 7.3.3 可得，而最后一个不等式由引理 7.2.1 可得。注意到由引理 7.3.3 中 q_0 的定义可推得

$$J_1 \leqslant c\int_1^\infty r^{2H+2q/\alpha+q-1-2q_0(a_1-\delta)}\mathrm{d}r < \infty。 \tag{7.3.30}$$

记 $c_{7,3,8} = J_1 + J_2$，则由上述讨论可得 $c_{7,3,8} < \infty$。由此及(7.3.27)式有

$$\begin{aligned} &\int_{\mathbb{R}^N} (|F(\gamma^{E'}\bar{s},b,\eta)|\psi(\eta)^{-H-q/\alpha}\sqrt{\hat{G}(\eta)})^2\mathrm{d}\eta \\ &\quad\geqslant c\left|\int_{\mathbb{R}^N}|F(\gamma^{E'}\bar{s},b,\eta)|\hat{G}(\eta)\mathrm{d}\eta\right|^2 \\ &\quad\geqslant c\left|\int_{\mathbb{R}^N}F(\gamma^{E'}\bar{s},b,\eta)\hat{G}(\eta)\mathrm{d}\eta\right|^2。 \end{aligned} \tag{7.3.31}$$

利用 $F(\bar{s},b,\eta)$ 的定义和 Fourier 逆变换公式可得

$$\begin{aligned} &\frac{1}{(2\pi)^N}\int_{\mathbb{R}^N} F(\gamma^{E'}\bar{s},b,\eta)\hat{G}(\eta)\mathrm{d}\eta \\ &\quad= \frac{1}{(2\pi)^N}\int_{\mathbb{R}^N}\Big(1-\sum_{j=1}^{n-1}b_j e^{-\mathrm{i}\langle\gamma^{E'}(s^n-s^j),\xi\rangle} - \Big(1-\sum_{j=1}^{n-1}b_j\Big)e^{-\mathrm{i}\langle\gamma^{E'}s^n,\xi\rangle}\Big)\hat{G}(\eta)\mathrm{d}\eta \\ &\quad= G(0) - \sum_{j=1}^{n-1}b_j G(-\gamma^{E'}(s^n-s^j)) - \Big(1-\sum_{j=1}^{n-1}b_j\Big)G(-\gamma^{E'}s^n)。 \end{aligned} \tag{7.3.32}$$

由(7.3.15)式和 $\tau_E(s)$ 的齐次性有

$$\tau_E(-\gamma^E(s^n-s^j)) - \gamma\tau_E((s^n-s^j)) \geqslant \frac{1}{\epsilon},\ \forall j = 1,\cdots,n$$

和 $\tau_{\mathrm{E}}(-\gamma^{E}s^{n}) = \gamma\tau_{\mathrm{E}}((s^{n})) > 1$。 (7.3.33)

而由引理 7.3.3 (i)和 $q_0 \geqslant 1$ 有

$$G(-\gamma^{E}(s^{n}-s^{j})) = 0, \forall j = 1,\cdots,n \text{ 和 } G(-\gamma^{E}s^{n}) = 0。 \tag{7.3.34}$$

由此和(7.3.30)式可得

$$\frac{1}{(2\pi)^{N}}\int_{\mathbb{R}^{N}} F(\gamma^{E'}\bar{s}, b, \eta)\hat{G}(\eta)\mathrm{d}\eta = G(0)。 \tag{7.3.35}$$

通过令 $c_{7,3,7} = c_{7,3,6}^{\alpha-2}c_{7,3,8}^{-1}((2\pi)^{N})\,|G(0)|^{2}$，可得(7.3.8)式成立。从而定理 7.3.1 的证明完成。

7.4 局部时的联合连续性

设 $Z = \{Z(t), t \in \mathbb{R}^{N}\}$ 是一定义在概率空间$(\Omega,\mathcal{F},\mathbb{P})$上的 $\mathbb{R}^{d}$-值可调和算子尺度 stable 随机场，其定义如下：

$$Z(t) = (Z_1(t),\cdots,Z_d(t)), \tag{7.4.1}$$

其中 $Z_1(t),\cdots,Z_d(t)$ 是独立同分布于 X（这里 X 由(7.1.1)式所定义）。在本节中，将研究 $\mathbb{R}^{d}$-值可调和算子尺度 stable 随机场 Y 局部时存在和联合连续的充分条件。

先回顾下随机场的局部时定义。随机场 Z 在 I 上的逗留时定义为：

$$\mu(A) = \int_{I} 1_{A}(Z(s))\mathrm{d}s, \forall A \in \mathbb{R}^{d}。$$

如果 μ 关于 $\mathbb{R}^{d}$ 上 Lebesgue 测度 λ_d 绝对连续，则称 X 的局部时（记为 $\ell(x,I)$）存在且满足：

$$\mu(A) = \int_{A} \ell(x,I)\mathrm{d}x。$$

因此 $\ell(x,I)$ 是逗留时 μ 的密度，并称这里的 x 为空间变量，而称 I 为时间变量。注意，如果 X 在 I 上的局部时存在，则对 I 的任意 Borel 子集 T，$L(x,T)$ 也是存在的。关于随机和确定向量场局部时的很好综述可参见 Geman 和 Horowitz(1980)。也有许多学者研究自相交的局部时及其性质（见 Geman 等人(1984)，Hu 和 Nualart(2005)，Rosen(1987)，Wu 和 Xiao(2010)）。

设 $T = \prod_{i=1}^{N}[a_i, a_i + h_i] \subset \mathbb{R}^{N}$ 是一个固定矩形，$h = (h_1,\cdots,h_N) \in \mathbb{R}_{+}^{N}$。如果局部时存在一个版本，仍记为 $L = (x, \prod_{i=1}^{N}[a_i, a_i + h_i])$，使得它是关于变量 $(x, t_1,\cdots,t_N) \in \mathbb{R}^{d} \times \prod_{i=1}^{N}[0, h_i]$ 是连续的，则称 X 在 T 上具有联合连续的局部时。当局部时是联合连续时，它将是随机场 Z 的水

平集上的一个自然测度。这使得局部时成为一个有用的研究工具，可以用来研究与随机场 Z 的水平集和逆向集相关的各类分形性质。因此，关于局部时存在性和联合连续性的研究，以及用它们来研究随机场的分形性质，已经取得大量的结果。关于这方面的成果，可参见 Ehm(1981)，Xiao(1997)，Xiao 和 Zhang(2002)，Ayache 等人(2008)，以及 Wu 和 Xiao(2011)。最近，陈振龙和肖益民(2019)研究了一类分量近似独立且满足某种强局部不确定性 Gauss 场局部时的联合连续性。

下面给出后文要用到的局部时的几个性质。

(i)局部时存在一个可测的修正，且满足下面的逗留时密度公式：对每个 Borel 集 $T\subseteq\mathbb{R}^N$，以及每个可测函数 $f:\mathbb{R}^d\to\mathbb{R}$ 都有

$$\int_T f(Z(t))\mathrm{d}t=\int_{\mathbb{R}^d}f(x)\ell(x,T)\mathrm{d}x。\tag{7.4.2}$$

(ii)局部时有下面的 n 阶矩公式(见 Geman 和 Horowitz(1980)文中的(25.5)和(25.7)式)：对任意的 $x,y\in\mathbb{R}^d$，$T\subset I$ 和任意的整数 $n\geqslant 1$，有

$$\mathbb{E}\left[\ell(x,T)^n\right]=\frac{1}{(2\pi)^{nd}}\int_{T^n}\int_{\mathbb{R}^{nd}}\exp\left\{-\mathrm{i}\sum_{j=1}^n\langle u^j,x\rangle\right\}\times\mathbb{E}\exp\left\{\mathrm{i}\sum_{j=1}^n\langle u^j,Z(t^j)\rangle\right\}\mathrm{d}\bar{u}\mathrm{d}\bar{t},\tag{7.4.3}$$

以及对任意的偶数 $n\geqslant 2$ 有

$$\begin{aligned}&\mathbb{E}\left[(\ell(x,T)-\ell(y,T))^n\right]\\&=\frac{1}{(2\pi)^{nd}}\int_{T^n}\int_{\mathbb{R}^{nd}}\prod_{j=1}^n\left(\exp\left\{-\mathrm{i}\sum_{j=1}^n\langle u^j,x\rangle\right\}-\exp\left\{-\mathrm{i}\sum_{j=1}^n\langle u^j,y\rangle\right\}\right)\\&\quad\times\mathbb{E}\exp\left\{\mathrm{i}\sum_{j=1}^n\langle u^j,Z(t^j)\rangle\right\}\mathrm{d}\bar{u}\mathrm{d}\bar{t},\end{aligned}\tag{7.4.4}$$

其中 $\bar{u}=(u^1,\cdots,u^n)$，$\bar{t}=(t^1,\cdots,t^n)$，并且每个 $u^j\in\mathbb{R}^d$，$t^j\in T$。关于坐标分量将记为 $u^j=(u_1^j,\cdots,u_d^j)$。

下面的定理给出了随机场 Z 局部时存在的充分条件。

定理 7.4.1 设 $Z=\{Z(t),t\in\mathbb{R}^N\}$ 是如(7.4.1)式所定义的可调和算子尺度 stable 随机场，当 $q>\mathrm{d}H$ 时，则对任意的闭矩形 $T\subseteq I$，随机场 Z 在 T 上存在局部时 $\ell(x,T)\in L^2(\lambda_d\times\mathbb{P})$，且 $\ell(x,T)$ 有如下的 L^2 表示：

$$\ell(x,T)=\frac{1}{(2\pi)^{nd}}\int_T\int_{\mathbb{R}^d}e^{-\mathrm{i}\langle y,x\rangle}\cdot e^{\mathrm{i}\langle y,Z(t)\rangle}\mathrm{d}x\mathrm{d}t,\tag{7.4.5}$$

其中 $x=(x_1,\cdots,x_d)\in\mathbb{R}^d$。

证明 由 Geman 和 Horowitz[40]的(21.9)式(也可见 Adler[1]定理 8.6.2)可得，对任意的闭矩形 $T\subseteq I$，随机场 Z 在 T 上存在满足(7.4.5)式的局部时 $\ell(x,T)$ 的充分必要条件是

$$\mathcal{T} = \int_{T^2}\int_{\mathbb{R}^d} \mathbb{E}\, e^{\mathrm{i}\langle \xi, Z(t)-Z(s)\rangle} \mathrm{d}\xi \mathrm{d}s\mathrm{d}t < \infty。 \tag{7.4.6}$$

从而只需要证明

$$当\ q > \mathrm{d}H\ 时，\mathcal{T} < \infty。 \tag{7.4.7}$$

事实上，利用 $Z_1, \cdots, Z_d$ 的独立性和(1.2.5)、(1.2.6)和(7.2.1)式有，

$$\begin{aligned}\mathbb{E}e^{\mathrm{i}\langle \xi, Z(t)-Z(s)\rangle} &= \prod_{j=1}^{d} \mathbb{E}e^{\mathrm{i}\xi_j (Z_j(t)-Z_j(s))} \\ &= \prod_{j=1}^{d} e^{-|\xi_j|^{\alpha} \| Z_j(t)-Z_j(s)\|_{\alpha}^{\alpha}}。\end{aligned} \tag{7.4.8}$$

由于 $\int_{\mathbb{R}} e^{-|u|^{\alpha}} \mathrm{d}u < \infty$，所以

$$\int_{\mathbb{R}^d} \mathbb{E}\, e^{\mathrm{i}\langle \xi, Z(t)-Z(s)\rangle} \mathrm{d}\xi \leqslant c \prod_{j=1}^{d} \frac{1}{\| Z_j(t) - Z_j(s) \|_{\alpha}} = \frac{c}{\| X(t) - X(s) \|_{\alpha}^{d}}。 \tag{7.4.9}$$

由引理 7.3.2 可推得(7.4.6)式的左边(LHS)小于

$$\begin{aligned}\int_{T^2} \frac{c}{\| X(t) - X(s) \|_{\alpha}^{d}} \mathrm{d}s\mathrm{d}t &\leqslant \int_{T^2} \frac{c}{\tau_{\mathrm{E}}(s-t)^{dH}} \mathrm{d}s\mathrm{d}t \\ &\leqslant c\int_0^{r_0} \frac{r^{q-1}}{r^{dH}} \mathrm{d}r,\end{aligned} \tag{7.4.10}$$

其中 $r_0 = \sup\{\tau_{\mathrm{E}}(s-t): s, t \in T\}$，而最后一个不等式由引理 1.2.9 和 r_0 的定义可得。显然当 $q > \mathrm{d}H$ 时，有 $\int_0^{r_0} r^{q-dH-1} \mathrm{d}r < \infty$。由此和(7.4.9)，(7.4.10)式，可得(7.4.7)式成立。故定理 7.4.1 得证。

注 7.4.2　本文仅给出局部时存在的充分条件，其实也可得到局部时存在的必要条件。即，如果随机场 Z 的局部时时存在，则 $\mathrm{d}H < N(a_p + \delta)$，这里 δ 由引理 1.2.8 所定义。但是这个必要条件并不是最优的，我们猜测局部时存在的必要条件是 $\mathrm{d}H < q$，然而目前我们还无法证明。

下面的定理是本章的第二个主要结论，其给出了局部时具有联合连续性的充分条件。证明方法是基于 Nolan(1989)对 stable 随机场局部时联合连续性的证明思想。

定理 7.4.3　设 $Z = \{Z(t), t \in \mathbb{R}^N\}$ 是由(7.4.1)式定义的可调和算子尺度 stable 随机场，如果 $q > \mathrm{d}H$，则对任意的闭矩形 $T \subseteq I$，随机场 Z 在 T 上具有几乎处处联合连续的局部时。

为了证明定理 7.4.3，需要下面的两个引理，这两个引理给出了局部时 n 阶矩的上界。为了符号上的简洁，令 $D = \overline{B}_{\tau}(a, r) \subset T$ 表示在度量 τ 下，

中心在 a，半径为 r 的闭球。

引理 7.4.4 设 $Z=\{Z(t),t\in\mathbb{R}^N\}$ 是由(7.4.1)式定义的可调和算子尺度 stable 随机场，如果 $q>dH$，则对任意的闭矩形 $T\subseteq I$，存在一个仅依赖于 N,d,H 和 T 的常数 $c_{7,4,1}$，使得对任意半径小于 1 的闭球 $D\subseteq T$，以及任意的整数 $n>1$ 有

$$\mathbb{E}[(\ell(x,D))^n]\leqslant c_{7,4,1}^n r^{n(q-Hd)}。\tag{7.4.11}$$

证明 由于 $\ell(x,D)$ 是正的且满足(7.4.3)式，所以

$$\mathbb{E}[(\ell(x,D))^n]\leqslant\frac{1}{(2\pi)^{nd}}\int_{D^n}\int_{\mathbb{R}^{nd}}\left|\mathbb{E}\exp\left\{\mathrm{i}\sum_{j=1}^n\langle u^j,Z(t^j)\rangle\right\}\right|\mathrm{d}\bar{u}\mathrm{d}\bar{t}。\tag{7.4.12}$$

利用变量替换 $u^n=v^n,u^j=v^j-v^{j+1},j-1,\cdots,n-1$，可得

$$\begin{aligned}
&\mathbb{E}[(\ell(x,T))^n]\\
&\leqslant c\int_{D^n}\int_{\mathbb{R}^{nd}}\left|\mathbb{E}\exp\left\{\mathrm{i}\langle v^n,Z(t^n)\rangle+\mathrm{i}\sum_{j=1}^{n-1}\langle v^j-v^{j+1},Z(t^j)\rangle\right\}\right|\mathrm{d}\bar{v}\mathrm{d}\bar{t}\\
&=c\int_{D^n}\int_{\mathbb{R}^{nd}}\left|\mathbb{E}\exp\left\{\mathrm{i}\langle v^1,Z(t^1)\rangle+\mathrm{i}\sum_{j=2}^{n}\langle v^j,Z(t^j)-Z(t^{j-1})\rangle\right\}\right|\mathrm{d}\bar{v}\mathrm{d}\bar{t}\\
&=c\int_{D^n}\int_{\mathbb{R}^{nd}}\prod_{l=1}^d\left|\mathbb{E}\exp\left\{\mathrm{i}v_l^1Z_l(t^1)+\mathrm{i}\sum_{j=2}^{n}(v_l^jZ_l(t^j)-Z_l(t^{j-1}))\right\}\right|\mathrm{d}\bar{v}\mathrm{d}\bar{t}\\
&=c\int_{D^n}\int_{\mathbb{R}^{nd}}\prod_{l=1}^d\exp\left\{-\left\|v_l^1Z_l(t^1)+\sum_{j=2}^{n}v_l^j(Z_l(t^j)-Z_l(t^{j-1}))\right\|_\alpha^\alpha\right\}\mathrm{d}\bar{v}\mathrm{d}\bar{t},
\end{aligned}\tag{7.4.13}$$

其中倒数第二个等式由 $Z_1,\cdots,Z_d$ 的独立性可得，最后一个等式由(1.2.4)—(1.2.6)式可得。

下面将利用随机场 X 的局部不确定性来证明(7.4.13)式中的积分是有限的。然而，局部不确定性仅在(7.2.5)式且该式中的点要充分靠近的条件下才成立。因此，先做一简化：固定一个 $n>1$，D^n 能够用更小的集合 $S=\{(t^1,\cdots,t^n)\in D^n:t^1\leqslant t^2\leqslant\cdots\leqslant t^n$ 且 $|t^n-t^{n-1}|<\delta\}$ 来替代，这里 δ 是一充分小的正常数(见定理 7.3.1)。这一简化是充分的，因为 D^n 可由有限个诸如 S 的集合构成(仅仅 $t^1,\cdots,t^n$ 的排列顺序不同)。只要能够证明(7.4.13)式中的积分在这些小区域上的积分是有限的，则其在 D^n 上也是有限的。因此从现在起，不妨假设 X 在 D^n 上是具有局部不确定性的，这是因为 D^n 总是可以划分为更小的区域，而在这更小的区域上局部不确定性是成立的。由上述讨论和(7.3.1)式，(7.4.13)式中的最后一个积分小于

$$c\int_{D^n}\int_{\mathbb{R}^{nd}}\prod_{l=1}^d\left\{e^{-c\|v_l^1Z_l(t^1)\|_\alpha^\alpha}\cdot\prod_{j=2}^n e^{-c\|v_l^j(Z_l(t^j)-Z_l(t^{j-1}))\|_\alpha^\alpha}\right\}\mathrm{d}\bar{v}\mathrm{d}\bar{t}$$

$$= c\int_{D^n}\prod_{l=1}^{d}\left\{\int_{\mathbb{R}} e^{-c\| v_l^1 Z_l(t^1)\|_\alpha^\alpha}\mathrm{d}v_l^1 \cdot \prod_{j=2}^{n}\int_{\mathbb{R}} e^{-c\| v_l^j (Z_l(t^j)-Z_l(t^{j-1}))\|_\alpha^\alpha}\mathrm{d}v_l^j\right\}\mathrm{d}\bar{t},$$

(7.4.14)

由引理 7.3.2 可推得(7.4.14)式中的最后一个积分小于

$$\int_{D^n}\prod_{l=1}^{d}\left\{\int_{\mathbb{R}} e^{-c| v_l^1 |^\alpha \tau_E(t^1)^{\alpha H}}\mathrm{d}v_l^1 \cdot \prod_{j=2}^{n}\int_{\mathbb{R}} e^{-c| v_l^j | \tau_E(t^j-t^{j-1})^{\alpha H}}\mathrm{d}v_l^j\right\}\mathrm{d}\bar{t}。$$

(7.4.15)

再做一次变量替换 $u_l^1 = v_l^1\tau_E(t^1)^H, u_l^j = v_l^j\tau_E(t^j - t^{j-1})^H, j = 2,\cdots,n$，(7.4.15)式等于

$$\int_{D^n}\left(\tau_E(t^1)\prod_{j=2}^{n}\tau_E(t^j - t^{j-1})\right)^{-Hd}\prod_{l=1}^{d}\left\{\int_{\mathbb{R}} e^{-c| u_l^1 |^\alpha}\mathrm{d}u_l^1 \cdot \prod_{j=2}^{n}\int_{\mathbb{R}} e^{-c| u_l^j |^\alpha}\mathrm{d}u_l^j\right\}\mathrm{d}\bar{t}$$

$$\leqslant c^n\int_{D^n}\left(\tau_E(t^1)\prod_{j=2}^{n}\tau_E(t^j - t^{j-1})\right)^{-Hd}\mathrm{d}\bar{t}, \tag{7.4.16}$$

因为对所有的 $j = 1,\cdots,n$，$\int_{\mathbb{R}} e^{-c| u_l^j |^\alpha}\mathrm{d}u_l^j \leqslant c$，所以联合(7.4.13)—(7.4.16)式，推得

$$\mathbb{E}[|\ell(x,D)|^n] \leqslant c^n\int_{D^n}\left(\tau_E(t^1)\prod_{j=2}^{n}\tau_E(t^j - t^{j-1})\right)^{-Hd}\mathrm{d}\bar{t}。 \tag{7.4.17}$$

由于 D 是凸集，$\tau_E(t)$ 是对称(即 $\tau_E(-t) = \tau_E(t)$)和连续的，且当 $|t| \to 0$ 时，$\tau_E(t) \to 0$，当 $|t| \to \infty$ 时，$\tau_E(t) \to \infty$，所以

$$\int_D \tau_E(t^n - t^{n-1})^{-Hd}\mathrm{d}t^n \leqslant \int_{B_\tau(0,r)}\tau_E(t^n)^{-Hd}\mathrm{d}t^n。 \tag{7.4.18}$$

由引理 1.2.9 可得

$$\begin{aligned}\int_D \tau_E(t^n - t^{n-1})^{-Hd}\mathrm{d}t^n &\leqslant \int_{B_\tau(0,r)}\tau_E(t^n)^{-Hd}\mathrm{d}t^n \\ &\leqslant cr^{q-Hd}。\end{aligned} \tag{7.4.19}$$

利用(7.4.19)式，并按 $\mathrm{d}t^n,\cdots,\mathrm{d}t^1$ 顺序进行积分可得

$$\mathbb{E}[|\ell(x,D)|^n] \leqslant c^n r^{n(q-Hd)}。 \tag{7.4.20}$$

这就证明了引理 7.4.4。

引理 7.4.5　设 $Z = \{Z(t), t \in \mathbb{R}^N\}$ 是由(7.4.1)式定义的可调和算子尺度 stable 随机场，如果 $q > \mathrm{d}H$，则对每个闭矩形 $T \subseteq I$，存在一个仅依赖于 N,d,H 和 T 的常数 $c_{7,4,1}$，使得对任意半径充分小的闭球 $D \subseteq T$，所有满足 $|x - y| \leqslant 1$ 的 $x,y \in \mathbb{R}^d$，所有偶数 $n > 1$，以及所有充分小的 $\gamma \in (0,\min\{1,(q - Hd)/2H\})$，有

$$\mathbb{E}[(\ell(x,D) - \ell(y,D)|)^n] \leqslant c_{7,4,2}^n |x - y|^{n\gamma} r^{n(q-H(2\gamma+d))}。 \tag{7.4.21}$$

证明 由(7.4.4)式知

$$\mathbb{E}\left[(\ell(x,D)-\ell(y,D))^n\right] \leqslant \int_{T^n}\int_{\mathbb{R}^{nd}}\prod_{j=1}^{n}\left|\exp\left\{-\mathrm{i}\sum_{j=1}^{n}\langle u^j,x-y\rangle\right\}-1\right| \times\left|\mathbb{E}\exp\left\{\mathrm{i}\sum_{j=1}^{n}\langle u^j,Z(t^j)\rangle\right\}\right|\mathrm{d}\bar{u}\mathrm{d}\bar{t}. \tag{7.4.22}$$

利用基本不等式 $|e^{\mathrm{i}u}-1|\leqslant 2^{1-\gamma}|u|^\gamma,\forall u\in\mathbb{R}$，可得

$$\prod_{j=1}^{n}\left|\exp\left\{-\mathrm{i}\sum_{j=1}^{n}\langle u^j,x-y\rangle\right\}-1\right|\leqslant 2^{n(1-\gamma)}|x-y|^{n\gamma}\prod_{j=1}^{n}|u^j|^\gamma。 \tag{7.4.23}$$

联合(7.4.22)和(7.4.23)式有

$$\mathbb{E}\left[(\ell(x,D)-\ell(y,D))^n\right]\leqslant c2^{n(1-\gamma)}|x-y|^{n\gamma}\times \int_{T^n}\int_{\mathbb{R}^{nd}}\left(\prod_{j=1}^{n}|u^j|^\gamma\right)\left|\mathbb{E}\exp\left\{\mathrm{i}\sum_{j=1}^{n}\langle u^j,Z(t^j)\rangle\right\}\right|\mathrm{d}\bar{u}\mathrm{d}\bar{t}。 \tag{7.4.24}$$

将(7.4.24)式中的内积分记为 J，并通过变量替换 $u^n=v^n,u^j=v^j-v^{j+1}$，$j=1,\cdots,n-1$ 可得

$$\begin{aligned}J &= c\int_{\mathbb{R}^{nd}}|v^n|^\gamma\left(\prod_{j=1}^{n-1}|v^j|^\gamma\right)\left|\mathbb{E}\exp\left\{\mathrm{i}\langle v^j,Z(t^n)\rangle+\mathrm{i}\sum_{j=1}^{n-1}\langle v^j-v^{j+1},Z(t^j)\rangle\right\}\right|\mathrm{d}\bar{v}\\
&= c\int_{\mathbb{R}^{nd}}|v^n|^\gamma\left(\prod_{j=1}^{n-1}|v^j-v^{j+1}|^\gamma\right)\\
&\quad\times\left|\mathbb{E}\exp\left\{\mathrm{i}\langle v^j,Z(t^n)\rangle+\mathrm{i}\sum_{j=1}^{n-1}\langle v^j-v^{j+1},Z(t^j)\rangle\right\}\right|\mathrm{d}\bar{v}\\
&= c\int_{\mathbb{R}^{nd}}|v^n|^\gamma\left(\prod_{j=1}^{n-1}|v^j-v^{j+1}|^\gamma\right)\\
&\quad\times\left|\mathbb{E}\exp\left\{\mathrm{i}\langle v^1,Z(t^1)\rangle+\mathrm{i}\sum_{j=2}^{n}\langle v^j,Z(t^j)-Z(t^{j-1})\rangle\right\}\right|\mathrm{d}\bar{v}。\end{aligned} \tag{7.4.25}$$

由于对任意的 j 和 $\gamma\in(0,1)$，恒成立 $|v^j-v^{j+1}|^\gamma\leqslant|v^j|^\gamma+|v^{j+1}|^\gamma$，所以

$$|v^n|^\gamma\left(\prod_{j=1}^{n-1}|v^j-v^{j+1}|^\gamma\right)\leqslant\sum{}'\prod_{j=1}^{n}|v^j|^{\phi_n\gamma}, \tag{7.4.26}$$

其中 $\phi_n\in\{0,1,2\}$，求和符号 $\sum'$ 是对所有序列 $(k_1,\cdots,k_n)\in\{1,\cdots,d\}$ 进行的。由此及(7.4.26)式有

$$J\leqslant c\sum{}'\int_{\mathbb{R}^{nd}}\prod_{j=1}^{n}|v^j|^{\phi_n\gamma}\left|\mathbb{E}\exp\left\{\mathrm{i}\langle v^1,Z(t^1)\rangle+\mathrm{i}\sum_{j=2}^{n}\langle v^j,Z(t^j)-Z(t^{j-1})\rangle\right\}\right|\mathrm{d}\bar{v}。 \tag{7.4.27}$$

为方便起见，将(7.4.27)式中的积分记为 J_1。由 $Z_1,\cdots,Z_d$ 的独立性可推得

$$J_1=\int_{\mathbb{R}^{nd}}\Big(\prod_{j=1}^{n}|v^j|^{\phi_n\gamma}\Big)\prod_{l=1}^{d}\Big|\mathbb{E}\exp\Big\{\mathrm{i}v_l^1Z_l(t^1)+\mathrm{i}\sum_{j=2}^{n}v_l^j(Z_l(t^j)-Z_l(t^{j-1}))\Big\}\Big|\mathrm{d}\bar{v}$$
$$=\int_{\mathbb{R}^{nd}}\Big(\prod_{j=1}^{n}|v^j|^{\phi_n\gamma}\Big)\prod_{l=1}^{d}\exp\Big\{-\Big\|v_l^1Z_l(t^1)+\sum_{j=2}^{n}v_l^j(Z_l(t^j)-Z_l(t^{j-1}))\Big\|_\alpha^\alpha\Big\}\mathrm{d}\bar{v}$$
(7.4.28)

其中最后一个等式由(1.2.4)—(1.2.6)式可得。

正如在证明引理 7.4.4 时可假设随机场具有局部不确定性那样，这里也将假设 Z_j 在 D^n 上也具有局部不确定性。从而由 Z_j 的局部不确定性(见定理 7.3.1)可得

$$J_1\leqslant\int_{\mathbb{R}^{nd}}\Big(\prod_{j=1}^{n}|v^j|^{\phi_n\gamma}\Big)\prod_{l=1}^{d}\Big(\exp\{-c\|v_l^1Z_l(t^1)\|_\alpha^\alpha\}$$
$$\cdot\prod_{j=2}^{n}\exp\{-c\|v_l^j(Z_l(t^j)-Z_l(t^{j-1})\|_\alpha^\alpha\}\Big)\mathrm{d}\bar{v}$$
$$\leqslant\int_{\mathbb{R}^{nd}}\Big(\prod_{j=1}^{n}|v^j|^{\phi_n\gamma}\Big)\prod_{l=1}^{d}\Big(\exp\{-c|v_l^1|^\alpha\tau_E(t^1)^{\alpha H}\}$$
$$\cdot\prod_{j=2}^{n}\exp\{-c|v_l^j|^\alpha\tau_E(t^j-t^{j-1})^{\alpha H}\}\Big)\mathrm{d}\bar{v}$$
$$\leqslant\int_{\mathbb{R}^d}|v^1|^{\phi_n\gamma}\prod_{l=1}^{d}\exp\{-c|v_l^1|^\alpha\tau_E(t^1)^{\alpha H}\}\mathrm{d}v^1$$
$$\cdot\int_{\mathbb{R}^d}|v^j|^{\phi_n\gamma}\prod_{l=1}^{d}\Big(\prod_{j=2}^{n}\exp\{-c|v_l^j|^\alpha\tau_E(t^j-t^{j-1})^{\alpha H}\}\Big)\mathrm{d}v^j$$
$$\leqslant\int_{\mathbb{R}^d}|v^1|^{\phi_n\gamma}\prod_{l=1}^{d}\exp\{-c|v_l^1|^\alpha\tau_E(t^1)^{\alpha H}\}\mathrm{d}v^1$$
$$\cdot\prod_{j=2}^{n}\Big(\int_{\mathbb{R}^d}|v^j|^{\phi_n\gamma}\prod_{l=1}^{d}\exp\{-c|v_l^j|^\alpha\tau_E(t^j-t^{j-1})^{\alpha H}\}\mathrm{d}v^j\Big),$$
(7.4.29)

其中第二个不等式由引理 7.3.2 可得。

现在通过另一个变量替换 $u_l^1=v_l^1\tau_E(t^1)^H$，$u_l^j=v_l^j\tau_E(t^j-t^{j-1})^H$，$j=2,\cdots,n$ 有

$$J_1\leqslant\int_{\mathbb{R}^d}\tau_E(t^1)^{-H\phi_n\gamma-Hd}|u^1|^{\phi_n\gamma}\prod_{l=1}^{d}\exp\{-c|u_l^1|^\alpha\}\mathrm{d}u^1$$
$$\cdot\prod_{j=2}^{n}\int_{\mathbb{R}^d}\tau_E(t^j-t^{j-1})^{-H\phi_n\gamma-Hd}|u^j|^{\phi_n\gamma}\exp\{-c|u_l^j|^\alpha\}\mathrm{d}u^j$$
$$=c^n\Big(\tau_E(t^1)\prod_{j=2}^{n}\tau_E(t^j-t^{j-1})\Big)^{-H\phi_n\gamma-Hd},\qquad(7.4.30)$$

因为对任意的 $j=1,\cdots,d$ 有 $\int_{\mathbb{R}^d}|u^j|^{\phi_n\gamma}\prod_{j=2}^{n}\exp\{-c|u_l^j|^{\alpha}\}\mathrm{d}u^j<\infty$，所以联合(7.4.24)—(7.4.30)式可得

$$
\begin{aligned}
&\mathbb{E}[(\ell(x,D)-\ell(y,D))^n] \\
&\leqslant c^n|x-y|^{n\gamma}\int_{D^n}\left(\tau_{\mathrm{E}}(t^1)\prod_{j=2}^{n}\tau_{\mathrm{E}}(t^j-t^{j-1})\right)^{-H\phi_n\gamma-Hd}\mathrm{d}\bar{t} \\
&\leqslant c^n|x-y|^{n\gamma}r^{q-H\phi_n\gamma-Hd},
\end{aligned}
\tag{7.4.31}
$$

其中最后一个不等式通过类似于计算(7.4.18)—(7.4.20)式的方法可得。由于 $r<1,\phi_n\leqslant 2$，所以

$$
\mathbb{E}[(\ell(x,D)-\ell(y,D))^n]\leqslant c^n|x-y|^{n\gamma}r^{q-2H\gamma-Hd}。\tag{7.4.32}
$$

因此引理 7.4.5 的证明完成。

下面可以给出定理 7.4.3 的证明。

证明 虽然引理 7.4.4 和引理 7.4.5 中关于局部时高阶矩的估计是针对时间变量落入开球 $B_\tau(a,r)$ 内进行的，但是由这两个引理可得当时间变量落入矩形区域内的局部时高阶矩的估计。事实上，由引理 1.2.8 可推得，如果 $s\in T:=[a,a+\langle r\rangle]$，则 $\tau_{\mathrm{E}}(s-a)\leqslant r^{\frac{1-\varepsilon}{a_p}}$。从而

$$
T=[a,a+\langle r\rangle]\subseteq[a,a+B_\tau(0,r^{\frac{1-\varepsilon}{a_p}})]。
$$

因此利用引理 7.4.4 和引理 7.4.5 可得当时间变量落入矩形区域内时，局部时高阶矩的估计如下：

$$
\mathbb{E}[(\ell(x,T))^n]\leqslant c^n r^{\frac{n(q-Hd)(1-\varepsilon)}{a_p}},\tag{7.4.33}
$$

$$
\mathbb{E}[(\ell(x,T)-\ell(y,T))^n]\leqslant c^n|x-y|^{n\gamma}r^{\frac{(q-2H\gamma-Hd)(1-\varepsilon)}{a_p}}.\tag{7.4.34}
$$

故定理 7.4.3 的证明由(7.4.33)式和(7.4.34)式，以及 Kolmogorov 连续性定理的多参数版本（见 Khoshnevisan(2002)）可得。由于剩下的证明部分与 Xiao(2009)（也可见 Xiao 和 Zhang(2002)，或 Wu 和 Xiao(2011)）的定理 8.2 类似，所以这里略去具体的证明，从而定理证毕。

后 续

目前，对随机过程和随机场样本轨道性质的研究是概率论和随机分析方向的一个研究热点，本书主要对各种各向异性随机场的样本轨道性质进行介绍和总结，主要针对下面四大类各向异性随机场。

1. 时间各向异性、空间各向同性的高斯随机场

对于这类随机场的研究，针对各种不同的模型，得到的相应结果最多。本书考虑的模型是尽量使随机场具有更为一般的协方差结构，从而能够更好的模拟现实。但是由于协方差结果的一般性，本书只得到了这类随机场碰撞概率的上下界，且该结果只针对空间各向同性的随机场给出，具有一定的局限性。如果能够在空间变量也是各向异性的基础上给出该类随机场碰撞概率的结果，研究将更有意义。当然由于问题的复杂性，在空间是各向同性时还是有很多问题可以研究，例如该类随机场的像集、图集和水平集的测度维数问题等。这些问题可看成 Xiao(2009)所研究问题的推广和一般化。同时，也可研究随机场局部时的存在性和联合连续性，以及光滑性的充分必要条件等等。对于这类随机场，本书也得到了两个独立随机场的相交的充分条件，这部分可看成碰撞概率的一个应用。

2. 时间各向同性、空间各向异性的高斯随机场

时间各向同性、空间各向异性的高斯随机场轨道性质的研究主要集中在维数上，而且绝大部分是集中在空间分量是相互独立的情形，这方面的结果可参看 Adler(1981)和 Xiao(1995)。对于分量非独立的情形可参看 Mason 和 Xiao(2002)，陈振龙和肖益民(2019)。本书研究这类随机场像集的维数结果，给出了这类随机场像集的 Hausdorff 维数、填充维数和像集一致的 Hausdorff 维数。主要的研究方法是在相空间引入了一个各向异性度量，然后利用新引入的各向异性度量和填充维数剖面给出了空间各向异性高斯随机场相交的填充维数和一致 Hausdorff 维数。由于对空间各项异随机场研究的工具相对缺乏，对于该类随机场的图集在各向异性度量下的维数还没有相应的结果，像集的一致填充维数结果也有待研究。当假设随机场的空间变量不是相互独立时，相应的结果将更难获得。

3. 时间和空间都是各向异性的高斯随机场

对于这类随机场的研究结果相对较少。借助于局部不确定性，本书研究了该随机场的碰撞概率、维数结果和像集的确切 Hausdorff 测度函数。众所周知，当一个随机场的时间和空间都是各向异性时，该随机场的协方差将变得异常复杂，这时强局部不确定性起着关键的作用。所得的碰撞概率、维数和像集的确切 Hausdorff 测度函数等结果都是在强局部不确定性的条件下获得的。因此，对强局部不确定性谱条件的研究也是有意义的，本书在一般的条件下给出了一个实值平稳增量高斯随机场具有强局部不确定性谱条件。研究这类随机场强局部不确定性普条件和确切 Hausdorff 测度的工具主要是借助于关于某个正定矩阵 E 的极坐标表示。而对于碰撞概率、维数结果是借助于空间各向异性度量给出的。

由于这类随机场协方差结果的复杂性，本书得到的关于碰撞概率、像集和图集的维数结果都是在两个各向异性度量下给出的，对于在欧氏度量下的碰撞概率和一致维数结果等问题还有待研究。本书研究的这类随机场在空间分量仍然假设分量是独立的，且强局部不确定性中的矩阵 E 是对角阵，ϕ 是幂函数的情形，而对其他情形的随机场的样本轨道性质基本上是处于空白，因此对这类随机场的研究前景是广阔的，但也具有较大的难度。

4. 时间各向异性的非高斯随机场

对于时间各向异性非高斯随机场的研究，所能使用的工具相对较少，目前基本上集中在像 stable 随机场之类的特殊随机场上面。自从 Nolan (1989)对 stable 随机场引进局部不确定性后，局部非确定性就成为研究 stable 随机场样本轨道性质的一个强有力工具，本书首先证明可调和算子尺度 stable 随机场具有 stable 型局部不确定性，然后借助该工具得到了可调和算子尺度 stable 随机场的局部时具有联合连续性的充分条件。采用的方法是利用 Fourier 变换和关于某个正定矩阵 E 的极坐标表示这两个工具来研究该随机场的局部不确定性和局部时。本书只确定了该随机场的局部不确定性和局部时的联合连续性，与之相关的局部时渐近性和随机集的维数和测度都还没有确定，这些需要借助新的工具才能进行。总之，对于各向异性随机场样本轨道性质的研究已经取得一些丰富的结果，但是仍然还有许多工作需要做，本书也只在这方面的研究起到点添砖加瓦的作用。

参考文献

[1] Adler R J. The Geometry of random fields[M]. New York: John Wiley and Sons Ltd. ,1981.

[2] Ayache A, Leger S, Pontier M. Drap brownien fractionnaire[J]. Potential Anal. ,2002,17: 31—43.

[3] Ayache A, Wu D, Xiao Y. Joint continuity of the local times of fractional Brownian sheets[J]. Ann. Inst. H. Poincaré Probab. Statist. ,2008,44 (4): 727—748.

[4] Ayache A, Xiao Y. Asymptotic properties and Hausdorff dimensions of fractional Brownian sheets[J]. J Fourier Anal. Appl. ,2005,11: 407—439.

[5] Ayache A, Xiao Y. Harmonizable fractional stable fields: Local nondeterminism and joint continuity of the local times[J]. Stoch. Proc. Appl. ,2016,126 (1): 171—185.

[6] Benassi A. Elliptic Gaussian random processes [J]. Rev. Mat. Iberoamericana,1997,13: 19—90.

[7] Benon D A, Meerschaert M M, Baeumer B, Scheffler H P. Aquifer operator-scaling and the effect on solute mixing and dispersion[J]. Water Resour. Res. ,2006,42 (1): 18pp.

[8] Berman S M. Local nondeterminism and local times of Guassian processes [J]. Indiana Univ. Math. J. ,1973,23: 69—94.

[9] Berman S M. Spectral conditions for local nondeterminism[J]. Stoch. Proc. Appl. ,1988,27: 73—84.

[10] Berman S M. Self-intersections and local nondeterminism of Gaussian processes[J]. Ann. Probab. ,1991,19: 160—191.

[11] Biermé H, Durieu O, Wang Y. Invariance principles for operator scaling random fields[J]. Ann. Appl. Probab. ,2017,27(2): 1190—1234.

[12] Biermé H, Lacaux C. Hölder regularity for operator scaling stable random fields[J]. Stoch. Proc. Appl. ,2009,119: 2222—2248.

[13] Biermé H, Lacaux C, Xiao Y. Hitting probabilities and Hausdorff dimension of the inverse images of anisotropic Gaussian random fields [J]. Bull. Lond. Math. Soc. ,2009,41: 253—273.

[14] Biermé H, Meerschaert M M, Scheffler H P. Operator scaling stable random fields[J]. Stoch. Proc. Appl. 2007,117: 312—332.

[15] Bonami A, Estrade A. Anisotropic analysis of some Gaussian models[J]. J. Fourier Anal. Appl. ,2003,9: 215—236.

[16] 陈振龙. 独立增量随机场的分形性质[D]. 西安: 西安电子科技大学,2004.

[17] Chen Z. Polar functions and intersections of the random string processes [J]. Acta Math. Sin. ,Engl. Series,2012,18 (10): 2067—2088.

[18] Chen Z. Hitting probabilities and fractal dimensions of multiparameter multifractional Brownian motion[J]. Acta Math. Sin. ,Engl. Series, 2013,29 (9): 1723—1742.

[19] Chen Z. On intersections of independent nondegenerate diffusion processes[J]. Acta Math. Sci. ,2014,34B (1): 141—161.

[20] Chen Z, Xiao Y. On intersections of independent anisotropic Gaussian random fields[J]. Sci. China Math. ,2012,55: 2217—2232.

[21] 陈振龙. 独立随机场的多重相交性与 Hausdorff 维数[J]. 中国科学: 数学,2016,46(9):1279—1304.

[22] 陈振龙,肖益民. 空间各向异性 Gauss 场的局部时和逆像集的维数[J]. 中国科学: 数学,2019,49(11):1487—1500.

[23] Cuzick J. Local nondeterminism and the zeros of Guassian processes [J]. Ann. Probab. ,1978,6: 72—84. [Correction: 1987,15,1229.]

[24] Cuzick J. Some local properties of Gaussian vector fields[J]. Ann. Probab. ,1978,6 (6): 984—994.

[25] Cuzick J. Multiple points of a Gaussian vector field[J]. Z. Wahrsch. Verw. Gebiete,1982,61(4): 431—436.

[26] Cuzick J, DuPreez J. Joint continuity of Gaussian local times[J]. Ann. Probab. ,1982,10: 810—817.

[27] Dalang R C. Extending martingale measure stochastic integral with applications to spatially homogeneous s. p. e. 's[J]. Electron. J. Probab. , 1999,4 (6): 1—29. [Correction:2001,6 (6): 1—5.]

[28] Dalang R C, Khoshnevisan D, Nualart E. Hitting probabilities for

systems of non-linear stochastic heat equations with additive noise [J]. Latin Amer. J. Probab. Statist. (Alea), 2007, 3: 231—271.

[29] Dalang R C, Khoshnevisan D, Nualart E. Hitting probabilities for the non-linear stochastic heat equation with multiplicative noise [J]. Probab. Th. Rel. Fields, 2009, 117: 371—427.

[30] Dalang R C, Khoshnevisan D, Nualart E. Hitting probabilities for systems of non-linear stochastic heat equations in spatial dimensions $k \geqslant 1$[J]. Stoch. PDE: Anal. Comp., 2013, 1: 94—151.

[31] Dalang R C, Nualart E. Potential theory for hyperbolic SPDEs[J]. Ann. Probab., 2004, 32: 2099—2148.

[32] Davies S, Hall P. Fractal analysis of surface roughness by using spatial data (with discussion) [J]. J. Roy. Statist. Soc. Ser. B, 1999, 61: 3—37.

[33] Didier G, Pipiras V. Integral representations of operator fractional Brownian motions[J]. Bernoulli, 2011, 17: 1—33.

[34] Doukhan G, Oppenheim G, Taqqu M S. Theory and application of long-range dependence[M]. Boston: Birkhauser, 2003.

[35] Dunker T. Estimates for the small ball probabilities of the fractional Brownian sheet[J]. J. Theoret. Probab., 2000, 13: 357—382.

[36] Ehm W. Sample function properties of multi-parameter stable processes [J]. Z. Wahrsch. Verw. Gebiete, 1981, 56: 195—228.

[37] Estrade A, Wu D, Xiao Y. Packing dimension results for anisotropic Gaussian random fields[J]. Commun. Stoch. Anal., 2011, 5: 41—64.

[38] Falconer K J. Fractal Geometry-Mathematical Foundations and Applications [M]. 2nd edition. Chichester: John Wiley and Sons Ltd., 2003.

[39] Falconer J, Howroyd D. Packing dimensions for projections and dimension profiles [J]. Math. Proc. Camb. Philos. Soc., 1997, 121: 926—286.

[40] Geman D, Horowitz J. Occupation densitis[J]. Ann. Probab., 1980, 8: 1—67.

[41] Geman D, Horowitz J, Rosen J. A local time analysis of intersections of Brownian paths in the plane[J]. Ann. Probab., 1984, 12: 86—107.

[42] Hawkes J. On the Hausdorff dimension of the intersection of the

range of a stable process with a Borel set[J]. Z. Wahrsch. Verw. Gebiete, 1971, 19: 90—102.

[43] Herbin E. From N parameter fractional Brownian motions to N parameter multifractional Brownian motions[J]. Rocky Mount. J. Math., 2006, 36: 1249—1284.

[44] Hu Y, Nualart D. Renormalized self-intersection local time for fractional Brownian motion[J]. Ann. Probab., 2005, 33: 948—983.

[45] Hu Y, Nualart D. Stochastic heat equation driven by fractional noise and local times[J]. Probab. Theo. Rel., 2009, 143: 285—328.

[46] Hu Y, Ø ksendal B, Zhang T. Stochastic partial differential equations driven by multiparameter fractional white noise[J]. Commun. Part. Diff. Eq., 2004, 29 (12): 1—23.

[47] Kahane J P. Some Random Series of Functions[M]. 2nd edition. Cambrige: Cambrige University Press, 1985.

[48] Kamont A. On the fractional anisotropic Wiener field[J]. Probab. Math. Statist., 1996, 16: 85—98.

[49] Kaufman R. Une propriété métrique du mouvement brownien[J]. C. R. Acad. Sci. Paris, 1968, 268: 727—728.

[50] Khoshnevisan D. Multiparameter Processes[M]. New York: Springer-Verlag, 2002.

[51] Khoshnevisan D. Intersections of Brownian motions[J]. Expos. Math., 2003, 21: 97—114.

[52] Khoshnevisan D, Shi, Z. Brownian sheet and capacity[J]. Ann. Probab., 1999, 27: 1135—1159.

[53] Khoshnevisan D, Wu D, Xiao Y. Sectorial local nondeterminism and the geometry of the Brownian sheet[J]. Electron. J. Probab., 2006, 11: 817—843.

[54] Khoshnevisan D, Xiao Y. Level sets of additive Lévy processes[J]. Ann. Probab., 2002, 30(1): 62—100.

[55] Khoshnevisan D, Xiao Y. Weak unimodality of finite measures, and an application to potential theory of additive Lévy processes[J]. P. AM. Math. Soc., 2003, 131(8): 2611—2616.

[56] Khoshnevisan D, Xiao Y. Lévy processes: capacity and Hausdorff dimension[J]. Ann. Probab., 2005, 33: 841—878.

[57] Khoshnevisan D, Xiao Y. Harmonic analysis of additive Lévy processes [J]. Probab. Theory Rel. ,2009,145: 459—515.

[58] Kolmogorov, A. The local structure of turbulence in incompressible viscous fluid for very large Reynolds' numbers. C. R. Acad. Sci. URSS(N. S.), 1941, 30:301—305.

[59] Kremer D, Scheffler H. Multivariate stochastic integrals with respect to independently scattered random measures on δ-rings [EB/OL]. (2017-11-2). https://arxiv.org/abs/1711.00890.

[60] Kremer D, Scheffler H. Operator-stable and operator-self-similar random fields[J]. Stoch. Proc. Appl. ,2019,129(10):4082—4107.

[61] Landkof N S. Foundations of Modern Potential Theory[M]. New York: Springer-Verlag,1972.

[62] Lee C, Xiao Y. Local Nondeterminism and the exact modulus of continuity for stochastic wave equation[J]. 2019,24:1—8.

[63] Li Y, Xiao Y. Multivariate operator-self-similar random fields[J]. Stoch. Proc. Appl. ,2011,121: 1178—1200.

[64] Li Y, Wang W, Xiao Y. Exact moduli of continuity for operator scaling Guassian random fields[J]. Bernoulli,2015,21: 930—956.

[65] Luan N, Xiao Y. Exact Hausdorff measure functions for the trajectories of anisotropic Gaussian random fields. J Fourier Anal Appl 18: 118—145 (2012).

[66] Mandelbrot B. On the geometry of homogeneous turbulence, with stress on the fractal dimension of the iso-surfaces of scalars. J. Fluid Mech. , 1975, 72 (3): 401—416.

[67] Mason D M, Shi Z. Small deviations for some multi-parameter Gaussian processes[J]. J. Theoret. Probab. ,2001,14: 213—239.

[68] Mason D J, Xiao Y. Sample path properties of operator self-similar Gaussian random fields[J]. Th. Probab. Appl. ,2002,46: 58—78.

[69] Mattila P. Geometry of Sets and Measures in Euclidean Spaces[M]. Cambrige: Cambrige University Press,1995.

[70] Meerschaert M M, Scheffler H P. Limit distributions for sums of independent random vectors[M]. New York: John Wiley and Sons,2001.

[71] Monrad D, Pitt L D. Local nondeterminism and Hausdorff dimension[C]. \\Cindlar E, Chung K L, Getoor R K. Progress in Probability and

Statistics: Seminar on Stochastic Processes. Boston: Birkhäuser, 1987: 163—189.

[72] Mountford T S. Uniform dimension results for the Brownian sheet [J]. Ann. Probab., 1989, 17: 1454—1462.

[73] Mueller C, Tribe R. Hitting properties of a random string[J]. Electron. J. Probab., 2002, 7: 1—29.

[74] Ni W, Chen Z. Hitting probabilities for a class of Gaussian random fields[J]. Stat. Probabil. Lett., 2016, 118: 145—155.

[75] 倪文清，陈振龙. 时空各向异性 Gauss 场的碰撞概率和维数[J]. 中国科学：数学，2018，48(3)：419—442.

[76] Ni W, Chen Z, Wang W. Dimension results for space-anisotropic Gaussion random fields[J]. Acta Mathematica Sinica, 2019, 35(3): 391—406.

[77] 倪文清，陈振龙. 算子尺度稳定随机场的局部不确定性和局部时的联合连续性[J]. 中国科学:数学，2020，50(2):301—316.

[78] Ni W, Chen Z. Hausdorff meisure of the namge of spau-time anisotropic Ganssian nandom fields[J]. Journal of Theoretical Probability, 2021, 34:264—282.

[79] Nolan J P. Local nondeterminism and local times for stable processes [J]. Probab. Th. Rel., 1989, 82: 387—410.

[80] Nualart E. Potential theory for hyperbolic stochastic partial differential equations[D]. Lausanne: EPFL, 2002.

[81] Nualart E, Viens F. Hitting probabilities for general Gaussian processes [EB/OL]. (2013-5-8). https://arxiv.org/abs/1305.1758.

[82] φ ksendal B, Zhang T. Multiparameter fractional Brownian motion and quasi-linear stochastic partial differential equations[J]. Stoch. Stoch. Rep., 2001, 71: 141—163.

[83] Pitt L D. Stationary Gaussian Markov fields on $\mathbb{R}^d$ with a deterministic component[J]. J. Multivar. Anal., 1975, 5: 300—311.

[84] Pitt L D. Local times for Gaussian vector fields[J]. Indiana Univ. Math. J., 1978, 27: 309—330.

[85] Rogers C A. Hausdorff Measures[M]. Cambridge: Cambridge University Press, 1970.

[86] Rosen J. Self-intersections of random fields[J]. Ann. Probab., 1984,

12: 108—119.

[87] Rosen J. The intersection local time of fractional Brownian motion in the plane[J]. J. Multivar. Anal. ,1987,23: 37—46.

[88] Schilling R, Song R, Vondraček Z. Bernstein functions—Theory and Applications[M]. Berlin: Walter de Gruyter Co. ,2012.

[89] Samorodnitsky G, Taqqu M S. Stable non-Gaussian random processes [M]. New York: Chapman and Hall, 1994.

[90] Söhl J. Polar sets of anisotropic Gaussian random fields[J]. Stat. Probabil. Lett. ,2010,80: 125—152.

[91] Song S. Ingalités relatives aux procesus d'ornstein-Uhlenbeck à n-paramètres et capacité gausienne $C_{n,2}$ [C]. \\ Lecture Notes in Math: Séminare de Probabilities XXVII. Berlin: Spring, 1991, 1557: 276—301.

[92] Sönmez E. The Hausdorff dimension of multivariate operator-self-similar Gaussian random fields[J]. Stoch. Proc. Appl. , 2018, 128 (2): 426—444.

[93] Sönmez E. Sample path properties of multivariate operator-self-similar stable random fields[EB/OL]. (2016-2-3). https://arxiv.org/abs/1602.01282v1.

[94] Talagrand M. Hausdorff measure of trajectories of multiparameter fractional Brownian motion[J]. Ann. Probab. ,1995,23: 767—775.

[95] Taylor S J. The measure theory of random fractals[J]. Math. Proc. Camb. Philos. Soc, 1986, 100: 383—406.

[96] Testard F. Polarité, points multiples et géométrie de certain processus gaussiens[J]. Publ du Laboratoire de Statistique et Probabilités de l' U. P. S. Toulouse, 1986, 3: 1—86.

[97] Tricot C. Two definitions of fractional dimension[J]. Math. Proc. Camb. Philos. Soc. ,1982,91: 57—74.

[98] Walsh J B. An introduction to stochastic partial differential equations [C]. \\ Lecture Notes in Mathematics: École d'été de probabilités de Saint-Flour, XIV, 1984. Berlin: Springer, 1986, 1180: 265—439.

[99] Wolpert R. Wiener path intersections and local time[J]. J. Funct. Anal. ,1978,30: 329—340.

[100] Wu D, Xiao Y. Geometric properties of the images of fractional Brownian sheets[J]. J. Fourier Anal. Appl. ,2007,13: 1—37.

[101] Wu D, Xiao Y. Uniform dimension results for Gaussian random fields[J]. Sci. China Ser. A, 2009, 52(7): 1478—1496.

[102] Wu D, Xiao Y. Regularity of intersection local times of fractional Brownian motions[J]. J. Theoret. Probab., 2010, 23: 972—1001.

[103] Wu D, Xiao Y. On local times of anisotropic Gaussian random fields [J]. Comm. Stoch. Anal., 2011, 5. 15—39.

[104] Xiao Y. Dimension results for Gaussian vector fields and index-α stable fields[J]. Ann. Probab., 1995, 23: 273—291.

[105] Xiao Y. Hausdorff measure of sample paths of Gaussian random fields[J]. Osaka. J. Math., 1996, 33: 895—913.

[106] Xiao Y. Packing dimension of the image of fractional Brownian motion [J]. Stat. Probabil. Lett., 1997, 33: 379—387.

[107] Xiao Y. Hausdorff measure of the graph of fractional Brownian motion [J]. Math. Proc. Camb. Philo. Soc., 1997, 122: 565—576.

[108] Xiao Y. Hölder conditions for the local times and the Hausdorff measure of the level sets of Gaussian random fields[J]. Probab. Th. Rel., 1997, 109: 129—157.

[109] Xiao Y. Hitting probabilities and polar sets for fractional Brownian motion[J]. Probab. Th. Rel., 1999, 66: 121—151.

[110] Xiao Y. Packing measure of the trajectories of multiparameter fractional Brownian motion[J]. Math. Proc. Camb. Philo. Soc., 2003, 135: 349—375.

[111] Xiao Y. Random fractals and Markov processes[C]. \\ Michel L. Lapidus and Machie van Frankenhuijsen. Fractal Geometry and Application: A Jubilee of Benoit Mandelbrot. American Mathematical Society, 2004: 261—338.

[112] Xiao Y. Properties of local nondeterminism of Gaussian and stable random fields and their applications[J]. Ann. Fac. Sci. Toulouse Math. 2006, XV: 157—193.

[113] Xiao Y. A packing dimension theorem for Gaussian random[J]. Stat. Probabil. Lett., 2009, 79: 88—97.

[114] Xiao Y. Sample path properties of anisotropic Gaussian random fields [C]. \\ Khoshnevisan D, Rassoul-Agha F. A Minicourse on Stochastic Partial Differential Equations. New York: Springer, 2009, 1962:

145—212.

[115] Xiao Y. Strong local nondeterminism of Gaussian random fields and its applications[C]. \\ Lai L T, Shao Q M, Qian L. Asymptotic Theory in Probablity and Statistics with applications. Beijing: Higher Education Press, 2009: 136—176.

[116] Xiao Y. Properties of strong local nondeterminism and local times of stable random fields[C]. \\ Seminar on Stochastic Analysis, Random Fields and Applications VI. Progr. Probab., 63, Birkhäuser: Basel, 2011: 279—310.

[117] Xiao Y. Recent developments on fractal properties of Gaussian random fields[C]. \\ Barral J, Seuret S. Further Developments in Fractals and Related Fields. New York: Springer, 2013: 255—288.

[118] Xiao Y, Zhang T. Local times of fractional Brownian sheets[J]. Probab. Th. Rel., 2002, 124: 204—226.

[119] Xue Y, Xiao Y. Fractal and smoothness properties of anisotropic Gaussian models[J]. Front. Math. China, 2011, 6: 1217—1246.

[120] Yaglom A M. Some classes of random fields in n-dimensional space, related to stationary processes[J]. Th. Probab. Appl., 1957, 2: 273—320.